HUODIAN JIZU YUNXING YU
TIAOFENG NENGLI

火电机组
运行与调峰能力

罗家松　徐　彤　王新雷　编　著

中国电力出版社
CHINA ELECTRIC POWER PRESS

内 容 提 要

我国可再生能源电力迅速发展,用电负荷峰谷差不断增大,电力系统产生了更大的调峰需求。火电一直是我国电源结构中最主流、最重要的电源,具有较大的调峰潜力,国家能源主管部门也不断通过推动辅助服务市场化、火电灵活性改造等促进火电参与调峰,火电调峰引起了能源电力行业越来越多的关注。为帮助业内人士更好地了解火电运行和调峰能力特点,特编写本书。

本书共分五章。第一章主要介绍了火电调峰相关基本概念、调峰供需情况、相关政策及实施情况。第二章主要介绍了燃煤、燃气火电厂的技术特点,以及火电参与调峰时的运行方式。第三章主要介绍了燃煤火电机组的最大出力变化幅度、最大出力变化速率、启停时间等调峰能力关键指标及其影响因素。第四章主要介绍了燃气火电机组的最大出力变化幅度、最大出力变化速率、启停时间等调峰能力关键指标及其影响因素。第五章主要介绍了各种火电灵活性改造方案的技术特点和效果。

本书资料新颖,内容丰富,是一本全面介绍火电调峰能力的作品。

本书可供从事电力调度、能源、发电工程的科研、管理、生产的工程技术人员和相关院校的师生参考阅读。

图书在版编目(CIP)数据

火电机组运行与调峰能力/罗家松,徐彤,王新雷编著 . —北京:中国电力出版社,2021.6
(2022.6重印)

ISBN 978-7-5198-5218-4

Ⅰ.①火… Ⅱ.①罗… ②徐… ③王… Ⅲ.①火力发电—发电机组—电力系统运行 Ⅳ.①TM621.3

中国版本图书馆 CIP 数据核字(2020)第 250812 号

出版发行:中国电力出版社

地　　址:北京市东城区北京站西街 19 号(邮政编码 100005)

网　　址:http://www.cepp.sgcc.com.cn

责任编辑:孙　芳(010-63412381)　马雪倩

责任校对:黄　蓓　朱丽芳

装帧设计:赵姗姗

责任印制:吴　迪

印　　刷:三河市万龙印装有限公司

版　　次:2021 年 6 月第一版

印　　次:2022 年 6 月北京第二次印刷

开　　本:787 毫米×1092 毫米　16 开本

印　　张:15.5

字　　数:339 千字

印　　数:1001—2000 册

定　　价:88.00 元

前　言

近年来，我国积极推进清洁能源转型，风电、太阳能发电等非水可再生能源电力的装机容量快速增长，非水可再生能源电力常具有间歇性、不确定性，需要更多调峰电源提供调峰辅助服务。同时，随着我国经济发展和转型的不断深入，电力负荷的峰谷差不断增大，也带来了巨大的调峰需求。火电一直是我国电源结构中最主流、最重要的电源，即使近年来装机容量占比不断下降，截至 2019 年年底，我国火电装机容量仍占总电力装机容量的 59.2%，发电量占 68.9%，火电机组可通过调整出力或启停等方式参与调峰，我国火电机组具有较大的调峰潜力。国家能源主管部门也不断通过推动辅助服务市场化、火电灵活性改造等促进火电参与调峰，火电调峰引起了能源电力行业更多的关注。

为帮助业内人士更好地了解火电运行和调峰能力特点，特编写本书。

本书共分五章。第一章为绪论，主要介绍火电调峰相关基本概念、调峰需求和供应情况、电力辅助服务和火电灵活性改造相关政策及执行情况。第二章为火电技术特点及调峰运行方式，主要介绍燃煤、燃气火电的技术特点，以及火电参与调峰时的运行方式。第三章为燃煤火电机组的调峰能力，主要论述燃煤火电机组的最大出力变化幅度、最大出力变化速率、启停时间等调峰能力关键指标。第四章为燃气火电机组的调峰能力，主要论述燃气火电机组的最大出力变化幅度、最大出力变化速率、启停时间等调峰能力关键指标。第五章为火电灵活性改造简介，主要介绍各种火电灵活性改造方案的技术特点和效果。

在本书的编写过程中，作者调研了典型燃煤火电厂、燃气火电厂、汽轮机生产厂家，查询了最新的行业发展数据和政策文件，参阅了火电运行、调峰和灵活性改造有关设计和使用的实践经验，力求使本书能反映这一领域内的最新发展情况与技术水平。作者所在单位国网经济技术研究院有限公司同事田雪沁、尹呼和、周新星对本书也有贡献，在这里对他们的辛勤工作表示感谢。

作者希望通过本书的出版和发行，能进一步促进我国火电机组参与调峰，进而提高非水可再生能源电力的更大规模建设和利用。本书可供从事电力调度、能源、发电工程的科研、管理、生产的技术人员和大专院校的师生阅读参考。

由于作者的理论水平和实践经验有限，书中难免有许多缺点和错误，恳请读者批评指正。

作者

于北京未来科学城国家电网有限公司园区

目 录

前言

第一章 绪论 ·· 1

  第一节 电力系统调度、辅助服务与灵活性改造 ············ 1

    一、电力系统及电力系统的调度 ······················ 1

    二、电力辅助服务与电力调峰 ······················ 3

    三、电力机组调峰能力 ···························· 4

    四、火电机组调峰能力与灵活性改造 ·················· 5

  第二节 能源革命与火电调峰需求 ······················ 5

    一、能源革命概述 ······························ 5

    二、非水可再生能源发电并网带来的调峰需求 ············ 7

    三、电力系统负荷峰谷差率增大对调峰需求的影响 ·········· 9

    四、火电在我国能源革命中的角色 ···················· 9

  第三节 电力辅助服务相关政策和实施情况 ················ 17

    一、电力辅助服务政策情况 ························ 17

    二、我国电力辅助服务市场开展情况 ·················· 25

第二章 火电技术特点及调峰运行方式 ·················· 28

  第一节 燃煤火电厂的技术特点 ························ 28

    一、典型燃煤火电厂平面布置和系统构成 ·············· 28

    二、燃煤火电厂的主机设备 ························ 31

    三、燃煤火电厂的运行 ···························· 36

  第二节 燃气火电厂的技术特点 ························ 43

    一、典型燃气火电厂平面布置和系统构成 ·············· 43

    二、燃气火电厂的主机设备 ························ 47

    三、燃气火电厂的运行 ···························· 53

  第三节 火电调峰运行方式 ·························· 58

    一、火电调峰运行方式类型 ························ 58

    二、各种调峰运行方式的比较和选择 ·················· 59

    三、频繁调峰对机组寿命和经济性的影响 ·············· 60

第三章　燃煤火电机组的调峰能力 ·· 62

第一节　燃煤火电机组凝汽运行最大出力变化幅度 ···················· 62

一、燃煤火电机组凝汽运行最大出力变化幅度分析方法 ············· 62

二、燃煤火电机组凝汽运行时的最大技术出力 ························· 62

三、燃煤火电机组凝汽运行时的最小技术出力 ························· 64

四、燃煤火电机组凝汽运行时的最大出力变化幅度 ·················· 70

第二节　热电机组最大出力变化幅度与供热抽汽量关系曲线 ········ 71

一、热电机组最大出力变化幅度与供热抽汽量关系曲线分析方法 ···· 71

二、燃煤热电机组的最大技术出力与供热抽汽量的定性关系 ······· 80

三、燃煤热电机组的最小技术出力与供热抽汽量的定性关系 ······· 81

四、热电联产运行的最大、最小技术出力与供热抽汽量的定性关系 ··· 83

第三节　热电机组最大出力变化幅度与供热抽汽量定量关系 ········ 83

一、最大出力变化幅度与供热抽汽量定量关系分析方法 ············· 83

二、热电机组热力系统和回热系统 ································· 87

三、热力系统参数整理 ·· 90

四、热电机组热力系统基准工况计算 ······························· 93

五、热电机组热力系统变工况计算 ································· 102

六、边界条件取值 ··· 107

七、计算结果及结论 ··· 108

第四节　燃煤火电机组的最大出力变化幅度调研 ···················· 134

一、最大出力变化幅度调研分析方法 ······························ 134

二、京津唐电网热电机组热电关系曲线 ···························· 134

三、最小运行方式 ··· 138

第五节　增大燃煤火电机组最大出力变化幅度的运行方案 ·········· 144

一、减少加热器的蒸汽流量或直接关停部分加热器 ················ 144

二、利用热网（供热建筑物）热惯性 ······························ 145

三、利用既有设施实现热电解耦 ··································· 147

四、燃烧特殊煤种和锅炉精细化运行 ······························ 147

第六节　燃煤火电机组的最大出力变化速率 ························· 149

一、影响燃煤火电机组最大出力变化速率的限制因素 ·············· 149

二、燃煤火电机组锅炉的最大出力变化速率分析 ··················· 149

三、燃煤火电机组汽轮机的最大出力变化速率分析 ················· 152

四、燃煤火电机组最大出力变化速率 ······························ 154

第七节　燃煤火电机组的启停时间 ·································· 155

一、燃煤火电机组启动时间 ··· 155

二、燃煤火电机组停机时间 ··· 168

三、缩短燃煤火电机组启停时间的措施 ···························· 169

第四章　燃气火电机组的调峰能力 ·· 173

　第一节　燃气火电机组的最大出力变化幅度限制因素分析 ································· 173

　　一、燃气火电机组最大出力变化幅度分析方法 ··· 173

　　二、单循环燃气火电机组最大出力变化幅度分析 ······································ 173

　　三、燃气-蒸汽联合循环机组凝汽运行的最大出力变化幅度分析 ················· 180

　　四、燃气-蒸汽联合循环机组热电联产的最大出力变化幅度分析 ················· 184

　第二节　燃气-蒸汽联合循环热电机组最大出力变化幅度数据模型

　　　　　构建与计算 ·· 185

　　一、基本分析模型构建 ·· 185

　　二、燃气-蒸汽联合循环机组调峰能力计算 ·· 191

　第三节　燃气火电机组的最大出力变化幅度调研 ··· 192

　　一、最大出力变化幅度调研分析方法 ·· 192

　　二、燃气火电厂最大出力变化幅度调研 ·· 192

　　三、政府文件中关于燃气火电机组最大出力变化幅度 ·································· 194

　第四节　增大燃气火电机组最大出力变化幅度的方案 ··································· 197

　第五节　燃气火电机组的最大出力变化速率 ··· 197

　　一、燃气火电机组最大出力变化速率的限制因素 ·· 197

　　二、燃气火电机组的最大出力变化速率 ·· 198

　第六节　燃气火电机组的启停时间 ·· 201

　　一、燃气火电机组启动时间 ·· 201

　　二、燃气火电机组停机时间 ·· 214

　　三、缩短燃气火电机组启停时间的措施 ·· 216

第五章　火电灵活性改造简介 ·· 218

　第一节　火电灵活性改造的定义、目标和技术方案 ······································ 218

　　一、火电灵活性改造的定义、目标 ·· 218

　　二、火电灵活性改造的技术方案 ·· 219

　第二节　以适应低负荷运行为主要目标的内部改造 ······································ 220

　　一、锅炉侧改造 ·· 220

　　二、汽轮机侧改造 ··· 226

　　三、热工自动控制系统改造 ·· 227

　第三节　以实现热电解耦为目标的改造 ·· 227

　　一、加装储热设施 ··· 227

　　二、加装电供热设施 ·· 230

　　三、加装储电系统 ··· 231

　　四、热力系统改造 ··· 234

参考文献 ··· 238

第一章

绪　　论

第一节　电力系统调度、辅助服务与灵活性改造

一、电力系统及电力系统的调度

电力系统是由发电、送变电、供配电和用电等环节组成的电能生产与消费系统，它将自然界的一次能源通过发电装置转化成电能，再经输电、变电和配电将电能供应到各用户。为实现这一功能，电力系统在各个环节和不同层次还具有相应的信息与控制系统，对电能的生产过程进行测量、调节、控制、保护、通信和调度，以保证用户获得安全、优质的电能。

电力系统的主体结构有电源（水电厂、火电厂、核电厂等发电厂），变电站（升压变电站、负荷中心变电站等），输电、配电线路和电力负荷。各电源点还互相连接以实现不同地区之间的电能交换和调节，从而提高供电的安全性和经济性。输电线路与变电站构成的网络通常称电力网络（以下简称"电网"）。电力系统的信息与控制系统由各种检测设备、通信设备、安全保护装置、自动控制装置以及监控自动化、调度自动化系统组成。电力系统的结构应保证在先进的技术装备和高经济效益的基础上，实现电能生产与消费的合理协调。

电力系统的产、供、销过程在一瞬间同时完成和平衡，因此需设置电力系统调度部门对各电厂出力进行调度和协调，以满足电力负荷要求，同时保证用电安全和质量。电力系统调度要随时保持发电与负荷的平衡，要求调度管辖范围内的每一个部门严格按质按量完成调度任务。

电力系统调度的主要工作有以下四方面：

（1）预测用电负荷。根据负荷变化的历史记录、天气预报、分析用电生产情况和人民生活规律，对未来一段时间进行全系统负荷预测，编制预计负荷曲线，配备好相适应的发电容量（包括储备容量）。

（2）制订发电任务、运行方式和运行计划。根据预测的负荷曲线，按照电力调度原则，对水能和燃料进行合理规划和安排，分配各发电厂发电任务（包括水电厂、火电厂的负荷分配），提出各发电厂的日发电计划；指定调峰（调频）电厂和调峰（调频）容量，并安排发电机组的启停和备用，批准系统内发、输、变电设备的检修计划；对系统继电保护及安全自动装置进行统一整定和考核，进行系统潮流和稳定计算等工作，合理

安排运行方式。

（3）进行安全监控和安全分析。收集全系统主要运行信息，监视运行情况，保证正常的安全经济运行。通过安全分析（采用状态估计和实时潮流计算等应用技术）进行事故预想和提出反事故措施，防患于未然。

（4）指挥操作和处理事故。对所辖厂、站和网络的重要运行操作进行指挥和监督。在发生系统性事故时，采取有力措施及时处理，迅速恢复系统至正常运行状态。

一般按照地理位置和电压等级，并根据行政区域和电力系统特点确定调度管理范围和职责的划分。我国调度机构分为五级：国家调度机构（一般简称"国调"），跨省、自治区、直辖市调度机构（一般简称"网调"），省、自治区、直辖市调度机构（一般简称"省调"），省辖市级调度机构（一般简称"地调"），县级调度机构（一般简称"县调"）。

我国电力系统调度原则包括均衡发电量调度和节能发电调度。

（1）均衡发电量调度。均衡发电量调度的核心目标是确保电厂年度合同电量（或政府下达的发电计划电量）的同步执行。电力调度部门多采用年计划分月、月计划分日方式，层层分解形成理想进度的日生产计划，然后调度执行。在缺电局面下，各发电厂的年度合同电量是电厂在投产前政府核定上网电价时规定的上网电量。但是在电厂利用小时数下降、电能供大于求的情况下，用户的年需电量远远小于各个发电厂的年度合同电量之和，在这种情况下，按照"同类型、同容量机组利用小时数相当"的原则，由各省政府根据全省经济增长预测而制定计划，政府出面对各发电厂之间利益关系进行协调。在厂网分开、竞争性电力市场尚未建立的背景下，为平衡各个发电企业之间的利益关系，均衡发电量调度基本上保证了同一省级电网内各个电厂的发电小时数基本一致，即各电厂或机组的计划电量是按省电网平均发电小时数确定的。从调度目标而言，均衡发电量调度表现为各机组的负荷率相近。它可能造成小容量火电机组的无序发展而导致环境污染严重、能源利用效率低下等诸多问题。

目前，均衡发电量调度的内涵也有所拓展，并不是要求所有的发电机组都必须均衡发电，而是在保证电网安全运行的前提条件下，可再生能源发电机组优先发电，热电机组采用"以热定电"方式发电，均衡发电量主要体现在燃煤火电机组的发电要均衡。

（2）节能发电调度。节能发电调度是指在保障电力安全可靠的基础上，按照节能、经济、环保的原则优先安排清洁环保的可再生能源发电，火力发电机组按照能耗和污染物排放高低排序，最大限度地限制能耗高、污染重的机组发电，以达到减少能源消耗和污染排放的目的。在新的节能减排政策下，将节能发电调度直接体现在日发电调度计划安排中，通过优化机组方式安排，优化经济调度，合理利用水能资源，降低发电煤耗、水耗和厂用电率等一系列措施节约能源，充分优先考虑煤耗低和上脱硫装置的发电厂发电，开展节能、环保调度。

关于节能发电调度的两个重要文件是《节能发电调度办法（试行）》（国办发〔2007〕53号）和《关于印发节能发电调度试点工作方案和实施细则（试行）的通知》（发改能源〔2007〕3523号），文件规定节能发电调度下各类发电机组的发电顺序确定序位：

①无调节能力的风能、太阳能、海洋能、水能等可再生能源发电机组。②有调节能力的水能、生物质能、地热能等可再生能源发电机组和经省级以上环保部门验收满足环保要求的垃圾发电机组。当有调节能力的水能发电机组出现非正常弃水时，列在无调节能力的水能发电机组之前。③核能发电机组。④余热、余气、余压、煤层气等非燃煤资源综合利用发电机组。⑤国家确定的示范发电机组及国家统一安排的发电机组。⑥燃煤热电机组。⑦由省级以上环保部门认定达标排放，并经国家发展改革和委员会（以下简称"国家发展改革委"）和省级发展改革和委员会按照审核权限认定的煤矸石或洗中煤等资源综合利用发电机组。⑧天然气、煤气化发电机组。⑨其他燃煤发电机组，包括热电机组超出"以热定电"以及资源综合利用机组超出"以（资源）量定电"的部分。⑩燃油发电机组。

同类型火电机组按照能耗水平由低到高排序，节能优先；能耗水平相同时，按照污染物排放水平由低到高排序。机组运行能耗水平近期暂依照设备制造厂商提供的机组能耗参数排序，逐步过渡到按照实测数值排序，对因环保和节水设施运行引起煤耗实测数值增加的，可做适当调整。污染物排放水平以省级环保部门最新核定的数值为准。

未安装脱硫设施或已安装脱硫设施，但未经省级以上环保部门验收合格的发电机组列在同类、同级别容量发电机组之后。

（3）两种调度原则的比较。从调度目标的维度看，均衡发电量调度追求各机组的合同完成率尽量趋同，节能发电调度追求系统发电煤耗最低。短期而言，均衡发电量调度表现为各机组的负荷率相近，而节能发电调度表现为不同煤耗的机组之间负荷率差异较大。

从评价指标的维度看，均衡发电量调度关注机组合同完成率，节能发电调度关注系统发电煤耗。对于给定的电力系统，在同一负荷水平下，选择不同的发电调度模式，这两个指标之间既相互冲突又潜在关联。如，当机组的合同完成率趋同时，系统发电煤耗较高；而系统发电煤耗最低时，不同机组之间的合同完成率差别较大；这种关系类似于微观经济学中的商品无差异曲线的性质。在节能发电调度环境下，不同机组之间合同完成率的偏差可以视为一种调度控制策略，对煤耗不同的机组实施差异化调度，是降低系统发电煤耗的有效途径。

二、电力辅助服务与电力调峰

电力调度时可能要求发电企业、电网经营企业和电力用户提供辅助服务。辅助服务是指为维护电力系统的安全稳定运行，保证电能质量，除正常电能生产、输送、使用外，由发电企业、电网经营企业和电力用户提供的服务，包括调频、自动发电控制（AGC）、调峰、无功调节、备用、黑启动服务等。

并网发电厂提供的辅助服务分为基本辅助服务和有偿辅助服务。

（1）基本辅助服务。基本辅助服务是指为了保障电力系统安全稳定运行，保证电能质量，发电机组必须提供的辅助服务，包括一次调频、基本调峰、基本无功调节等。提供基本辅助服务不获得补偿。

1）一次调频是指当电力系统频率偏离目标频率时，发电机组通过调速系统的自动反应，调整有功出力减少频率偏差所提供的服务。

2）基本调峰是指并网发电机组、可中断负荷或电储能装置在规定的出力调整范围内，为了跟踪负荷的峰谷变化而有计划的、按照一定调节速度进行的出力调整所提供的服务。

3）基本无功调节是指发电机组在规定的功率因数范围内，向电力系统注入或吸收无功功率所提供的服务。

（2）有偿辅助服务。有偿辅助服务是指并网发电厂在基本辅助服务之外所提供的辅助服务，包括自动发电控制（automatic generation control，AGC）、有偿调峰、备用、有偿无功调节、黑启动等。有偿辅助服务应予以补偿。

1）自动发电控制是指发电机组在规定的出力调整范围内，跟踪电力调度交易机构下发的指令，按照一定调节速率实时调整发电出力，以满足电力系统频率和联络线功率控制要求的服务。AGC是实现二次调频的主要方法。

2）有偿调峰是指发电机组超过规定的调峰深度进行调峰，及火力发电机组按电力调度交易机构要求在规定时间内完成启停机（炉）进行调峰所提供的服务，或可中断负荷、电储能装置参加的有偿调峰服务、跨省调峰服务等。

3）备用是指为了保证可靠供电，电力调度交易机构指定的发电机组通过预留发电容量所提供的服务。备用分为旋转备用和非旋转备用。

4）有偿无功调节是指电力调度交易机构要求发电机组超过规定的功率因数范围向电力系统注入或吸收无功功率所提供的服务。

5）黑启动是指电力系统大面积停电后，在无外界电源支持情况下，由具备自启动能力的发电机组所提供的恢复系统供电的服务。

由此可知，电力调峰是电力系统调度过程中一种重要的电力辅助服务类型。本书主要论述火电机组调峰。

三、电力机组调峰能力

电力机组参与电力系统调峰应具有的能力即电力机组的调峰能力，其是机组最大出力变化幅度、最大出力变化速率、最短启停时间等因素的综合体现。电力机组调峰能力是有限制的，主要体现在启停时间不能太短、出力变化速率不能过快，调节幅度不能过大，否则就会出热经济性下降、寿命损耗加剧、安全风险增加等问题。现代机组自动化程度较高，设置了很多自动保护功能，运行中如果超过或可能超过设定界限，机组会有报警、紧急打闸停机等反应，这些反应是电力机组调峰能力有限的体现。

最大出力变化幅度（有时也表述为"调峰能力""调峰幅度"等）可以为最大技术出力与最小技术出力的差值（最大技术出力又称最大运行出力，指受技术条件限制，发电机组运行时所能发出的最大出力，最小技术出力即发电机组运行时所能发出的最小出力），也可以为两者差值占最大技术出力的百分比。调峰深度是最大出力变化幅度的一种表述方式，是最小技术出力占最大技术出力的百分比。一般地，机组的最大技术出力比较清楚和透明，人们普遍更关心最小技术出力，有时会将最小技术出力代指最大出力变化幅度。

最大出力变化速率（或称"最大负荷升降速率""爬坡率"等）为机组出力随时间

的变化率。

最短启停时间为在保证安全和经济条件下机组启动和停机的时间。机组通过启停参与调峰时，机组容量即为其最大出力变化幅度，机组容量除以最短启停时间（严格地说应该是机组零负荷到满负荷之间变化的最短时间），可以认为其为最大出力变化速率。因此，最大出力变化幅度、最大出力变化速率是调峰能力最重要的指标，一个表示"调得深"，一个表示"调得快"。

四、火电机组调峰能力与灵活性改造

火电机组调峰能力是有限的，通过优化运行的方式虽然对调峰能力有所拓展，但往往不能满足电力系统调度需求，且面临经济、安全等方面的风险。为提高火电机组的调峰能力，需要进行火电灵活性改造。

火电机组的灵活性改造即提高机组负荷调整灵活性的改造。按比较主流的定义认为，火电灵活性主要包括燃料的灵活性、负荷调整的灵活性等两个方面，与火电机组调峰能力相关的是负荷调整的灵活性。本书主要介绍负荷调整的灵活性，负荷调整的灵活性指深度调峰（锅炉及汽轮机的低负荷运行）、机组快速启停、机组的负荷跟踪速率和热电机组的热电解耦等。

第二节 能源革命与火电调峰需求

一、能源革命概述

人类利用能源的历史，也是一部能源革命的历史，历史上每一次能源革命，无不意味着人类生产力的巨大解放与进步。近现代以来，人类能源利用史上至少经历了两次重大能源革命，即从柴薪时代过渡到煤炭时代，以及由煤炭时代过渡到石油时代，由此塑造了不同的国际能源权力结构和能源秩序，甚至塑造了不同的人类经济社会形态和文明形态。

21世纪以来，国际能源战略形势发生了重大和深刻变化，全球能源版图重塑，能源技术革命、新能源产业以及以美国页岩油气革命为代表的非常规油气生产与供应加速发展，第三次能源革命的大幕悄然拉开。在当前悄然拉开的第三次能源革命的大幕中，可再生能源技术的日益成熟预示着能源体系的整体性变革近在眼前。从全球范围看，以低碳和绿色能源的发展为重点、以能源技术革命为先导、以第三次工业革命为战略突破口、以节能减排为先进文化的能源革命，正如火如荼地展开，弃碳化、弃石油化的发展趋势日趋明显。英、法等主要欧洲发达国家制定了停止汽、柴油车销售时间表，预示着国际能源革命弃碳化、弃石油化的发展趋势。

第三次国际能源革命具有深刻的历史背景和现实需要。20世纪70年代两次石油危机和国际社会对气候变化问题的不断关注，是第三次国际能源革命的两大动因。随着气候变化和环境政治的日益深入，世界各国先后将能源革命提上日程，第三次能源革命开始在国际社会掀起浪潮。德国率先在2000年颁布了《可再生能源法》，确立了可再生能源发展目标。2007年，英国发布《迎接能源挑战》的能源白皮书，强调在保证稳定、清洁、负担得起的能源供应条件下，调整能源结构，加大碳减排力度。在德国、法国、丹麦等国的引领下，欧盟成为"全球发展可再生能源最早、力度最大、成就最突出的经济体"。为加快可再生能源发展，世界各主要国家出台了一系列激励政策。2007年，欧盟通过了《2020气候和能源一揽子计划》，计划至2020年欧盟的可再生能源消费占其总能源消费的20%。2014年，欧盟颁布《2030气候能源政策框架》，计划至2030年欧盟的可再生能源消费比重增至27%。2015年，美国提出至2030年本国电力供应的20%要来自除水电外的可再生能源。2015年，巴西宣布到2030年，该国可再生能源消费占能源消费结构的比重将升至45%。

时至今日，第三次国际能源革命紧密围绕非常规油气资源开采和可再生能源产业发展展开，已经对全球能源市场的结构性变化产生了重大影响。从长期和宏观角度看，如果转型成功，依照历史经验，第三次国际能源革命有可能重塑国际能源权力结构和全球秩序，甚至重塑人类经济社会形态和文明形态。从中观层面看，未来20～30年内，第三次国际能源革命有可能形成崭新的全球能源市场，导致全球能源市场不仅发生周期性变化，而且发生结构性变化。其对全球能源权力结构、国际能源安全和世界经济的影响可能是结构性和长期性的。从微观层面看，第三次国际能源革命将可能影响到国家命运和大国兴衰。

中国是国际能源体系的重要组成部分，国际能源革命对我国能源安全、和平崛起以及实现中国梦意义重大。中国应该从能源革命的高度，推动能源技术革命和能源消费革命，加快我国经济增长方式和经济结构转型，加快能源结构调整，切实将新能源的发展放在重要和优先发展的战略地位。要重点发展新能源技术和产业，抢占新能源发展和第三次工业革命的先机，紧跟其至超越和引领国际能源革命。

得益于高速增长的经济、不断扩大的市场和日益加大的投入，以及市场结构和技术上的"后发优势"，中国在可再生能源领域已经处于全球领先地位。中国已经成为世界能源变革和能源转型的重要推动者和引领者。在可再生能源领域，中国自2015年起便超过德国成为全球最大的太阳能光伏安装市场。同时，中国太阳能光伏面板的产能约占世界的2/3，太阳热能产能也占世界市场的70%以上。2016年中国新增的风能发电能力达到了约20GW，占世界总量的38.5%，位居世界第一。2017年，中国太阳能产业的投资达到了创纪录的1326亿美元，占当年世界清洁能源投资的40%。中国2017年可再生能源产能已经达到618.8GW，占世界总量的28.4%，位居世界第一位。在非常规油气资源领域，中国近年来也陆续取得了一些突破。在新一轮国际能源转型中，中国目前已经成为世界上可再生能源发电的最大投资国、世界上最大的电动车生产国和最大的太阳能设备出口国，以及主要的新能源技术出口国。

2014年6月13日，习近平总书记在中央财经领导小组第六次会议上提出了"四个革命、一个合作"的能源发展战略。其中，"四个革命"即能源消费、能源供给、能源技术和能源体制的革命。2017年，国家发展改革委发布了首个国家能源生产和消费革命战略。习近平总书记关于"能源革命"战略的重要论述，高度概括了未来中国能源发展战略和政策方向，为中国的能源改革指明了方向，为中国开创一个更加安全、可持续、多元化和高效的能源未来指明了道路，也为中国的能源转型指明了方向。

2019 年，国家电网有限公司发布了《中国能源电力发展展望 2019》，该报告指出，"随着清洁能源大规模发展、电能占终端能源消费比重不断提高，预计 2050 年非化石能源占一次能源的比重将超过 50%，电能在终端能源消费中的比重将超过 50%，以电为中心、电网为平台的现代能源体系特征更为明显"。"两个 50%"的提出，以推动能源清洁发展，提升我国能源自给水平和降低全社会供应成本为目标，综合考虑经济社会发展和碳减排要求，正是我国能源革命的重要体现。

二、非水可再生能源发电并网带来的调峰需求

按照我国可再生能源法规定，可再生能源包括水能、风能、太阳能、生物质能、地热、海洋能等。由于水电已经规模化、商品化，非水可再生能源才是我们经常谈论的"可再生能源"，非水可再生能源中，目前比较成规模实现发电并网的是风电、太阳能发电（含光伏和光热发电）、生物质能发电，尤其是风电、光伏发电，不论发电量还是装机容量都占了相当的比例。2019 年，我国发电量结构和发电装机容量结构如图 1-1 所示。

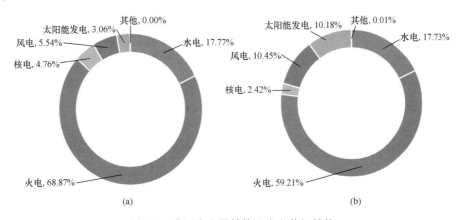

图 1-1　我国发电量结构和发电装机结构
（a）2019 年我国发电量结构；（b）2019 年我国发电装机容量结构
数据来源：中国电力企业联合会统计信息。

我国风电资源非常丰富，为加速风电发展，我国政府和企业做了大量工作。2003 年，国家发展改革委组织了第一期全国风电特许权项目招标，截至 2007 年，共组织了五期特许权招标，2009 年 7 月底，国家发展改革委将全国分为四类风能资源区，相应制定风电标杆上网电价，实际上标志着我国正式开始对风能实行固定电价制度。在政府一系列工作的推动下，我国风电装机容量实现了快速增长。我国近年来风电发展情况如图 1-2 所示。

我国太阳能资源十分丰富，为加速风电发展，我国政府和企业做了大量工作。2009 年国家开始实施"金太阳"工程，对并网光伏发电项目给予 50% 或以上的投资补助。2009 年国家能源局实施了甘肃省第一批光伏发电项目特许权招标，总装机容量为 10MW。2010 年国家能源局实施第二次光伏发电项目特许权招标。2011 年，出台了我

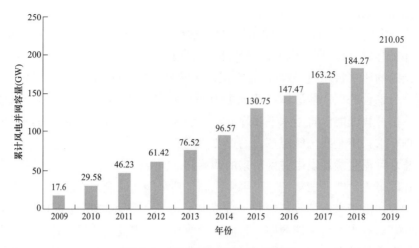

图 1-2　我国近年来风电发展情况

数据来源：中国电力企业联合会统计信息。

国第一个地面光伏电厂的标杆电价政策；在政府一系列工作的推动下，我国太阳能发电装机容量实现了快速增长。我国近年来太阳能发电发展情况如图 1-3 所示。

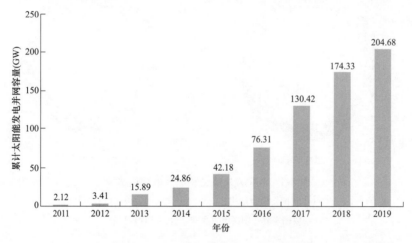

图 1-3　我国近年来太阳能发电发展情况

数据来源：中国电力企业联合会统计信息。

　　风电、太阳能发电是清洁的新能源电力，但并不稳定，随着来风速度、光照的变化，电出力发生变化，不稳定的出力对电网频率造成不利影响。风电常具有反调峰性能，以东北电网内风电场为例，各地区风场 23 点～次日 3 点期间，来风几率约为 60%，而此时是日用电低谷区；全年各地区风场来风最大时间段大约为 4 月份、10 月份，也是年用电低谷区。太阳能发电则仅在白天输出电力，正午前后达到出力高峰，夜间没有出力，无法满足夜间用电需求。

　　风电、太阳能发电这些技术特征导致其接入电网可能会对电网运行安全构成威胁，需要其他电源为之提供调峰等辅助服务，因调峰能力不足经常有一些风电、太阳能发电被拒绝入网，产生弃风、弃光现象，已经并网的风电、太阳能发电也需要大量调峰等辅助服务资源支持，要进一步扩大风电、太阳能发电的并网装机容量，必须增大电网的调峰能力。

三、电力系统负荷峰谷差率增大对调峰需求的影响

电力系统负荷峰谷差率指电力系统某一时间周期内（通常以日为单位）最大负荷与最小负荷之差，与最大负荷的比率。电力系统负荷峰谷差率是电力系统中的重要概念，电力系统负荷峰谷差率越大，调峰需求越大。

随着我国经济发展和转型的不断深入，国民经济正由粗放型扩张向节约型、可持续型发展转变。重工业、高耗能产业等第二产业在经济结构中的比重逐步下降，民用负荷、商业、服务业等第三产业用电量增加，电力负荷对气候变化也越来越敏感。这些转变使得用电峰谷差不断加大，对系统调峰调频的能力提出了更高的需求。例如，作为全国经济发达的典型省区，2018年春节期间，江苏电网峰谷差超过35%，北京、上海等发达地区城市的峰谷差率则可高达40%～50%，2018年夏季，北京电网最大峰谷差率超过55%。

在分析电力系统负荷峰谷差率时，常常不仅仅考虑负荷本身，还可能将分布式电源及外来电力作为"负负荷"与负荷叠加作为总负荷。以光伏发电为代表的分布式电源迅猛发展，渗透率逐步提高，使得总电力系统峰谷差率可能大幅增加。大量的外来电力可能对本地电力系统安全运行产生不利影响，北京、江苏等地方电网是典型的受端电网，以江苏电网为例，"十三五"期间江苏电网将建设锡盟—泰州、晋北—南京等特高压直流工程，区外来电储备达14GW，将对电力系统负荷峰谷差率造成很大影响，带来大量的调峰需求。

四、火电在我国能源革命中的角色

（一）火电的定义和分类

火力发电（以下简称"火电"）是利用可燃物在燃烧时产生的热能，通过发电动力装置转换成电能的一种发电方式。

按其作用分，火电有单纯发电和热电联产两类（某些项目热、电、冷联产，但供冷本质上由电力或热力驱动，依然可以认为是热电联产），本书同时关注单纯供电和热电联产两种类型。

按原动机分，火电区分为汽轮机发电、燃气轮机发电、柴油机发电及其他内燃机发电。柴油机发电及其他内燃机发电一般装机容量较小，一般也不参与调峰，因此本书主要关注汽轮机发电、燃气轮机发电两种原动机发电。

按所用燃料分，火电区分为燃煤发电、燃气（天然气、沼气）发电、燃油发电、生物质（包括垃圾）发电以及利用工业锅炉余热发电等。我国燃煤发电占据绝对主流，也装备了一些燃气（天然气）发电机组。燃油发电、生物质（垃圾）发电、利用工业锅炉余热发电等相比燃煤发电的总装机容量要小得多，单个项目的装机容量也较小，一般不参与调峰，本书主要关注燃煤发电、燃气发电。

按装机规模分，火电区分为大型火电和中小型火电。我国大型燃煤火电机组主要是指那些装机容量在 300MW/350MW、600MW/660MW、1000MW 以上的机组,以及一些老旧的 200、135、125MW 中型燃煤火电机组,在这些机型以下,我国还有一些 50、25、12、7.5、6、3MW 燃煤火电机组,目前基本为热电机组(主要为背压式热电机组),可以称为小型燃煤火电机组。大中型燃气火电机组主要指 F 级(燃气轮机单机容量约 260MW,"一拖一"燃气-蒸汽联合循环机组装机容量约 390MW)、E 级(燃气轮机单机容量约 120MW,"一拖一"燃气-蒸汽联合循环机组装机容量约 180MW)以上的燃气电厂,6B、6F 级及以下燃气轮机、外燃机、微燃机及内燃机等原动机的容量很小,构成燃气-蒸汽联合循环机组的容量也不大,可以称为小型燃气火电机组。一般地,大中型火电机组可能参与调峰,小型火电机组一般不参与调峰,因此本书主要关注大中型火电。

燃煤火电机组中,按锅炉和汽轮机的匹配和连接关系,火电区分为单元制和母管制,大中型机组一般采用单元制,单元制指一台锅炉配一台汽轮机,锅炉产生的蒸汽全部送入配套汽轮机的电厂热力系统形式。小型机组一般采用母管制,母管制是指多台锅炉产生的蒸汽,先汇合到一根母管里,然后再分配至各汽轮机,可分为分段母管制和切换母管制。本书主要关注单元制火电。

热电机组可分为背压式、低真空循环水供热、抽汽凝汽式。背压式机组完全"以热定电"运行,几乎没有调峰能力,装机容量一般在 50MW 以下,不在本书讨论范围内。低真空循环水供热是在凝汽式发电的基础上,适度提高背压,利用凝结水供热,这类机组具有一定调峰能力,与不供热的纯发电凝汽机组相像(仅仅是背压不同),不是本书主要介绍的对象。抽汽凝汽式机组分为非调整抽汽机组、纯供热可调整抽汽机组、抽凝式可调整供热机组等三大类。非调整抽汽轮机组抽汽口类似于回热抽汽,不控制抽汽参数,参与调峰时可能严重影响供热质量,一般也为较小容量机组,不在本书介绍范围内。纯供热可调整抽汽轮机组设计时即考虑让其持续供热,其低压缸通流能力比较小,基本上也属于"以热定电"方式运行,一般也不参与调峰,不在本书介绍范围内。抽凝式可调整供热机组在凝汽机组的基础上加装抽汽蝶阀或旋转隔板控制抽汽参数和抽汽量,可进行热、电出力调节,从而可在保证供热的前提下参与调峰,因而本书主要关注抽凝式可调整供热机组,其汽轮机为"抽汽凝汽式汽轮机"。抽凝式可调整供热机组也有两个亚类型,一种是设计成型时即为热电机组(以下简称"非改造热电机组"),抽汽口设计在汽轮机某级,有较固定的抽汽参数;另一种是原为不供热的凝汽机组,在高压缸和中压缸之间的导管、中压缸和低压缸之间的导管上打孔抽汽(以下简称"供热改造机组")。

综上所述,本书主要关注大中型的、燃煤(单元制)和燃气的、纯发电和热电联产(配置抽汽凝汽式汽轮机,包括非改造热电机组和供热改造机组)的、以汽轮机和燃气轮机作为原动机的火电机组的运行和调峰能力。

(二)我国火电的发展情况

1789 年,在世界上第一台火力发电机组建成 4 年后,上海电气公司 1 台 12kW 的蒸汽发电机组建成发电,是为中国电力工业的发端。

1949 年新中国成立时，全国发电装机总容量仅为 1.85GW，年发电量为 4300GWh，人均年用电量仅为 9kWh。其中，火电装机容量 1.69GW，占比 91.2%，其余为水电。

1978 年，改革开放序幕拉开之年，我国发电装机容量为 57.12GW，其中火电装机容量 39.84GW，占比 69.7%，其余为水电。

1992 年，邓小平发表南方谈话时，我国发电装机容量为 166.53GW，其中火电装机容量 125.85GW，占比 75.6%，其余主要为水电。

2001 年，中国加入世贸组织时，我国发电装机容量为 338.49GW，其中火电装机容量 253.14GW，占比 74.8%，其余为水电。

2006 年，我国火电装机容量占比总装机容量达到最高，我国发电装机容量为 623.70GW，其中火电装机容量 483.82GW，占比 77.6%，其余为水电。

2008 年，核电和风电的装机容量首次分别超过 1%，我国发电装机容量为 792.73GW，其中火电装机容量 602.86GW，占比 76.1%，其余为水电（占比 21.8%）、核电（占比 1.1%）、风电（占比 1.1%）。

自 2009～2019 年，我国电力装机总容量、火电、水电、核电、风电、太阳能发电的装机容量和比例见表 1-1。

表 1-1　　　　　　　　　2009—2019 年我国电力装机情况　　　　　　（GW）

年份	总装机容量	火电装机容量/占比	水电装机容量/占比	核电装机容量/占比	风电装机容量/占比	太阳能发电容量/占比
2009	874.10	651.08/74.5%	196.29/22.5%	9.08/1.0%	17.60/2.0%	0.03/0.0%
2010	966.41	709.67/73.4%	216.06/22.4%	10.82/1.1%	29.58/3.1%	0.26/0.0%
2011	1062.53	768.34/72.3%	232.98/21.9%	12.57/1.2%	46.23/4.4%	2.12/0.2%
2012	1146.76	819.68/71.5%	249.47/21.8%	12.57/1.1%	61.42/5.4%	3.41/0.3%
2013	1257.68	870.09/69.2%	280.44/22.3%	14.66/1.2%	76.52/6.1%	15.89/1.3%
2014	1378.87	932.32/67.6%	304.86/22.1%	20.08/1.5%	96.57/7.0%	24.86/1.8%
2015	1521.21	1000.50/65.8%	319.53/21.0%	27.17/1.8%	131.30/8.6%	42.63/2.8%
2016	1645.75	1053.88/64.0%	332.11/20.2%	33.64/2.0%	148.64/9.0%	77.42/4.7%
2017	1784.51	1110.09/62.2%	344.11/19.3%	35.82/2.0%	164.00/9.2%	130.42/7.3%
2018	1900.12	1144.08/60.2%	352.59/18.6%	44.66/2.4%	184.27/9.7%	174.33/9.2%
2019	2010.66	1190.55/59.2%	356.40/17.7%	48.74/2.4%	210.05/10.4%	204.68/10.2%

数据来源：中国电力企业联合会官方网站。

由表 1-1 及本书本节前文的数据可知，自 2006 年以来，火电装机容量的比重一直在下降，但即便如此，至 2019 年火电装机容量的占比仍然达到 59.2%，而火电装机容量的绝对数值则一直在增加。火电、水电装机容量占比下降的份额主要被风电、太阳能发电占据，而风电、太阳能发电利用小时数比火电低很多，因此如果考虑发电量，火电的占比会更高，实际上，2019 年火电发电量占总发电量的比例为 68.9%。

2018 年，在火电装机容量 1144.08GW 中，燃煤火电装机容量 1008.35GW，占比 88.1%，燃气发电装机容量 83.75GW，占比 7.3%，生物质发电装机容量 19.47GW，占比 1.7%，燃油发电装机容量 1.73GW，占比 0.15%。由此可知，火电装机容量中，燃煤火电占绝大多数，燃气火电也有一定份额。

（三）我国燃煤热电联产发展情况

广义的热电联产即同时生产电力和热力，狭义的热电联产一般指将燃料的化学能转化为高品位的热能用以发电，同时将已在汽轮机中做了功的低品位热能，用以对外供热。燃煤热电联产充分利用能源，取得最大的能源利用效益，减少资源浪费和环境污染。与燃煤锅炉供热相比，燃煤热电联产具有高效率、低能耗、低污染的特点。

我国燃煤热电联产的发展经历了长期的发展过程，1952 年我国第一台燃煤热电机组投入运行，为 25MW 中压单抽供热机组。燃煤热电机组在过去几十年得到国家的大力支持，近年来，热电联产建设发展迅猛，如图 1-4 所示。截至 2019 年年底，我国热电联产装机容量达 524.23GW，其中，6MW 及以上热电联产装机容量达 519.9GW，绝大部分为燃煤热电联产机组，供热量 $49.25\times10^8\,GJ$。

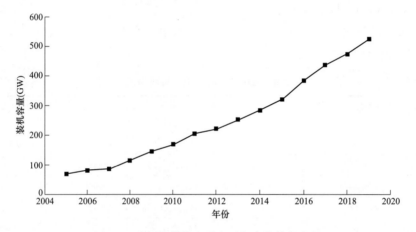

图 1-4　我国燃煤热电联产近年来的装机容量

热电机组占燃煤火电机组的比例较高，近年来一直呈现增长态势，全国热电机组在火电中占比发展情况如图 1-5 所示。

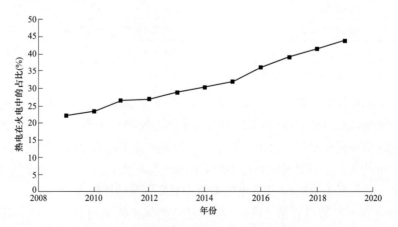

图 1-5　全国热电机组在火电中占比发展情况

我国城市和工业园区供热已基本形成"以燃煤热电联产和大型锅炉房集中供热为主、分散燃煤锅炉和其他清洁（或可再生）能源供热为辅"的供热格局。

（四）我国大型燃气电厂发展情况

我国能源结构中，天然气所占比例远小于煤，在相当长一段时间里，用于发电的燃气轮机研发和制造得不到应有重视，全国燃气电厂装机容量也较小。随着人们生活水平和节能环保意识的提升，气源紧张状态在一定程度上的改善，以及我国相关装备制造业的进步，近年来我国燃气发电得到了较快发展。

从 2001 年开始，国家发展改革委组织了三次燃气轮机"打捆招标"，以技贸结合方式引进了先进的 E 级、F 级燃气轮机及燃气-蒸汽联合循环技术。目前，余热锅炉、汽轮机和相关辅机已经国产化，但是燃气轮机多项关键技术尚需攻关，短期内我国难以研制出更新型的燃气轮机，已引进的 E 级和 F 级燃气轮机（特别是 F 级燃气轮机），以及一些更小型的 6B、6F 级构成的燃气-蒸汽联合循环机组（一般均由一台或两台燃气轮机带一台汽轮机构成，俗称"一拖一"和"二拖一"）是我国燃气电厂的主力机组。

截至 2018 年年底，我国燃气电厂总装机容量达 83.75GW，燃油电厂装机容量 1.73GW（燃油电厂一般采用燃气轮机发电），燃气和燃油发电占火电装机比例为 7.5%，占总电力装机 4.5%。

部分装机容量较大的燃气电厂情况见表 1-2。

表 1-2　　　　　　　　　　我国部分装机容量较大的燃气电厂

编号	燃气电厂名	装机情况	对应燃气轮机	备注
1	浙江杭州半山发电有限公司	GE 9F 级 3×390MW	GE PG9351FA	"一拖一"
2	江苏华电戚墅堰发电有限公司	一期 GE 9F 级 2×390MW 二期 三菱 E 级 2×220MW 三期 三菱 F 级 2×475MW	一期 GE PG9351FA 二期 三菱 M701DA 三期 三菱 M701F4	均为"一拖一"
3	广东惠州天然气发电有限公司	一期 三菱 F 级 3×390MW 二期 三菱 F 级 3×460MW	一期 三菱 M701F3 二期 三菱 M701F4	均为"一拖一"
4	中山嘉明电力有限公司	二期 GE 9F 级 2×390MW 三期 三菱 F 级 3×460MW	二期 GE PG9351FA 三期 三菱 M701F4	一期为煤电
5	福能晋江天然气发电有限公司	一期 GE 9F 级 4×390MW	一期 GE PG9351FA	规划再建设 6 套 9F 燃气火电机组
6	中海福建燃气发电有限公司	一期 三菱 F 级 4×390MW	一期 三菱 M701F3	规划建设 4 套 9F 燃气火电机组
7	上海申能临港燃气发电有限公司	一期西门子 F 级 4×400MW	一期 西门子 SGT5-4000 F	"一拖一"
8	华能北京热电有限公司	二期 三菱 F 级 "二拖一" 924MW；三期 三菱 F 级 "二拖一" 998MW	二期 三菱 M701F4 三期 三菱 M701F5	一期为煤电
9	天津陈塘热电有限公司	三菱 F 级 2× "二拖一" 923MW；	三菱 M701F4	

续表

编号	燃气电厂名	装机情况	对应燃气轮机	备注
10	大唐国际发电股份有限公司北京高井热电厂	GE F 级 "二拖一" 921MW 和 F 级 "一拖一" 459MW	GE PG9371FB	
11	北京京西燃气热电有限公司	西门子 F 级 "二拖一" 873MW 和 F 级 "一拖一" 434MW	西门子 SGT5-4000F（4＋）	

注　表中，"GE" 指美国通用电气公司（即美国 GE 公司），"三菱" 指日本三菱重工公司（即日本 Mitsubishi 公司），"西门子" 指德国西门子股份公司（即德国 Siemens 公司）。

燃气电厂一般都不同程度地参与了调峰或备用等辅助服务。少数电厂为纯调峰电厂，例如，深圳某燃气电厂 3 台 E 级燃气-蒸汽联合循环机组提供昼启夜停调峰服务，一般早 8：00 并网，晚 24：00 解列。

我国第一个大型的燃气-蒸汽热电联产项目是上海漕泾热电有限责任公司投运的上海化学工业区 2×300MW 级燃气轮机热电联产电厂［美国通用电气公司（即美国 GE 公司）生产的 S109FA 机组］，表 1-2 中提到的位于北京、天津的热电厂的燃气-蒸汽联合循环机组均具有供热供能，其他部分燃气供热电厂见表 1-3。

表 1-3　　　　　　　　　　　其他部分的燃气供热电厂

编号	厂名	机组构成	发电和供热情况
1	北京太阳宫燃气热电有限公司	S209FA	年发电量 3400GWh，发电效率 57.1％，供热面积 1000×10⁴m²，供热区域 40km²，热电总效率 79％
2	华电（北京）热电有限公司（郑常庄热电厂，北京第二热电厂改造项目）	2×V94.2＋2×抽凝式汽轮机＋3×116MW 燃气热水炉	年发电量 1900GWh，总供热能力 22.6×10⁸J/h，容量 500MW
3	北京京丰热电有限责任公司（即北京第三热电厂）	1×M701F	年发电量 1400GWh，可年运行 3500h，容量 406.8MW
4	华润协鑫（北京）热电有限公司（即亦庄热电厂）	2×75MW	年发电量 800～1000GWh，发电供热制冷机组，每小时供应 100t 蒸汽
5	珠海深能洪湾燃气电力有限公司	2×S109E（2×180MW）	热效率为 60.45％，热电比 35.25％，供汽量 128t/h
6	广东东莞通明电力有限公司	2×S109E（2×180MW）	热效率为 57.9％，热电比 32.8％，供汽量为 120t/h，将取代 60 台燃煤或燃油小锅炉
7	武汉高新热电股份有限公司关山热电厂	2×PG9171E＋2 台余热锅炉＋2 台 50MW 抽汽式蒸汽轮发电机	年发电量 1588GWh，年供电量 1524GWh，年供热量 3.47×10⁶GJ/年

燃气供热电厂在供热期间根据需要一般也需参与调峰。

近年来，因为燃气电站毕竟仍然有 NO_x 等污染，北京、乌鲁木齐等城市在探讨采用电采暖替代燃气电站热电联产采暖。

（五）火电在能源革命中的重要角色

由本书本节前文可知，尽管新能源电力发展非常迅速，水电也一直保持我国主力电源的角色（近年来装机容量在 20% 左右），但火电装机容量和发电量基本一直都在 60% 以上，其装机容量的绝对数值还不断在增长，且预计在很长时间内火电都将占据主流地位（如前文所述，国家电网有限公司将 2050 年非化石能源占一次能源的比重将超过 50% 作为奋斗目标之一），因此能源革命是一个长期的过程，火电装机容量和发电量的占比虽然会随时间不断下降，但很长一段时间内火电仍然会占据重要甚至最主要的角色。

在能源革命发生的过程中，火电的角色就仅仅是不断收缩然后逐步消失吗？答案也许是否定的，主要就因为调峰等辅助服务需求。

由本书本节前文可知，我国非水可再生能源电力的大量并网（包括已经并网和未来更多的并网）、电力负荷的峰谷差增大等因素都对电力系统调峰能力提出了更高的要求。

各类电源中，风电、光伏等本身是调峰的服务对象，核电一般保持平稳出力，基本没有调峰潜力。预期可能提供调峰辅助服务的主体包括火电、水电（含抽水蓄能电厂）、电化学储能、压缩空气储能等其他储能形式、电力需求侧管理、虚拟电厂等。

火电之外的其他类型调峰主体均存在不足。

1. 常规水电厂、抽水蓄能电厂等电源类型的调峰能力有限

水电厂调峰能力较强，常规水电厂出力变化幅度可以达到额定负荷的 100%，抽水蓄能电厂则理论上可以达到额定负荷的 200%，负荷调节也较为迅速，有专家论证，水电机组和抽水蓄能机组在大电网中装机容量较为合理的比例至少应为 10%～12%。

由前文可知，水电是我国电源结构中装机容量排名第二的电源类型，装机容量庞大。但是，我国常规水电资源分布严重不均匀，2017 年我国分区域电网分类装机容量的情况见表 1-4。

表 1-4 　　　　　　　　　2017 年我国分区域电网分类装机容量的情况 　　　　　　　　　（MW）

区　域	水电	火电	核电	风电	太阳能发电
西北区域	32870	134330	0	45110	36450
南方区域	116690	152240	13940	17070	8270
华中区域	147070	167380	0	11620	18890
华东区域	30420	259610	17410	13290	27590
东北区域	8120	92630	4480	27570	6350
华北区域	8420	298760	0	48600	31870

由表 1-4 可知，我国水电主要分布在南方、华中两个区域电网（地理上主要分布在西南地区），华东电网、东北电网、华北电网、西北电网分布都较少，在这些区域常规水电调峰的能力不足。

常规水电厂参与调峰的另一问题是与季节等因素关联较大，特别是冬季枯水期，水电的发电能力和调峰能力将大幅减弱。且我国径流式水电（无调节水库的电站）比重较大，在丰水期水电较少参与电力系统调峰，且水利枢纽工程发电受防洪、灌溉及航运等综合因素影响，水电的整体调峰能力受到很大限制。

抽水蓄能电厂是重要的调峰电源，但其建设选址时需要良好的上、下库条件，建设周期长、投资大，装机容量有限，2016 年，我国抽水蓄能装机 26.69GW，占总装机的 1.6%，占总发电量的 0.5%，目前及未来较长时间内均不足以作为主流调峰电源。

2. 电化学储能潜力较大，但还未进入大型商业化应用阶段

近年来，随着电动汽车的大规模推广，电化学储能成本大幅下降，彭博新能源财经（BNEF）统计的数据也显示，2019 年电动汽车动力电池每千瓦时造价约为 156 美元，较 2010 年每千瓦时 1100 美元的造价下降了 85%。根据瑞银集团预测，到 2025 年储能造价有望下降 1/3，而未来十年里，储能造价预期下降幅度将达到 66%～80%，也即电化学储能未来发展潜力巨大。

目前，电化学储能项目的经济性仍然不佳。2019 年投资在新疆维吾尔自治区的电源侧电化学储能项目，在各种补贴政策条件下，项目全部投资内部收益率基本都在 5%～6%，尚无法大规模推广建设。

3. 压缩空气储能等其他储能形式

除抽水蓄能、电化学储能外，还存在大量的其他储能形式，包括压缩空气储能、飞轮储能、各种形式的储热等，压缩空气储能、飞轮储能等储能形式经济性较差，目前仍处于研发阶段，大规模推广的前景尚不明朗，预期造价下降速度也小于电化学储能等储能形式。

储热最常见的是电锅炉及其储热设施，目前经济性也一般，且一般只能从电能转化为热能供热，难以再由热能转化为电能。本书第七章将介绍电锅炉及其储热设施，作为火电灵活性改造的一种技术方向。

4. 需求侧管理等新技术调峰能力有限

电力需求侧管理是指电力行业（供应侧）采取行政、经济、技术措施，鼓励用户（需求侧）采用各种有效的节能技术改变需求方式，在保持能源服务水平的情况下，降低能源消费和用电负荷。

电力需求侧管理最常见的是分时段的电价政策，引导用户在电力负荷低谷时段多用电，在电力负荷高峰时段少用电。

可中断负荷管理也是电力市场环境下需求侧管理的重要组成部分，它是指在电力负荷高峰时段或紧急状况下，对可以中断的负荷进行调度和管理。

虚拟电厂是一种通过先进信息通信技术和软件系统，实现分布式发电装置、储能系统、可控负荷、电动汽车等设施的聚合和协调优化，以作为一个特殊电厂参与电力市场和电网运行的电源协调管理系统。目前已有虚拟电厂参与调峰调度的案例，但仍处于早期商业阶段。

我国在 20 世纪 90 年代引入电力需求侧管理概念，2002 年，我国第一个电力需求侧管理的实施办法《江苏省电力需求侧管理实施办法》出台，近年来，电力需求侧管理实施效果显著，在保障电力供需平衡、促进用户能效提升、支撑国家节能减排等方面作出了积极贡献。但是，当前我国电力系统负荷峰谷差率的格局是基于已采取电力需求侧管理措施的基础上得到的，进一步提升电力需求侧管理水平应对峰谷差加大的空间已不太大。

综上所述，目前及未来较长一段时间内，我国火电将长期占据主流地位，从全书后文可知，火电具有较高的调峰能力，而其他类型具有调峰能力的技术均有不少限制因素，可以预期，未来较长一段时间火电（含热电机组）将承担调峰等辅助服务的主要责任，而且其承担调峰等辅助服务的作用可能逐步超过其供电的作用，助力我国能源革命的实现。

第三节　电力辅助服务相关政策和实施情况

一、电力辅助服务政策情况

（一）我国电力辅助服务的发展阶段

伴随着我国电力体制改革的逐步推进，我国电力辅助服务的发展大体经历了无偿提供、计划补偿和市场化探索三个主要阶段。

1. 无偿提供阶段

2002 年以前，我国电力工业主要采取垂直一体化的管理模式，由系统调度部门统一安排电网和电厂的运行方式。系统调度机构根据系统的负荷特性、水火比重、机组特性以及设备检修等方面因素，根据等微增率原则进行发电计划和辅助服务的全网优化。在对电厂进行结算时，辅助服务与发电量捆绑在一起进行结算，并没有单独的辅助服务补偿机制。

2. 计划补偿阶段

2002 年厂网分开后，各发电厂分属于不同的利益主体，无偿提供电力辅助服务难以协调各方利益。在这一背景下，2006 年，原国家电监会印发《并网发电厂辅助服务管理暂行办法》（与《发电厂并网运行管理规定》并称"两个细则"），提出"按照'补偿成本和合理收益'的原则对提供有偿辅助服务的并网发电厂进行补偿，补偿费用主要来源于辅助服务考核费用，不足（富余）部分按统一标准由并网发电厂分摊"。我国电力辅助服务由此进入计划补偿阶段。

六个区域电监局（东北、西北、华北、华中、华东、南方）在 2009 年依照该办法和电网实际制定并印发了针对本区域的《发电厂并网运行管理实施细则》和《区域并网发电厂辅助服务管理实施细则》，并且在 2010 年开始逐步实施。《发电厂并网运行管理实施细则》细化了关于电力辅助服务的调度制度，计量考核标准均提出了具体量化数值，供各个区域电厂参考。《区域并网发电厂辅助服务管理实施细则》对于《并网发电厂辅助服务管理暂行办法》中的电力辅助服务的定义及分类，调度、考核、监督和管理等方面均提出了细致要求，并附带了关于补偿费用的详细表格供电厂参考，以建立规范的市场制度。

"两个细则"规定的计划补偿方式能够在一定程度上激励发电机组提供电力辅助服务，但总体来看补偿力度较低。以华东、华中地区为例，深度调峰补偿价格最高仅为 0.1 元/kWh，对于发电企业的激励作用相对有限。

3. 市场化探索阶段

随着新能源电力的大规模并网，电力系统调节手段不足的问题越来越突出，原有的辅助服务计划补偿模式和力度已不能满足电网运行需求。国外成熟电力市场一般通过现货市场中的实时平衡市场或平衡机制实现调峰。而当时我国尚未启动电力现货市场建设，亟须利用市场化手段提高奖罚力度，以更高的补偿价格激励发电企业等调节资源参与电力辅助服务。

2014年10月1日，随着东北能源监管局下发的《东北电力辅助服务调峰市场监管办法（试行）》（以下简称《监管办法》）实施，我国首个电力调峰辅助服务市场（以下简称"东北电力调峰市场"）正式启动，标志着市场化补偿电力调峰辅助服务尝试的开始。东北电力调峰市场深度调峰补偿力度大幅提高，不同档位最高限价分别设置为0.4、1元/kWh，对于火电机组参与深度调峰的激励作用显著提升。

2015年3月，《中共中央、国务院关于进一步深化电力体制改革的若干意见》（以下简称"9号文"）提出以市场化原则建立辅助服务分担共享新机制以及完善并网发电企业辅助服务考核机制和补偿机制。在9号文的顶层设计下，与电力辅助服务市场化建设直接相关的文件密集出台，各地也积极开始电力辅助服务市场化探索。华东、西北、福建、甘肃等省区陆续启动调峰辅助服务市场建设运行。广东、山西等省份已启动调频辅助服务市场。2019年年初，东北电力辅助服务市场升级，首次增设旋转备用交易品种，实现辅助服务市场"压低谷、顶尖峰"全覆盖。浙江、华中等省区也在积极探索增设备用辅助服务交易品种。

（二）主要的电力辅助服务相关政策

经梳理，我国中央人民政府层面部分电力辅助服务相关政策见表1-5。

表1-5　　　　　我国中央人民政府层面部分电力辅助服务相关政策

序号	发布日期	文件名	文件号	备注
1	2006.11.3	国家电力监管委员会关于印发《发电厂并网运行管理规定》的通知	电监市场〔2006〕42号	
2	2006.11.7	国家电力监管委员会关于印发《并网发电厂辅助服务管理暂行办法》的通知	电监市场〔2006〕43号	
3	2015.3.15	中共中央、国务院关于进一步深化电力体制改革的若干意见	中发〔2015〕9号	
4	2015.11.26	国家发展改革委 国家能源局关于推进电力市场建设的实施意见	发改经体〔2015〕2752号	
5	2016.3.22	国家发展改革委、国家能源局、财政部、住房城乡建设部、环境保护部关于印发《热电联产管理办法》的通知	发改能源〔2016〕617号	
6	2016.6.28	国家能源局综合司关于下达火电灵活性改造试点项目的通知	国能综电力〔2016〕397号	含"提升火电灵活性改造试点项目清单"附件
7	2016.7.22	国家发展改革委、国家能源局关于印发《可再生能源调峰机组优先发电试行办法》的通知	发改运行〔2016〕1558号	
8	2016.10.28	国家能源局关于同意开展东北区域电力辅助服务市场专项改革试点的复函	国能监管〔2016〕292号	

序号	发布日期	文件名	文件号	备注
9	2016.11.7	电力发展"十三五"规划（2016—2020年）		国家发展改革委、国家能源局发布
10	2016.12.26	国家发展改革委、国家能源局关于印发能源发展"十三五"规划的通知	发改能源〔2016〕2744号	
11	2016.12.29	国家发展改革委、国家能源局关于印发电力中长期交易基本规则（暂行）的通知	发改能源〔2016〕2784号	
12	2017.3.29	国家发展改革委、国家能源局关于有序放开发用电计划的通知	发改运行〔2017〕294号	
13	2017.11.8	国家发展改革委 国家能源局关于印发《解决弃水弃风弃光问题实施方案》的通知	发改能源〔2017〕1942号	
14	2017.11.15	国家能源局关于印发《完善电力辅助服务补偿（市场）机制工作方案》的通知	国能发监管〔2017〕67号	
15	2018.2.28	国家发展改革委 国家能源局关于提升电力系统调节能力的指导意见	发改能源〔2018〕364号	
16	2018.10.30	国家发展改革委 国家能源局关于印发《清洁能源消纳行动计划（2018-2020年)》的通知	发改能源规〔2018〕1575号	要求推进东北、山西、福建、山东、新疆、宁夏、广东、甘肃等8个电力辅助服务市场改革试点，推动华北、华东等地辅助服务市场建设。非试点地区由补偿机制逐步过渡到市场机制

各地的电力辅助服务政策如下：

1. 东北电网

表1-5所列的国能监管〔2016〕292号文件同意开展东北区域电力辅助服务市场专项改革试点。

2016年11月18日发布的《国家能源局东北监管局关于印发〈东北电力辅助服务市场运营规则（试行)〉的通知》（东北监能市场〔2016〕252号）于2017年1月1日起开始施行，标志着东北电力调峰辅助服务市场正式运行。

2017年10月27日，国家能源局东北监管局发布《东北电力辅助服务市场运营规则补充规定》（东北监能市场〔2017〕182号），该补充规定于2017年11月1日起正式执行，对东北电力辅助服务市场运营规则进行了补充完善。

2018年12月29日，《国家能源局东北监管局关于印发〈东北电力辅助服务市场运营规则（暂行)〉》发布，该规则要求于2019年1月1日零点启动旋转备用辅助服务市场模拟运行。东北电力辅助服务市场运行和结算仍执行东北监能市场〔2016〕252号和东北监能市场〔2017〕182号的有关规定。

2. 华北电网

表1-5所列的发改能源规〔2018〕1575号文件中，国家发展改革委 国家能源局要

求推动华北辅助服务市场建设。

2018年12月25日，《华北能源监管局关于印发华北电力调峰辅助服务市场运营规则（试运行版）的通知》（华北监能市场〔2018〕574号）发布，该规则规定华北电力调峰辅助服务市场试运行周期为2018年12月28日至2019年3月15日。

2019年9月27日，《华北能源监管局关于印发〈华北电力调峰辅助服务市场运营规则〉（2019年修订版）的通知》（华北监能市场〔2019〕257号）发布，该规则规定2019年华北电力调峰辅助服务市场运行时间为2019年11月1日至2020年4月30日。

华北区域电网内，表1-5所列的发改能源规〔2018〕1575号文件要求推动山西、山东电力辅助服务市场改革试点工作。

2017年10月17日，《山西能源监管办关于印发〈山西电力风火深度调频市场操作细则〉的通知》（晋监能市场〔2017〕143号）发布。2017年10月19日，《山西能源监管办关于印发〈山西电力风火深度调峰市场操作细则〉的通知》（晋监能市场〔2017〕146号）发布。

2017年5月31日，《山东能源监管办关于印发〈山东电力辅助服务市场运营规则（试行）〉的通知》（鲁监能市场〔2017〕81号）发布。

3. 华东电网

表1-5所列的发改能源规〔2018〕1575号文件中，国家发展改革委 国家能源局要求推动华东辅助服务市场建设。

2018年9月13日，《国家能源局华东监管局关于印发〈华东电力调峰辅助服务市场试点方案〉和〈华东电力调峰辅助服务市场运营规则（试行）〉的通知》（华东监能市场〔2018〕102号）发布。

华东区域电网内，表1-5所列的发改能源规〔2018〕1575号文件要求推动福建电力辅助服务市场改革试点工作。

2017年7月26日，《福建能源监管办公室关于印发〈福建省电力辅助服务（调峰）交易规则（试行）〉的通知》（闽监能市场〔2017〕107号）发布。2019年12月31日，福建能源监管办关于印发《福建省电力调频辅助服务市场交易规则（试行）（2019年修订版）的通知》（闽监能市场〔2019〕113号）。

2018年11月29日，《国家能源局江苏监管办公室 江苏省工业和信息化厅关于印发〈江苏电力辅助服务（调峰）市场建设工作方案〉和〈江苏电力辅助服务（调峰）市场交易规则〉的通知》印发。

4. 西北电网

2018年11月28日，西北跨省调峰辅助服务市场试运行启动会在西安召开，西北区域省间调峰辅助服务市场自当日开始试运行。2019年年初，《西北区域省间调峰辅助服务市场运营规则（试行）》（西北监能市场〔2019〕1号）发布。2019年12月10日，西北区域省间调峰辅助服务市场正式运行启动会在西安召开。会议总结了西北区域省间调峰辅助服务市场试运行一年来的经验，并宣布西北区域省间调峰辅助服务市场正式运行。

西北区域电网内，表 1-5 所列的发改能源规〔2018〕1575 号文件要求推动甘肃、宁夏、新疆电力辅助服务市场改革试点工作。

2018 年 1 月 26 日，《甘肃能源监管办关于印发〈甘肃省电力辅助服务市场运营规则（试行）〉的通知》（甘监能市场〔2018〕20 号）发布，该规则自 2018 年 4 月 1 日起执行。为进一步完善辅助服务市场运行机制，2019 年 9 月 20 日，《甘肃能源监管办关于印发〈甘肃省电力辅助服务市场运营暂行规则〉的通知》（甘监能市场〔2019〕147 号）发布，并自印发之日开始执行，替代甘监能市场〔2018〕20 号；2020 年 1 月 20 日，《甘肃能源监管办关于印发〈甘肃省电力辅助服务市场运营暂行规则〉（2020 年修订版）的通知》（甘监能市场〔2020〕17 号）发布，并自印发之日开始执行，甘监能市场〔2019〕147 号。

2018 年 3 月 22 日，西北能监局、宁夏回族自治区经济和信息化委员会联合下发了《关于印发宁夏电力辅助服务市场运营规则（试行）的通知》（西北监能市场〔2018〕14 号），该规则自印发之日实施。宁夏电力调峰辅助服务市场于 2018 年 12 月 1 日正式运行。

2017 年 9 月 25 日，新疆能源监管办、自治区经济和信息化委员会、兵团工业和信息化委员会联合发布《关于印发〈新疆电力辅助服务市场运营规则（试行）〉的通知》（新监能市场〔2017〕143 号），该办法自印发之日起实施。2020 年 1 月 3 日，新疆能源监管办、自治区经济和信息化委员会、兵团工信委联合发布《关于印发〈新疆电力辅助服务市场运营规则〉的通知》（新监能市场〔2020〕17 号），该办法自印发之日起实施。

5. 华中电网

2011 年，《关于印发〈华中区域并网发电厂辅助服务管理实施细则〉和〈华中区域发电厂并网运行管理实施细则〉的通知》（华中电监市场价财〔2011〕200 号）发布，2019 年 5 月《华中区域并网发电厂辅助服务管理实施细则（试行）》开始征求意见。2019 年 12 月 10 日，华中电力调峰辅助服务市场启动调电模拟试运行，并于 12 月 11 日、14 日分别完成两轮市场调电模拟试运行。2020 年 4 月 27 日，华中电力调峰辅助服务市场建设迎来历史性时刻，开展了首次调电结算试运行，首次通过调峰辅助服务市场对华中电网调峰资源进行跨省配置。

在华中能源监管局发布这些规则、运行辅助服务市场前后，华中地区部分省级电网公司也发布了省级的辅助服务市场运营规则。

2018 年 8 月 28 日，重庆市经济和信息化委员会、华中能源监管局、重庆市能源局、重庆市物价局联合发布了《关于印发〈重庆市电力中长期交易实施细则（暂行）〉的通知》（渝经信发〔2018〕57 号），该细则自发布之日起实施。《关于印发重庆市电力直接交易规则（试行）的通知》（渝经信发〔2016〕72 号）与该细则不一致的，以该细则为准。

2019 年 5 月 17 日，四川能监办《关于印发〈四川自动发电控制辅助服务市场交易细则（试行）〉的通知》（川监能市场〔2019〕53 号）发布，并自印发当日开始执行。

6. 南方电网

2015 年 7 月 13 日，《关于印发〈南方区域并网发电厂辅助服务管理实施细则（修订稿）〉及〈南方区域发电厂并网运行管理实施细则（修订稿）〉的通知》（南方监能市场〔2015〕118 号）发布，2017 年 12 月 25 日，《关于印发南方区域"两个细则"（2017版）的通知》（南方监能市场〔2017〕440 号）。

南方区域电网内，表 1-5 所列的发改能源规〔2018〕1575 号文件要求推动广东电力辅助服务市场改革试点工作。

2018 年 8 月 2 日，南方能源监管局《关于印发〈广东调频辅助服务市场交易规则（试行）〉》（南方监能市场〔2018〕272 号）发布，规定 2018 年 9 月 1 日广东调频辅助服务市场启动试运行并正式开始结算。

此外，一些重要政策还在征求意见阶段，主要包括《京津唐电网调频辅助服务市场运营规则（试行）》《蒙西电力市场调频辅助服务交易实施细则》《安徽电力调峰辅助服务市场运营规则（试行）》等。

（三）各地区辅助服务政策

东北电网率先推广建设辅助服务市场，作为典型，本书主要介绍其政策规定。

东北电网的辅助服务政策情况见表 1-6。

表 1-6　　　　　　　　　　东北电网的辅助服务政策情况

序号	发布日期	发布部门	文件名	文件号	备注
1	2008.12.24	国家能源局东北监管局	关于印发《东北区域发电厂并网运行管理实施细则（试行）》和《东北区域并网发电厂辅助服务管理办法实施细则（试行）》的通知	东电监市场〔2008〕167 号	自 2009 年 3 月 1 日起执行
2	2014.10.01	国家能源局东北监管局	东北电力调峰辅助服务市场监管办法（试行）	东北监能市场〔2014〕374 号	于 2014 年 10 月 1 日起施行，我国首个电力调峰辅助服务市场正式启动
3	2016.11	国家能源局东北监管局	东北电力辅助服务市场专项改革试点方案		
4	2016.11.18	国家能源局东北监管局	关于印发《东北电力辅助服务市场运营规则（试行）》的通知	东北监能市场〔2016〕252 号	2017 年 1 月 1 日起开始施行，替换东北监能市场〔2014〕374 号
5	2017.10	国家能源局东北监管局	《东北电力辅助服务市场运营规则补充规定》	东北监能市场〔2017〕182 号	2017 年 11 月 1 日起正式执行
6	2018.12.29	国家能源局东北监管局	关于印发《东北电力辅助服务市场运营规则（暂行）》	东北监能市场〔2018〕220 号	

目前，最新、最重要的文件是《东北电力辅助服务市场运营规则（暂行）》（东北监能市场〔2018〕220 号）。

东北电力调峰辅助服务分为基本义务调峰辅助服务和有偿调峰辅助服务。有偿调峰辅助服务在东北电力调峰辅助服务市场中交易，暂包含实时深度调峰。东北监能市场

〔2018〕220 号涉及实时深度调峰、可中断负荷调峰、电储能调峰、火电停机备用调峰、火电应急启停调峰、跨省调峰等有偿调峰辅助服务交易品种。调峰的收益方是参与调峰的火电、可中断负荷、电储能等，购买方是风电、光伏、核电以及出力未减到有偿调峰的火电机组。

东北监能市场〔2018〕220 号规定的火电有偿调峰基准见表 1-7。

表 1-7　　　　东北监能市场〔2018〕220 号规定的火电有偿调峰基准

时期	火电厂类型	有偿调峰补偿基准
非供热期	纯凝火电机组	负荷率 50%
	热电机组	负荷率 48%
供热期	纯凝火电机组	负荷率 48%
	热电机组	负荷率 50%

实时深度调峰交易采用"阶梯式"报价方式和价格机制，发电企业在不同时期分两档浮动报价，具体分档及报价上、下限见表 1-8。

表 1-8　　　　东北监能市场〔2018〕220 号规定的实时深度调峰交易报价

时期	报价档位	火电厂类型	火电厂负荷	报价下限（元/kWh）	报价上限（元/kWh）
非供热期	第一档	纯凝火电机组	40%＜负荷率≤50%	0	0.4
		热电机组	40%＜负荷率≤48%		
	第二档	全部火电机组	负荷率≤40%	0.4	1
供热期	第一档	纯凝火电机组	40%＜负荷率≤48%	0	0.4
		热电机组	40%＜负荷率≤50%		
	第二档	全部火电机组	负荷率≤40%	0.4	1

发电企业按照机组额定容量对应的应急启停调峰辅助服务报价区间浮动报价，各级别机组的报价上限见表 1-9。

表 1-9　　　　东北监能市场〔2018〕220 号规定的应急启停调峰报价上限

机组额定容量级别（MW）	报价上限（万元/次）
100	50
200	80
300	120
500～600	200
800～1000	300

火电停机备用交易是指火电机组通过停机备用将低谷时段（本交易低谷时段为 23：00～次日 5：00，特殊情况下可适当放宽）电力空间出让给风电、核电，同时将非低谷时段电量出让给其他机组，以缓解电网调峰矛盾，促进清洁能源消纳的交易。低谷时段交易标的为出让电力，按对应电量计算补偿，由购买方支付或全网进行分摊；非低谷时

段按发电权交易方式出让电量，由购买方支付。

其他区域、省的相关文件有类似的内容和规定。

总结东北电网和其他电网的调峰相关政策可知，我国正在运行的调峰辅助服务市场基本沿用了"两个细则"，补偿费用主要来自发电企业，并未传导至用户侧，只是将按照性能调用机组改为在一定性能范围内根据价格从低至高调用机组，并按照市场价格进行补偿。具体来看，与原有的并网发电厂辅助服务管理实施细则相比，各省区推行的调峰辅助服务市场主要呈现以下特点：

（1）不再设定统一的补偿价格，加大调峰补偿力度。允许机组自主报价，价格上限大幅提高，例如东北设定的报价区间远远高于之前西北、华北等区域电网实施细则中的补偿力度，有利于进一步激发火电机组调峰积极性。

（2）结合系统运行特点，扩展了调峰参与主体。大部分省区调峰辅助服务提供主体主要是火电、水电等各类具有灵活调节能力的常规电源，部分地区纳入外来电主体、售电主体、需求侧响应、储能等。

（3）一般采用卖方单向报价、集中竞争、统一价格出清的交易方式。调度方根据按需调用、按序调用、价格优先的原则进行调用，最后将调峰费用按照电量或电费比例分摊给对系统调峰辅助服务贡献不大的发电机组。

（4）多数市场交易品种相对单一。目前多数调峰辅助服务交易主要集中在深度调峰及启停调峰两个品种。另外，现有的所有市场规则均趋向聚焦备用调峰，对发电机组下调能力要求明确，但是对机组上调顶峰需求未作明确市场定位。

总结东北电网和其他电网的调频相关政策可知，各省区在推动调频辅助服务市场化基础上，在市场主体、交易方式等方面呈现不同的特点。

在调频参与主体方面，各地区差别较大。山东主要将满足条件的火电机组纳入市场主体。山西除传统火电机组外，还纳入了满足相应技术标准的新能源机组、电储能设备运营方、售电企业、电力用户。广东允许储能电厂等第三方辅助服务作为独立主体或者与发电机组联合作为调频服务提供者进入市场。

在交易方式方面，多采用集中竞价、统一出清、边际价格定价的方式开展。在调用时多采用价格优先原则，且在出清或调用时一般对调频性能因素进行了考量。在调频标的方面，山西、山东等主要考虑调频容量，广东同时考虑了调频容量和调频里程。

（四）灵活性改造相关的政策

电力辅助服务市场政策主要着重产生市场需求，灵活性改造相关的政策则主要着重提供市场供给。

2016年6月14日，国家能源局组织召开了提升火电灵活性改造示范试点项目启动会，明确了首批电厂为提升火电灵活性改造示范试点。

该次示范试点项目的选取原则主要考虑：一是兼顾中央和地方发电企业积累改造经验的需要；二是重点针对可再生能源消纳问题和用电用热矛盾较为突出的地区；三是优先大城市周边、热负荷充足地区，充分发挥热电解耦效果；四是兼顾"十三五"期间电力系统调节能力提升工程对凝汽机组改造的要求。

提升灵活性改造预期将使热电机组增加 20％额定容量的调峰能力，最小技术出力达到 40％～50％额定容量；凝汽机组增加 15％～20％额定容量的调峰能力，最小技术出力达到 30％～35％额定容量。通过加强国内外技术交流和合作，部分具备改造条件的电厂预期达到国际先进水平，机组不投油稳燃时凝汽工况最小技术出力达到 20％～25％。

2016 年 6 月 21 日，下发《国家能源局关于推动东北地区电力协调发展的实施意见》（国能电力〔2016〕179 号）文件。文件要求，2016 年，在东北地区选取第一批 10 家燃煤火电厂进行灵活性提升改造试点，提高调峰能力，在技术上缓解东北地区冬季调峰问题；2017 年以后，系统推进燃煤火电厂灵活性改造。

2016 年 6 月 28 日，发布《能源局综合司关于下达火电灵活性改造试点项目的通知》（国能综电力〔2016〕397 号）文件，确定丹东电厂等 16 个项目为提升火电灵活性改造试点项目，见表 1-10。

2016 年 7 月 22 日，《国家发展改革委 国家能源局关于印发〈可再生能源调峰机组优先发电试行办法〉的通知》（发改运行〔2016〕1558 号）发布，该办法指出，鼓励发电企业对煤电机组稳燃、汽轮机、汽路以及制粉等进行技术改造，在保证运行稳定和满足环保要求的前提下，争取提升机组调峰能力 10％～20％；对热电机组安装在线监测系统，加快储热、热电解耦等技术改造，争取提升热电机组调峰能力 10％～20％。

2016 年 8 月 5 日，发布《国家能源局综合司关于下达第二批火电灵活性改造试点项目的通知》（国能综电力〔2016〕474 号），第二批火电灵活性改造试点项目见表 1-11。

2016 年 11 月 7 日，国家发展改革委、国家能源局召开新闻发布会，对外正式发布《电力发展"十三五"规划（2016—2020 年）》，规划指出，"十三五"期间将加强调峰能力建设，提升系统灵活性，全面推动煤电机组灵活性改造，"十三五"期间，"三北"地区热电机组灵活性改造约 133GW，凝汽机组改造约 82GW；其他地区凝汽机组改造约 4.5GW。改造完成后，增加调峰能力 46.0GW，其中"三北"地区增加 45.0GW。

二、我国电力辅助服务市场开展情况

尽管我国电力辅助服务包括调频、调峰、无功调节、备用、黑启动服务等多个品种，但目前在市场建设初期，各地主要围绕调峰、部分地区辅以调频开展辅助服务市场建设。2018 年，全国（除西藏外）电力辅助服务补偿及市场交易费用共 146.16 亿元，其中东北、福建、山西、宁夏、甘肃等正式运行的电力辅助服务市场交易费用共 36.6 亿元，占全国电力辅助服务总费用的 25.1％。

1. 调峰辅助服务市场

东北调峰辅助服务市场自 2014 年建成以来运行良好。2018 年，东北区域常态新挖掘火电调峰潜力 4.0GW 以上，全网风电受益电量共计 17900GWh，有效促进了风电消纳，缓解了东北电力系统低谷调峰困难局面，促进了电力系统安全稳定运行。华东、华北、西北调峰辅助服务市场已进入试运行。2018 年，福建、甘肃、宁夏调峰辅助服务市场正式运行，山东、江苏、新疆、重庆等调峰辅助服务市场进入试运行，于 2019 年正式运行。2019 年，山西调峰辅助服务市场已启动试运行，河北、上海、安徽、陕西、青海等调峰辅助服务市场计划启动试运行。

表1-10 第一批提升火电灵活性试点项目清单

编号	省份	集团	电厂名称	装机容量（MW）	开工、投产年份	类型	参数	冷却方式
1	辽宁	中国华能集团有限公司	丹东电厂1、2号机组	2×350	1998	抽凝	亚临界	湿冷
2	辽宁	中国华电集团有限公司	丹东金山热电厂1、2号机组	2×300	2012	抽凝	亚临界	湿冷
3	辽宁	中国国电集团有限公司	大连庄河发电1、2号机组	2×600	2007	凝汽	超临界	湿冷
4	辽宁	国家电力投资集团有限公司	本溪发电公司1、2号机组新建工程	2×350	2015开工 2017投产	抽凝	超临界	湿冷
5	辽宁	国家电力投资集团有限公司	东方发电公司1号机	1×350	2005	抽凝	亚临界	湿冷
6	辽宁	国家电力投资集团有限公司	燕山湖发电公司2号机组	1×600	2011	抽凝	超临界	空冷
7	辽宁	铁法煤业（集团）有限责任公司	调兵山煤矸石发电有限公司	2×300	2009/2010	抽凝	亚临界	空冷
8	吉林	中国国电集团有限公司	双辽发电厂1、2、3、4、5号机组	2×330（1、2号） 2×340（3、4号） 1×660（5号）	1994/1995 /2000/2000 /2015	1、4号抽凝、2、3、5号凝汽	1、2、3、4号亚临界，5号超临界	湿冷
9	吉林	国家电力投资集团有限公司	白城发电厂1、2号机组	2×600	2010	抽凝	超临界	空冷
10	黑龙江	中国大唐集团有限公司	哈尔滨第一热电厂1、2号机组	2×300	2010	抽凝	亚临界	湿冷
11	甘肃	国投电力控股股份有限公司	靖远第二发电有限公司7、8号机组	2×330	2006/2007	凝汽	亚临界	湿冷
12	内蒙古	中国华能集团有限公司	华能北方临河热电厂1、2号机组	2×300	2006/2007	抽凝	亚临界	湿冷
13	内蒙古	中国华能集团有限公司	包头东华热电有限公司1、2号机组	2×300	2005	抽凝	亚临界	湿冷
14	内蒙古	神华集团有限责任公司	国华准格尔电厂	4×330	2002/2007	抽凝	亚临界	湿冷
15	广西	国投电力控股股份有限公司	北海电厂1、2号机组	2×320	2004/2005	抽凝	亚临界	湿冷
16	河北	中国华电集团有限公司	石家庄裕华热电厂1、2号机组	2×30	2009	抽凝	亚临界	湿冷

表 1-11　　　　　　　　第二批火电灵活性试点项目清单

编号	省份	集团	电厂名称	装机容量（MW）	投产年份	类型	参数	冷却方式
1	吉林	中国华能集团有限公司	华能吉林发电有限公司长春热电厂1、2号机组	2×350	2009/2010	抽凝	超临界	湿冷
2	吉林	中国大唐集团有限公司	大唐辽源发电厂3、4号机组	2×330	2008/2009	抽凝	亚临界	湿冷
3	吉林	中国国电集团有限公司	国电吉林江南热电有限公司1、2号机组	2×330	2010/2011	抽凝	亚临界	湿冷
4	黑龙江	中国华能集团有限公司	华能伊春热电有限公司1、2号机组	2×350	2015	抽凝	超临界	湿冷
5	黑龙江	中国国电集团有限公司	国电哈尔滨热电有限公司1、2号机组	2×350	2013/2014	抽凝	超临界	湿冷
6	内蒙古	国家电力投资集团有限公司	国家电投通辽第二发电有限责任公司5号机组	1×600	2008	抽凝	亚临界	空冷

2. 调频辅助服务市场

2018年，山西调频辅助服务市场进入正式运行；山东、福建、广东调频辅助服务市场启动试运行。2019年，福建、甘肃调频辅助服务市场计划进入正式运行；四川调频辅助服务市场计划进入试运行。

第二章

火电技术特点及调峰运行方式

第一节　燃煤火电厂的技术特点

一、典型燃煤火电厂平面布置和系统构成

1. 典型燃煤火电厂的平面布置

典型燃煤火电厂的平面布置如图 2-1 所示。

图 2-1　典型燃煤火电厂的平面布置

典型燃煤火电厂主要包括主厂房区、卸煤和储煤设施区、临时储灰渣区、配电装置区、水工设施区、水处理区、厂前区（生活区）等功能分区。

主厂房区是燃煤火电厂的核心区域，一般按三列式依次布置锅炉房、除氧煤仓间、汽轮机间。从锅炉房引出的烟气，一般经脱硝、脱硫、除尘后，经引风机引入烟囱排放。从汽轮机间引出的发电线路，经主变压器和配电装置后接入电网。

卸煤和储煤设施区主要用于卸煤和储煤，一般布置有煤场和干煤棚，干煤棚经输煤栈桥与主厂房的除氧煤仓间连接。卸煤和储煤设施区常布置于主厂房的锅炉、烟囱外侧。卸煤和储煤设施区占地面积较大，是燃煤火电厂比燃气火电厂占地面积更大的重要因素。

大型燃煤火电厂可能设置临时储灰渣区，主要用于临时储灰渣，中小型燃煤火电厂常不设置临时储灰渣场。临时储灰渣区占地面积较大，是燃煤火电厂比燃气火电厂占地面积更大的重要因素。

配电装置区常布置于主厂房汽轮机间外侧，从汽轮机房引出的线路经主变压器升压后，经配电装置接入电网。

水工设施区主要布置冷却塔。经冷却塔冷却后的循环水回流至汽轮机间的冷凝器，用于冷却汽轮机低压缸排汽。冷却塔运行产生较大的噪声，一般需要远离厂前区（生活区）。

水处理区用于处理锅炉补给水等各种用水，主要布置化学水处理和储存设施。

厂前区（生活区）主要包括综合楼、倒班宿舍、食堂等设施。

2. 燃煤火电厂的系统构成

燃煤火电厂主要包括燃料供应系统、燃烧系统、除灰渣系统、脱硫脱硝和除尘系统、润滑油系统、热力系统、给排水和消防水系统、水处理系统、电气系统、热工自动化及其他监控系统、采暖通风及空调系统等。

（1）燃料供应系统。燃料供应系统包括厂外运输和厂内运输两部分，厂外运输可能是船舶运输、铁路运输、公路运输等，燃煤运输进厂后，卸入煤场或干煤棚，干煤棚中利用桥式抓斗机或推煤机上煤至输煤栈桥，输煤栈桥运煤至磨煤机和炉前煤仓。

（2）燃烧系统。给煤机等将煤送入炉膛（锅炉类型包括煤粉炉、层燃炉、循环流化床等，大型机组一般配置煤粉炉），送风机将风（区分一次风、二次风等）送入炉膛，煤在炉膛中燃烧，产业热量加热水冷壁中的给水。产生的高温烟气出炉膛后，经锅炉烟道上布置的过热器、再热器、省煤器［可能布置烟气旁路，旁路上设置选择性催化还原（selective catalytic reduction，SCR）脱硝系统］、空气预热器等排出锅炉，经脱硫、除尘后，由引风机引至烟囱排放。燃烧系统一般需布置油点火系统。

（3）除灰渣系统。锅炉燃烧产生的炉渣经排渣口排出，根据实际情况可布置干式或湿式排渣系统。烟气中含有大量粉尘，经除尘设施（旋风分离器、布袋除尘器等）分离出炉灰，炉灰通过输灰系统送至灰库。炉渣和炉灰可能在厂内临时灰渣场暂存后运出，或直接经汽车运输出厂综合利用或运输至永久灰场。

（4）脱硫、脱硝和除尘系统。大型燃煤火电厂一般采用石灰石-石膏法湿式脱硫系统，该系统利用石灰石粉和水混合形成石灰石浆，在脱硫塔中自上而下喷淋，与自下而上的烟气充分汇合反应生成石膏，也可以根据情况采取半干法、干法及其他湿法等。大型燃煤火电厂一般采用基于尿素的选择性催化还原（selective catalytic reduction，SCR）脱硝系统，其SCR反应器多选择安于锅炉省煤器附近（从某级省煤器引出烟气，经SCR反应器后再流回省煤器剩下各级），以保证反应温度在催化剂活性最佳温度区域（320～420℃），也可以采用SNCR等其他脱硝方案。除尘系统一般为两级除尘，包括第一级的旋风分离器，以及烟道上的静电除尘器或布袋除尘器等。

（5）润滑油系统。润滑油系统为汽轮机、发电机等旋转设备提供润滑油，包括油站、油箱、油泵、冷油器、油净化装置等。

（6）热力系统。热力系统由热力设备以及不同功能的局部系统构成，其中，热力设备包括汽轮机本体、锅炉本体（确切来说是"锅"的部分，即锅炉内部的汽水系统等）

等，局部系统主要包括主蒸汽系统、回热系统、再热系统、除氧给水系统、凝结水系统、循环水冷却和工业水冷却系统、凝汽器抽真空及胶球清洗系统、锅炉疏水及放汽系统、补给水系统、启动汽源、供热系统等。热力系统与火电机组调峰能力密切相关，本书下文中还会进行详细和深入的介绍。

（7）给排水和消防水系统。厂区用水分为生活用水、工业和消防用水。生活用水一般来自市政自来水。通过水泵和输水管道，燃煤火电厂从中水处理厂、水库等水源地将水输送至厂区的工业和消防水池，作为工业和消防用水，厂区设置综合泵房从工业和消防水池取水，满足循环冷却水、工业冷却水、锅炉补给水、消防用水的需求。排水系统一般采用分流制排水系统，分为雨水排水、生活污水、工业废水排水系统。

（8）水处理系统。水处理系统包括锅炉补水处理系统、循环冷却水处理系统、废水处理系统，以及给水、炉水校正及汽水取样等。其中，锅炉补水处理系统最为复杂，一般采用超滤＋二级反渗透＋连续电解除盐（EDI）的除盐系统。

（9）电气系统。燃煤火电厂经发电机输出的三相电力经主变压器升压后，经厂内配电装置送出。电气一次系统包括厂用电系统、照明和检修系统、直流系统、不停电电源，以及防雷、接地、过电压保护等。电气二次系统包括继电保护、调度自动化、通信、辅助系统及其他子系统。

（10）热工自动化及其他监控系统。热工自动化主要包括分散控制系统（DCS），其他监控系统包括工业电视及厂区安防监控、厂级监控信息系统（SIS）、管理信息系统（MIS）、消防报警系统、烟气在线分析系统等。

（11）采暖、通风与空调系统。厂区采暖一般由主厂房内采暖加热站完成，凡有余热、余湿及有害气体产生的场所均考虑通风设施，集中控制室、电子设备间、工程师室设置空调系统。

3. 燃煤火电厂热电联产技术方案

热电联产电厂（常简称为"热电厂"）的运行和调峰能力是本书关注的重点之一。

如第一章第二节所述，燃煤热电机组可分为背压式、抽汽凝汽式、低真空循环水供热等三种类型，本书主要关注抽汽凝汽式燃煤热电机组，其又分为非改造热电机组和供热改造机组两个亚类型。

非改造热电机组在其设计制造阶段即为热电机组，抽汽口设计在汽轮机某级，有较固定的抽汽参数。

供热改造机组是原为不供热的凝汽机组，一般在燃煤纯凝机组的高、中压缸之间导气管（单抽用于工业用汽），或中、低压缸之间导气管（单抽用于采暖用汽），或同时在高、中压缸之间和中、低压缸之间导气管（双抽同时用于工业用汽和采暖用汽）打孔引出蒸汽。打孔抽汽是一种技术改造方案，本质上与非改造热电机组的原理相同，即从汽轮机中间某一级引出蒸汽供热。

抽汽压力调整常见的有两种形式，一种在抽汽口下游将蒸汽全部引出，设置阀门以"憋汽"从而调节抽汽压力（在高、中压缸之间或中、低压缸之间的导气管设蝶阀即是此种情况，如图2-2所示），此种方法压力损失较大，但改造工作量小；另一种方法是将抽汽口下游的普通隔板换成旋转隔板，其结构尺寸紧凑轻巧，工艺性和经济性也较好，适用于抽汽量变化大或通过容积流量大的汽轮机。这种方法本质上也是在抽汽口下游节流，但它的压力损失要比将蒸汽引出采用阀门节流要小。下游设置节流装置会使得节流装置前压力增加，温度升高，可能会导致一些设备超温，抽汽时抽汽口前一级，级后压力降低很多，会造成此级承压过大，一般需要进行强化处理。从抽汽口抽出的蒸汽，一般需通过减温减压装置，可直接输送满足热负荷需求（工业热负荷），也可经过换热站换热，间接供热（采暖热负荷）。

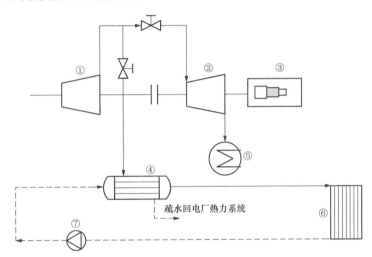

图 2-2　燃煤火电机组"打孔抽汽"供热改造系统图
①—高中压缸；②—低压缸；③—发电机；④—热网加热器；
⑤—冷凝器；⑥—热用户；⑦—热网主循环泵

本书作者调研了天津某燃煤火电厂，该电厂采用"打孔抽汽"的方法进行供热改造，低压蒸汽从中压缸和低压缸之间的连接管打孔抽汽抽出，供热参数为 0.87MPa/280～290℃，高压蒸汽从高压缸出汽管道（再热冷段管道）抽出，抽汽参数为 3.25MPa/340℃，两股蒸汽混合供热，供热参数为 1.5MPa/310℃，额定供热能力 200t/h。

二、燃煤火电厂的主机设备

锅炉、汽轮机、发电机是燃煤火电厂的三大主机，汽轮机和发电机常合称"汽轮发电机"，一般发电机容量与汽轮机基本相同。发电机可承受的出力变化幅度、出力变化速率、启停时间等都优于锅炉、汽轮机，其一般不是调峰能力的限制因素，故本书基本不涉及发电机，主要分析锅炉和汽轮机。

1. 锅炉

锅炉主要包括"炉"和"锅"两部分，"炉"完成燃料的燃烧和热量释放，"锅"吸收燃料燃烧释放的热量加热给水成为蒸汽，供给汽轮机用汽。

锅炉可按照不同的标准分为多种类型。根据用途可以分为电厂锅炉、船舶锅炉、工业锅炉和供热锅炉等；根据锅炉水动力工作原理可分为自然循环锅炉、直流锅炉、控制循环锅炉和复合循环锅炉等；按所燃用的燃料可分为燃煤锅炉、燃油锅炉、燃气锅炉、垃圾焚烧炉、余热锅炉等；按燃烧方式分有层燃锅炉、室燃锅炉、流化床锅炉等；按照锅炉生产蒸汽或热水又可分为蒸汽锅炉和热水锅炉；按照排烟温度可分为排烟温度高于烟气露点的一般锅炉和排烟温度低于烟气露点的冷凝式锅炉等；按主蒸汽出口压力又可分为低压、次中压、中压、次高压、高压、超高压、亚临界、超临界、超超临界等压力等级。各压力级别的情况见表 2-1。

表 2-1　　　　　　　　　　　各压力等级锅炉的重要参数

锅炉压力级别	压力范围	用途	典型电厂锅炉压力和温度	备注
低压	<2.5MPa	工业锅炉	—	温度一般小于 400 ℃
次中压	2.5～2.94MPa	工业锅炉	—	部分文献中，中压锅炉压力下限 3.8MPa，上限 5.4MPa
中压	2.94～4.9MPa	电厂锅炉或工业锅炉	3.83MPa/450℃	
次高压	4.9～9.8MPa	电厂锅炉	5.29MPa/485℃	
高压	9.8～13.7MPa	电厂锅炉	9.8MPa/540℃	
超高压	13.7～16.7MPa	电厂锅炉	13.7MPa/538℃/538℃	第一个温度为过热温度，第二个为再热温度
亚临界	16.7～22.1MPa	电厂锅炉	16.7MPa/538℃/538℃	
超临界	22.1～27.0MPa	电厂锅炉	23.5～26.5MPa，538～543℃/538～566℃	
超超临界	≥27.0MPa	电厂锅炉	≥590℃	

本书主要关注电厂锅炉，因为一般大中型锅炉才参与调峰，因此一般仅关注高压（一般参数为 9.8MPa/540℃）以上锅炉。

典型电厂锅炉及其辅机等设施如图 2-3 所示。

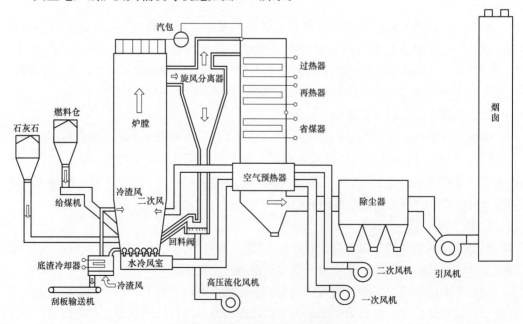

图 2-3　典型电厂锅炉及其辅机设施

我国生产大型锅炉的厂商有东方锅炉（集团）股份有限公司、哈尔滨锅炉厂有限责任公司、上海锅炉厂有限公司、杭州锅炉集团股份有限公司、北京巴布科克·威尔科克斯有限公司等。相比汽轮机和发电机，锅炉生产制造的标准化程度较低，典型大中型电厂锅炉的参数见表2-2。

表 2-2 典型大中型电厂锅炉的参数

压力级别	典型汽压 （MPa，表压）	典型过热/再热蒸 汽温度（℃）	典型给水温度 （℃）	容量 （t/h）	配套汽轮机 容量（MW）
高压	9.8	540	215	220	50
				410	100
超高压	13.7	540/540；555/555	240	420	135
				670	200
亚临界	16.7	540/540；555/555	260～290	1025	300
				2008	600
超临界	25.8；25.4	574/572；571/569	285～290	1059	350
				1900	600/660
超超临界	27.56	605/613	约300	3100	1000

锅炉排放的污染物包括灰渣、烟气飞灰、SO_2、NO_x、工业废水等，同时排放大量的 CO_2，是重点的环保治理对象。

2. 汽轮机

汽轮机是燃煤火电厂最主要的设备之一，在其热力系统中处于中枢地位：其进汽参数与锅炉参数直接关联，排汽参数与冷凝器相关，供热抽汽口参数与热网供热参数直接相关。

某型汽轮机外形和剖面如图 2-4 所示。

我国汽轮机型号较多，最大的超过 1000MW，常见的还有 600MW/660MW、300MW/350MW、200MW、

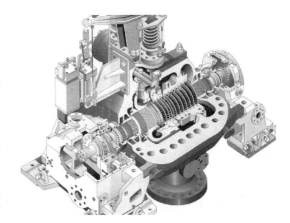

图 2-4 某型汽轮机外形和剖面

135MW/125MW、100MW、50MW 等。其中，300MW 燃煤火电机组是我国典型大型火电机组，也是目前参与供热的主力机组，本节主要给出 300MW 级汽轮机的一些热力参数。

我国生产大型抽汽供热汽轮机的厂商有：哈尔滨汽轮机厂有限责任公司、东方汽轮机有限公司、上海汽轮机厂有限公司、北京北重汽轮电机有限责任公司等。

哈尔滨汽轮机厂有限责任公司生产的300MW级汽轮机参数见表2-3。

表 2-3　　哈尔滨汽轮机厂有限责任公司生产的300MW级汽轮机参数

项目		单位	产品型号和代号			
			N300	C300/N315	C250/N300	C250/N300
			73D	73C	73D-2	73D-3
电出力	额定	MW	234.319/300	315/315	300	250/300
	最大		/340.25	339.34	336.3	333.79
主汽	压力	MPa	16.7	16.7	16.7	16.7
	温度	℃	537	538	537	538
进汽量	额定	t/h	874.45	1004/946.38	892.43	899.57
	最大		1025	1036	1025	1025
（一级）抽汽压力		MPa	0.245（0.245~0.687）	0.981	0.784~1.274 非调整	0.784~1.274 非调整
抽汽量	额定	t/h	480	55	30	50
	最大		550	180	50	50
二级抽汽压力		MPa	—	—	0.245~0.49	0.245~0.49
抽汽量	额定	t/h	—	—	500	500
	最大		—	—	550	550
排汽压力	抽汽	kPa	3.2		4.9	4.9
	凝汽		5.39	5.39	4.9	4.9
级数		级	1+12+11+6×2=36	1+12+9+7×2=36	1+12+11+6×2=36	1+12+9+7×2=36
加热器级数		级	3（高压加热器）+1（除氧气）+4（低压加热器）	2（高压加热器）+1（除氧气）+4（低压加热器）	3（高压加热器）+1（除氧气）+4（低压加热器）	3（高压加热器）+1（除氧气）+4（低压加热器）
冷却水温		℃	20/33	20	20	20
给水温度		℃	273.3/273.1	227.1	270.5	274.2
热耗	抽汽	kJ/kWh	5020	7644		
	凝汽		7682.4	7834.8	78761	8000
汽耗	抽汽	kg/kWh	3.732	3.187		
	凝汽			3.004	2.975	
末级叶片高度		mm	900	900	900	900
长×宽×高		m	17.3×10.4×6.9	17.4×10.4×6.95	17.4×10.4×6.95	17.4×10.4×6.90
本体质量		t	750	730	600	
凝汽器面积		m²	15320			17600

上海汽轮机厂有限公司和北京北重汽轮电机有限责任公司联合生产的300MW级汽轮机参数见表2-4。

表 2-4　　　　上海汽轮机厂有限公司和北京北重汽轮电机有限责任公司
联合生产的 300MW 级汽轮机参数

项目		单位	上海汽轮机厂有限公司产品型号和代号		北重产品型号和代号
			C300	C300	NC300
			155	A155	
额定	电出力	MW	300	300	289
最大			330	330	330
主汽	压力	MPa	16.7	16.7	17.75
	温度	℃	538	538	540
额定	进汽量	t/h	1025	1025	983
最大			1025	1025	1025
（一级）抽汽压力		MPa	<0.65 / 0.343	<1.1 / 0.981	0.3 / （0.29～0.588）
（一级）抽汽温度		℃	238	350	206.2
额定	抽汽量	t/h	432	400	410
最大			～560	～430	650
排汽压力		kPa	5.2	4.9	
加热器级数		级	3（高压加热器）+1（除氧气）+4（低压加热器）	3（高压加热器）+1（除氧气）+4（低压加热器）	
冷却水温		℃	20	20	
给水温度		℃	281.4	280.4	
调节系统形式			DEH	DEH	

东方汽轮机有限公司生产的 300MW 级汽轮机参数见表 2-5。

表 2-5　　　　　　东方汽轮机有限公司生产的 300MW 级汽轮机参数

项目		单位	产品型号和代号								
			N300	N300	N300	N300	NC300	CIK300/235	CIK300/230	C330/200	C330/200
			D19	D300C	D300C	D300J	D300P	D300R	D300T	D330A	D330B
额定出力		MW	300	300	300	300	300	300	300	330	330
一级抽汽压力		MPa				1.6（不可调）				3.5	
额定	抽汽量	t/h				120				20	
最大						150				25	
二级抽汽压力		MPa	0.5（0.25～0.7）	0.25	0.6（0.6～0.7）	0.8	0.3（0.2～0.55）	0.4（0.25～0.51）	0.8	1.0（0.9～1.1）	0.42
额定	抽汽量	t/h	523	550	480	250	550	300	400	100	500
最大			626	650	560	370	620	500	500	120	600

续表

项目	单位	产品型号和代号								
		N300	N300	N300	N300	NC300	CIK300/235	CIK300/230	C330/200	C330/200
		D19	D300C	D300C	D300J	D300P	D300R	D300T	D330A	D330B
冷却方式		湿冷	湿冷	湿冷	湿冷	湿冷	直接空冷	直接空冷	湿冷	湿冷
末级叶片高度	mm	851	851	851	851	851	661	661	1016	1016
备注		亚临界分缸	亚临界分缸	亚临界分缸	亚临界分缸	亚临界合缸	亚临界合缸	亚临界合缸	亚临界合缸	亚临界合缸

电厂的热力系统显示了汽轮机及其辅机和相关设施的关联，火电厂的热力系统图如图 3-25、图 3-37～图 3-53 所示。

三、燃煤火电厂的运行

(一)额定工况运行

工况指设备在和其动作有直接关系的条件下的工作状态，以设备额定值运行的工况称为额定工况，燃煤火电厂在额定工况下的运行最能代表其运行特点。燃煤火电厂系统及其运行均较复杂，即使是额定工况，都包括了多种类型。锅炉和汽轮机的各种额定工况见表 2-6。

表 2-6 锅炉和汽轮机的各种额定工况

工况	英文名	特点
		锅炉主要的运行工况
锅炉额定蒸发量	boiler economical continuous rating, BECR	锅炉在额定蒸汽参数、额定给水温度，并使用设计燃料能安全、连续运行，且锅炉效率最高的蒸发量。即 BRL 工况，各公司表述不同
锅炉额定负载工况	boiler rated load, BRL	对应于汽轮机的 TRL 工况和 TMCR 工况。即 BECR 工况，各公司表述不同
锅炉最大蒸发量	boiler maximum continue rate, BMCR	主要在满足蒸汽参数，炉膛安全情况下的最大出力。对应于汽轮机阀门全开 VWO 工况
		汽轮机主要的运行工况
汽轮机热耗保证工况	Turbine heat acceptance, THA	额定进汽温度和压力、额定背压、回热系统投运、补水率为 0% 时的汽轮机工况
汽轮机额定负载工况	turbine rated load, TRL	也称为夏季工况（环境温度高导致背压高）。额定进汽参数（对应 BRL 工况）、背压为夏季平均温度对应背压（常为 11.8kPa）、补水率 3%，回热系统投运，考虑扣除非同轴励磁、润滑及密封油泵等所耗功率后，制造厂能保证在寿命期内任何时间都能安全连续地在额定功率因素、额定氢压（氢冷发电机）下发电机输出的功率。在所述额定功率定义条件下的进汽量称为额定进汽量
汽轮机阀门全开工况	valve wide open, VWO	汽轮机调阀全开，进汽量对应锅炉 BMCR 工况，其他条件同 THA 工况，出力比 TMCR 工况多 4%～4.5%（出力值以系统采用汽动给水泵为前提）
最大连续出力工况	turbine maximum continue rate, TMCR	汽轮机进汽量等于铭牌进汽量（蒸汽量等于 TRL 工况的蒸汽量），额定进汽温度和压力，背压为考虑年平均水温确定的背压（常为 4.9kPa，为我国北方地区按冷却水温为 20℃ 的取值），因背压比额定背压低，补水率也不同，因而出力比 TRL 工况大 5% 左右，补水率 0%，回热系统投运下安全连续运行

值得注意的是，在 BMCR-VWO 工况条件下，锅炉和汽轮机处于最大出力而不利于火电机组对电网频率变化做出反应，同时磨煤机、给水泵等辅机处于全出力投运状态，除会降低辅机运行可靠性外，根据目前国内机组运行情况，泵等相关辅机最佳工作点通常设计为 TRL 或 TMCR 工况，因此，机组最大负荷运行时有可能使设备偏离最佳工作点，辅机效率下降，增加电厂的供电煤耗。因此，常规情况下，燃煤火电机组额定出力工况认为是 BRL-TMCR 工况（全年平均工况、背压较低工况）或 BRL-TRL 工况（夏季工况、背压较高工况）。

以某 300MW 级热电厂为例，其运行在不同额定工况下的运行数据见表 2-7。

表 2-7　　　　　　　　　　某 300MW 级热电厂重要工况点数据

运行工况	进汽量 (t/h)	出力 (MW)	进汽压力 (MPa)	进汽温度 (℃)	汽轮机背压 (kPa)	补水率 (%)
BRL-THA	972	300	16.7	537	4.9	0
BRL-TRL	972	300	16.7	537	11.8	3
BRL-TMCR	972	318.84	16.7	537	4.9	0
BMCR-VWO	1025.0	336.31	16.7	537	4.9	0
约 1.05 倍 BMCR 蒸汽量，配 VWO 工况	1100	344.00	16.7	537	4.9	0

数据来源：哈尔滨汽轮机厂，C261/N300-16.7/537/537 型汽轮机热力特性 2011。

火电机组变工况是指其运行工况发生变动，偏离设计工况或者偏离某一基准工况。变工况的原因是多方面的，比如机组热、电负荷的变化，热力系统及设备发生变动（含改造）以及蒸汽初、终参数及再热参数发生变化等都将引起热力系统工况发生变化。火电机组实际运行中，系统汽水参数以及各种参数很难全部处于设计的状态，变工况是运行的主要工况。

大中型燃煤火电机组都采用单元制运行，即一台锅炉配一台汽轮机。单元制机组的变工况运行目前有两种基本形式，即定压运行（或称等压运行）和变压运行（常称滑压运行）。

定压运行即是维持蒸汽压力（p）不变，通过改变调速汽门开度控制进入汽轮机的蒸汽流量（Q）来改变机组出力。当负荷改变时，汽轮机通过改变调速汽门阀位改变出力，锅炉则相应改变燃料量维持蒸汽参数基本不变。定压运行一般采用喷嘴调节或节流调节两种方式：汽轮机调节级有若干个喷嘴，每个喷嘴前都有调速汽门，采用喷嘴调节的汽轮机，在外负荷变化时，各调速汽门按顺序逐个开启或关闭。采用节流调节时，在部分负荷下，所有的调速汽门均同步关小。

滑压运行时，调速汽门阀位保持不变，通过改变进入汽轮机的蒸汽压力（p）来改变机组机械出力，不仅蒸汽压力（p）变化，蒸汽流量也发生变化（由调控汽包水位引起）。当电负荷改变时，保持调速汽门为全开或基本全开，采用改变锅炉燃烧率调节主蒸汽压力的方法调节机组的出力。

无论是定压或滑压运行，一般尽可能保持蒸汽温度不变，只有当负荷降到一定程度时，主蒸汽的温度（T）才无法维持而下降。

定压运行相比滑压运行的主要优点有：①朗肯循环效率随主蒸汽压力下降而下降，维持额定压力的定压运行时，机组的循环热效率高于滑压运行；②定压运行通过关小或开大调速汽门改变蒸汽流量，对小的负荷变动反应比滑压运行迅速；③定压运行时汽包内压力和温度不变，对汽包等厚壁部件会产生的热应力小，能承受较大变负荷速率。

滑压运行相对于定压运行的优点有：①滑压运行能在更低负荷工况下维持蒸汽温度为额定温度；②滑压运行时，负荷变化导致汽轮机各级温度变化小，热应力小，利于延长机组寿命；③滑压运行时，汽轮机调速汽门处于全开（或部分阀全开）状态，节流损失小，且低负荷时容积流量基本不变，故低负荷时滑压运行汽轮机内效率高于定压运行；④滑压运行机组一般采用变速给水泵，给水泵功耗相比定压运行时低；⑤滑压运行时蒸汽压力变低，能够延长锅炉承压部件和汽轮机的寿命。

由此可知，滑压运行和定压运行各有优势。工程运行经验表明，高负荷区（出力一般高于70％～90％MCR，随机组不同而不同），定压运行朗肯循环热效率高的优势很明显，节流损失不大（特别是采用喷嘴调节），蒸汽容积流量变化不大，调节级及其后各级的压力比变化也不大，因而汽轮机内效率相比额定状态下下降不多，滑压运行时给水泵功耗少的优势也不甚明显，因此高负荷区喷嘴调节的定压运行的总效率并不比滑压运行低，且定压运行对小的负荷变动反应比滑压运行迅速，因此高负荷区宜选择定压运行。

中等负荷区（出力一般低于70％～90％MCR，高于30％～50％MCR，随机组不同而不同），滑压调节在节流损失、汽轮机内效率和给水泵电耗方面的对总效率的优势越来越明显，而因压力降低而造成的循环热效率的下降不明显，因此在中等负荷区滑压运行的总效率比定压运行高，且滑压运行有利于延长机组寿命，故中等负荷区选择滑压运行。

低负荷区（负荷一般低于30％～50％MCR，随机组不同而不同）时，滑压运行的朗肯循环热效率将下降很快。同时，滑压运行压低负荷时变速泵转速逐步降低，但变速泵不能无限降低转速，负荷低到一定程度，变速给水泵实际上就是一个定速的给水泵，此时滑压运行不再有给水泵变速的优势。另外，低负荷运行时滑压运行不能再采用喷嘴调节，因为进汽不对称性将进一步加剧，容易造成不对称的升力或推力，导致振动，因此此时一般采用节流调节，滑压运行节流损失小的优势也丧失了。故定压运行的优势又开始凸显。

综上所述，实际工程中，火电机组的变工况运行在高负荷区采用定压运行，在中负荷区采用滑压运行，在低负荷区采用定压运行，即采用"定—滑—定"的复合滑压运行方式。典型的"定—滑—定"复合滑压运行的转折点见表2-8。

表 2-8　　　　　　　　　典型的"定-滑-定"复合滑压运行的转折点

机型	定压转滑压负荷点（%MCR）	滑压转定压负荷点（%MCR）
某 300MW 机组	91	26
某 350MW 机组	75	30
某 350MW 机组	80	28
某 660MW 机组	93	50
某 600MW 机组	89	37

典型的"定—滑—定"复合滑压运行曲线如图 2-5 所示。

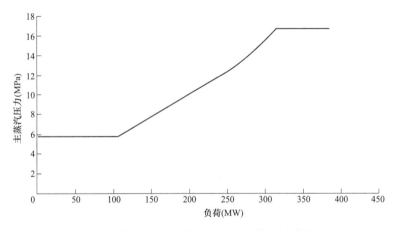

图 2-5　典型的"定—滑—定"复合滑压运行曲线

上述论述针对的是亚临界及以下、单元制（或可解列为单元制的切换母管制机组）的汽包锅炉的情况。对于超临界机组，在高负荷区等压线和等温线很陡（即负荷下降时，很难维持等压和等温），采用滑压调节经济性优于额定参数定压运行喷嘴调节，若不参加电网调频，在高、中负荷区采用滑压调节；在低负荷区采用低参数定压运行节流调节，即"滑—定"的复合调节方式。若参加电网调频，仍要采用"定—滑—定"的复合调节方式。对于母管制运行的机组，一般采用定压运行模式，如需要负荷调整，一般只调整一台锅炉的蒸汽流量，其余锅炉的压力和流量都不变，母管制机组一般不采用滑压运行。

（二）燃煤热电机组运行

如第一章第二节所述，热电机组可分为背压式、抽汽凝汽式、低真空循环水供热等类型，本书主要关注抽汽凝汽式热电机组。抽汽凝汽式热电机组分为非调整抽汽轮机组、纯供热可调整抽汽轮机组、抽凝式可调整供热机组等三大类，本书主要关注抽凝式可调整供热机组。抽凝式可调整供热机组包括非改造热电机组和供热改造机组，均在本书论述范围内，非改造热电机组和供热改造机组的结构有一定差异，但从热力系统看没有本质差别。

根据抽汽压力的不同，机组的抽汽调节结构有所不同，抽汽压力在 0.5MPa 以下时，一般通过在中低压缸连通管安装蝶阀调节供热抽汽量；抽汽压力在 0.5～1.5MPa 时，一般通过在缸体内安装旋转隔板调节抽汽量；抽汽压力在 1.5MPa 以上时，一般通过在缸体外安装抽汽调节阀调节抽汽量。

现代汽轮机组对转速、负荷等参数的调节通常采用数字电液调节系统，通过转速感受机构传递压力信号给油动机，由油动机操作汽轮机各调节阀门进行电负荷和热负荷的调节。

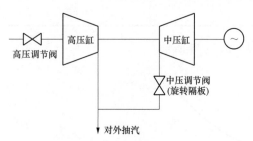

图 2-6　抽汽供热机组电热负荷调节过程示意图

以图 2-6 所示的单抽机组为例，介绍热电机组的工作原理和电出力、热出力同时调节方式。

当用电负荷减小时，转子受到的磁力矩降低，转子转速升高，感受机构（径向泵液动调速系统）测得压差信号增加，引起压力变换器动作，使得高、中压的控制油路的泄油阀门同时关小，控制油压力上升，错油门滑阀上移，带动高、中压油动机上移，操控高、中压调节阀关小，高、中压缸通流部分进汽量降低，电出力开始减小，达到了调节电出力的目的。同时在调节系统的反馈机构作用下，错油门回到中间位置，调节过程结束。当用电负荷增加时的调节过程则反之。

当用电负荷改变引起转速改变，使调速部分动作时，控制热负荷（供热抽汽量）不变的条件是高、中压缸流量的改变量相等。在上述调节过程中，如果压力变换器中滑阀控制高、中压油动机控制油路的泄油口改变量相同时，可满足条件。

对热负荷的调节是根据调节供热压力实现的，当热负荷变动（减小）时，供热压力升高，压力感受机构（调压器）动作，开大中压控制油路的泄油阀门，操控油动机开大中压调节阀，使得热负荷减小。

（三）启动和停机

1. 燃煤火电机组的启动

燃煤火电厂的启动状态可分为冷态启动、温态启动、热态启动、极热态启动。汽轮机冲转时，一般以高压转子温度高于其金属材料脆性转变温度（fracture appearance transition temperature，FATT。即金属材料冲击试验时，断口形貌中脆性和韧性断裂面积各占 50％的试验温度。大型汽轮机的高中压转子使用 Cr-Mo-V 钢，其 FATT 为 80～130℃）为热态启动，否则为冷态启动（相应又扩展出温态启动、极热态启动定义）。因难以直接测出转子温度，而转子温度和调节级处高压内缸内壁（常简称"高压内缸内壁"）温度、高压调节级后金属温度较为接近，故通常以高压内缸内壁温度、高压调节级后金属温度代表转子温度，作为判定不同启动方式的特征参数。

不同机型划分启动状态的高压内缸内壁温度范围有所不同，见表 2-9。

表 2-9　　　　依据汽轮机特征参数划分的典型机型启动方式（℃）[1]

启动方式	某 300MW 亚临界机组（调节级金属温度）	某 600MW 亚临界机组（调节级金属温度和中压缸第一级持环温度）	某 600MW 超临界机组（汽轮机第 1 级金属温度）
冷态启动	≤150	≤200	≤120
温态启动	150~300	200~350	120~415
热态启动	300~400	350~450	415~450
极热态启动	≥400	≥450	≥450

也可以依据锅炉特征参数划分机型启动状态，见表 2-10。

表 2-10　　　　依据锅炉特征参数划分的机型启动状态[2]

锅炉启动状态	汽包锅炉		直流锅炉	
	停炉时间	汽包工作状态（压力 p 和炉水温度 t）	停炉时间	锅炉工作状态（压力 p_1 和汽水分离器壁温 t_1）
冷态启动	72h 以上	$p=0$MPa，$t≤100℃$	72h 以上	$p_1<1$MPa，$t_1<120℃$
温态启动	36~72h	$p>1.5$MPa，$t>200℃$	10~72h	p_1 为 1~4MPa，$t_1$120~260℃
热态启动	8~36h	$p>5.0$MPa，$t>250℃$	1~10h	p_1 为 4~6MPa，t_1 为 260~340℃
极热态启动	8h 以内	$p>10.9$MPa，$t>320℃$	1h 以内	$p_1>6$MPa，$t_1>340℃$

　　锅炉冷态启动的主要流程为：启动前检查和准备、锅炉上水、启动炉水循环泵、启动烟风系统和除灰渣系统、锅炉吹扫、锅炉点火、加燃料锅炉升温升压（然后满足汽轮机冲转条件后冲转）。汽轮机冷态启动的主要流程为：启动前检查和准备、盘车投入、启动循环水泵和凝结水泵、轴封和疏水系统投入（此时锅炉点火和主蒸汽升温升压）、启动真空泵、暖管和暖机、汽轮机冲转升速、发电机并网、升负荷。温态、热态、极热态启动过程类似，但升温、升压、升负荷等环节的速度更快，暖机时间更短。

　　从另一个角度看，机组启动还可分为额定参数启动和滑参数启动。

　　额定参数启动是指从冲转直至机组带额定负荷的整个启动过程中，锅炉应保证自动主汽门前的蒸汽参数（压力和温度）始终为额定值，即启动时，先启动锅炉，待汽温和汽压升到额定参数后，汽轮机才可启动，这种情况下冲转参数即额定参数，目前单元机组已不再采用这种启动方式[3]。

　　滑参数启动是指锅炉、汽轮机的联合启动，或称整套启动。它是将锅炉的升压过程与汽轮机的暖管、暖机、冲转、升速、并网、带负荷平行进行的启动方式。启动过程中，随着锅炉参数的逐渐升高，汽轮机负荷也逐渐增加，待锅炉出口蒸汽参数达到额定值时，汽轮机也达到额定负荷或预定负荷，锅炉、汽轮机同时完成启动过程。滑参数启动又分为真空法和压力法启动两种，真空法滑参数启动是指锅炉点火前从锅炉到汽轮机调节喷嘴前的阀门全部开启，包括主汽门、调速汽门，通向大气的和其他热力系统的空气门、疏水门全部关闭。汽轮机抽真空一直抽到锅炉汽包，锅炉点火后产生一定的蒸汽后，汽轮机转子即被冲动，此后汽轮机的升速和带负荷全部由锅炉进行控制；压力法滑参数启动是指汽轮机冲动前，主汽门前蒸汽具有一定的压力和温度，根据机组的形式和结构特点可采用中参数或低参数来进行冲动转子，升速以及暖机而用滑参数带负荷的启动方式。目前大多数发电厂采用压力法进行滑参数启动，很少使用真空法进行滑参数启动。

本书第三章第七节中，将更深入地介绍燃煤火电机组的启动过程。

2. 燃煤火电机组的停机

燃煤火电机组的停机包括正常停机、故障停机、紧急停机。正常停机包括滑参数停机（又称维修停机等）、额定参数停机（又称调峰停机等）。

燃煤火电机组正常停机的目的一般为使机组尽快冷却，检修早日开工，故采用滑参数停机。

典型锅炉停炉的流程为：停炉前的检查和准备、滑压降负荷至 50% 额定负荷稳定运行一段时间（同步降低燃煤量和风量，以至停用部分制粉系统和送风机），投油稳燃、停运部分给水泵、停运部分烟气净化系统，继续降负荷，停运制粉系统和逐步停运燃油系统（负荷降至 5% 左右发电机解列，汽轮机打闸停机），保持 30% 风量直至锅炉熄火后，炉膛仍吹扫 5~10min，停运送风机和引风机，停运除灰渣系统，疏水和放水。

典型汽轮机停机流程为：降负荷同时降低主汽参数，负荷降至一半时停部分给水泵，打开辅助汽源保障除氧器、轴封等的工作（同时加强疏水），负荷降到 0 时电动机解列，汽轮机打闸停机，汽轮机惰走至转速和真空同时降到 0，启动盘车、冷油器停水、停给水泵、关闭除氧器进汽、停循环水系统、停止盘车。

因调峰、热备用或小缺陷处理需要，机组需要短时间停运并立即恢复运行时，应将机组停运后机炉金属温度保持在较高水平，以便重新启动时缩短启动时间，一般采用额定参数停运，即通过关小调节阀逐渐减负荷停机，而主蒸汽参数保持不变。额定参数停机的其他过程与滑参数停机类似。完成额定参数停机后再启动时，按温态或热态进行。

触发紧急停机的条件是，发生轴承超温、断油、着火、汽轮机水冲击、振动超限、位移超限、差涨超限、真空破坏、蒸汽超温、蒸汽温度骤降、汽轮机断汽等危及人身安全和设备安全等情况，若不立即停机会造成不可估量的损失。紧急停机分破坏真空紧急停机和不破坏真空紧急停机，紧急停机不论是哪种，都要求立即手拍汽轮机跳闸按钮打闸停机，并根据紧急停机条件决定是否破坏真空和向凝汽器疏水。

触发故障停机的条件是发生给水、蒸汽管道泄漏等一般故障，此时系统部分设备不能正常工作，影响机组的正常功能，影响长期稳定运行，但不至于马上会有发生严重后果。故障停机时，通过快速降负荷到 0 后，再打闸停机，时间上与紧急停机相比有一定的充裕度，可以参照正常停机过程，采用相对正常的方式停机。

燃煤火电机组的启动和停机是比较复杂的过程，更多的启停过程介绍见本书第三章第七节，或参考相关专业文献。

第二节　燃气火电厂的技术特点

一、典型燃气火电厂平面布置和系统构成

1. 典型燃气火电厂平面布置

典型燃气火电厂的平面布置如图 2-7 所示。

图 2-7　典型燃气火电厂的平面布置

典型燃气电厂主要包括主厂房区、天然气管道和调压站、配电装置区、水工设施区、水处理区、厂前区（生活区）等功能分区。

（1）主厂房区。主厂房区是燃气电厂的核心区域，布置燃气轮机、汽轮机、余热锅炉、发电机等主机设备，燃气轮机和余热锅炉可以露天布置，亦可室内布置。燃气轮机区分为轴向排气和侧向排气，轴向排气时，燃气轮机轴线与余热锅炉轴线重合，侧向排气时，燃气轮机轴线与余热锅炉轴线垂直，燃气轮机的排气方向影响燃气轮机和余热锅炉的相对布置位置。燃气-蒸汽联合循环机组区分为单轴配置和多轴配置，单轴配置时汽轮机轴线与燃气轮机轴线重合，多轴配置时汽轮机轴线与燃气轮机轴线一般平行，影响了燃气轮机和汽轮机的相对布置位置。燃气-蒸汽联合循环机组单轴配置，布置顺序可以依次为燃气轮机、发电机、汽轮机、主变压器，也可以依次为燃气轮机、汽轮机、发电机、主变压器，也影响了燃气轮机和汽轮机的相对布置位置。集中控制室宜布置在汽轮机房侧的集控楼内，或布置在 2 套或 4 套燃气-蒸汽联合循环机组中间的集控楼内。

（2）天然气管道和调压站。厂内天然气管道敷设方式较为灵活，常根据具体情况确定。燃气火电厂天然气调压站（包括增压机）的布置主要有露天布置、半露天布置（加防雨设施的敞开式布置）、室内布置，应尽量采用露天布置。天然气管道、调压站占地面积相比燃煤火电厂的煤场、干煤棚、输煤栈桥等设施少得多，是燃气火电厂占地面积

比燃煤火电厂占地面积小得多的重要原因。

燃气火电厂不产生灰渣，不设置灰渣场，也是其占地面积比燃煤火电厂占地面积小得多的重要原因。

（3）配电装置区。配电装置区布置在主变压器外侧，110kV及220kV以上配电装置一般多采用屋外布置方式。

（4）水工设施区。水工设施区主要布置冷却塔。经冷却塔冷却后的冷却水回流至汽轮机间的冷凝器，用于冷却汽轮机低压缸排汽。冷却塔运行产生较大的噪声，一般需要远离厂前区（生活区）。

（5）水处理区。水处理区用于处理锅炉补给水等各种用水，主要配置化学水处理和储存设施。

（6）厂前区（生活区）。厂前区（生活区）主要包括综合楼、倒班宿舍、食堂等设施。

2. 燃气火电厂的系统构成

与燃煤火电厂类似，燃气火电厂也有燃料供应系统、燃烧系统、润滑油系统、热力系统、给排水和消防水系统、水处理系统、电气系统、热工自动化及其他监控系统，以及采暖、通风与空调系统等。但因其一般燃烧天然气发电供热，故一般没有除灰渣系统、脱硫和除尘系统，因其一般安装有低氮燃烧器，在排放标准较低的地区甚至不需要脱硝系统。

燃气火电厂系统构成的特点在于燃气轮机、余热锅炉和汽轮机的灵活多样的组合方式。各类大型燃气电厂的组成和运行方式见表2-11。

表2-11 各类大型燃气电厂的组成和运行方式

名称	构成形式	实际工程中是否常见	特点
单循环机组	单台燃气轮机	少见	系统简单、发电效率和总热效率低、运行灵活，启动、调整负荷速率更迅速，不产生蒸汽
带余热锅炉的单循环	一台燃气轮机＋一台余热锅炉	少见	发电效率低但总热效率高，可对外供汽，类似于燃气火电机组背压机供热，如保证稳定供热则无调峰能力
"一拖一"燃气-蒸汽联合循环机组	一台燃气轮机＋一台余热锅炉＋一台汽轮机	常见	发电效率高、总热效率高，运行较为灵活，可拆为简单循环或带余热锅炉的简单循环运行
"多拖一"燃气-蒸汽联合循环机组	多台燃气轮机＋同等数量余热锅炉＋一台汽轮机	"二拖一"较常见，"三拖一"以上少见	可节约汽轮机配置，正常运行时发电效率高、总热效率高，占地面积小，系统复杂且不够灵活，出力大。压低负荷时可拆为"一拖一"燃气-蒸汽联合循环机组运行，但汽轮机运行效率低。常见的组合方式为"二拖一"，主要用于热电联产
并列多台燃气-蒸汽联合循环机组	多套"一拖一""多拖一"燃气-蒸汽联合循环机组并列运行	常见	多套机组相互之间可独立运行，但同属一个电厂或一个调度单位。最常见的是并列"一拖一"

燃气-蒸汽联合循环机组的燃气轮机和汽轮机可以单轴布置，也可以多轴布置。单

轴布置的燃气轮机机组必须考虑汽轮机进汽温度的匹配速率和时间，主要应用于燃气轮机出力在 250MW 以上的大功率燃气-蒸汽联合循环机组；多轴布置目前在中小容量燃气-蒸汽联合循环机组中广泛采用，具有适应性强、运行灵活等诸多优点。

与燃气轮机搭配的汽轮机可采用背压汽轮机、抽凝式汽轮机，多套燃气-蒸汽联合循环机组的情况下，汽轮机还可采用背压+抽凝的组合，形成多种组合方案，并采取增减机组运行台数的方式来满足负荷变化的要求，完全可适应热负荷及电负荷需求，同时机组的调峰能力也可得到提高。

典型的"一拖一"燃气-蒸汽联合循环机组系统示意图如图 2-8 所示，其为单轴布置，配置了三压锅炉，发电机配置在燃气轮机和汽轮之外。

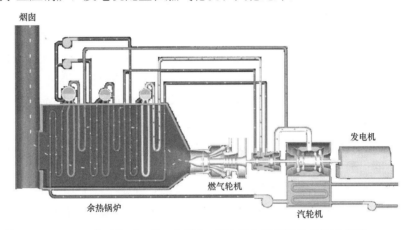

图 2-8　典型的"一拖一"燃气-蒸汽联合循环机组系统示意图

典型"二拖一"燃气-蒸汽联合循环热电联产系统图如图 2-9 所示，其为分轴布置，配置了双压锅炉。

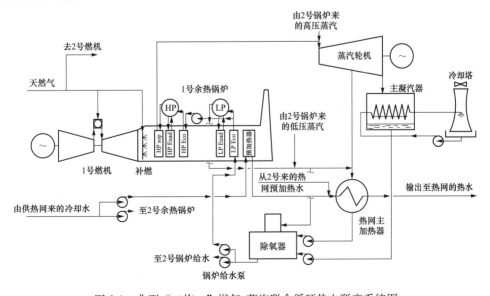

图 2-9　典型"二拖一"燃气-蒸汽联合循环热电联产系统图

燃气-蒸汽联合循环机组的特殊系统构成奠定了其极高发电效率和总热效率的基础。表 2-12 所示为比较先进燃煤火电站和燃气火电站的发电效率对比。

表 2-12   先进燃煤火电站和燃气火电站的发电效率对比

机组容量	机组运行地点或生产厂商	发电效率（%）
350MW 超临界汽轮发电机组	日本川越电厂	41.9
300MW 超临界汽轮发电机组	丹麦 Vestkraft 电厂	45.3
180MW 燃气-蒸汽联合循环机组	美国通用电气公司（即美国 GE 公司）产品	52
348.5MW S109FA 燃气-蒸汽联合循环机组	美国通用电气公司（即美国 GE 公司）产品	56.3
396MW KA26-1 燃气-蒸汽联合循环机组	瑞士艾波比集团公司（即瑞士 ABB 公司）产品	58.5
420MW S109H 燃气-蒸汽联合循环机组	美国通用电气公司（即美国 GE 公司）产品	60

燃气-蒸汽联合循环机组发电效率较高的根本原因，是燃气轮机的透平前工质温度最高能达到约 1400℃，燃煤火电厂汽轮机蒸汽透平前的工质温度一般不到 600℃，而燃气-蒸汽联合循环机组汽轮机和燃煤火电厂的汽轮机排汽温度、背压基本相当。

除了一般意义上将燃气-蒸汽联合循环机组分为单轴和多轴、"一拖一"和"二拖一"等以外，对于目前燃气-蒸汽联合循环机组建设情况，还可以分为有无烟气旁路和有无蒸汽旁路等几种形式。

有烟气旁路的燃气-蒸汽联合循环机组运行灵活，在烟气挡板全关时，燃气轮机就以单循环方式运行；当烟气挡板全开时，整套机组就以联合循环方式运行，提高了运行的灵活性。燃气-蒸汽联合循环机组有蒸汽旁路也提高了其灵活性。燃气-蒸汽联合循环机组调峰达到一定深度后，保持燃气轮机负荷不变，可以通过汽轮机调门与主蒸汽旁路配合，对汽轮机进行进一步降负荷操作，增加机组的调峰深度。

无烟气旁路和蒸汽旁路的燃气-蒸汽联合循环机组的燃气轮机、余热锅炉和汽轮机组成了一个整体，整个机组必须整体启动和运行，因此，无烟气旁路和蒸汽旁路的燃气-蒸汽联合循环机组的调节性能还取决于余热锅炉以及汽轮机的性能。

3. 燃气火电厂热电联产技术方案

需要供热时，燃气-蒸汽联合循环机组供热可以有以下几种形式：

（1）从汽轮机某级抽汽供热，或在各缸之间的连通管处打孔抽汽供热，这与燃煤火电厂相同。

（2）抽取余热锅炉中的一次、二次、三次蒸汽减温减压供热，这类似于燃煤锅炉的减温减压供热。

（3）设置余热锅炉热水炉，即在余热锅炉尾部加一换热段（可以与凝结水加热器做成整体式或单独设置），利用余热锅炉尾部排气加热以供给热水。

（4）综合采用前面几种方法联合供热。

其中，（1）中所述的供热形式比较常见，燃气-蒸汽联合循环机组抽汽供热机组一般在汽轮机中、低压缸之间的连通管打孔抽汽，供热蒸汽从中低压连通管抽出，通过热网抽汽调节阀控制。燃气火电机组抽汽供热系统图见图 2-10 所示。

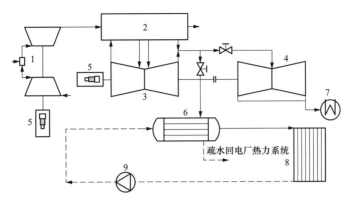

图 2-10　燃气火电机组抽汽供热系统图

1—燃气轮机；2—余热锅炉；3—高中压缸；4—低压缸；5—发电机；

6—热网加热器；7—冷凝器；8—热用户；9—热网主循环泵

表 2-13 是典型燃气-蒸汽联合循环机组热电联产的基本情况。

表 2-13　　典型燃气-蒸汽联合循环机组热电联产的基本情况

主要设备	燃气轮机	型号为 PG9351FA；美国通用电气公司（即美国 GE 公司）生产；容量为 255MW
	余热锅炉	型号为 NG-S209FA-R；杭州锅炉集团股份有限公司生产；型式为三压、再热、卧式、无补燃、自身除氧、自然循环和炉岛紧身封闭
	汽轮机	型号为 LN275/CC154 11.49/0.613/0.276/566/566；哈尔滨汽轮机厂有限责任公司生产；型式为三压、再热、单轴、两缸两排汽、抽汽、凝汽汽式；容量为 270MW
	发电机	燃气轮机配套美国通用电气公司（即美国 GE 公司）生产的 324LU 型全氢冷同步发电机；汽轮机配套哈尔滨电机厂有限责任公司制造的 QFSN-300-2 型三相隐极式同步发电机

机组组合结构	2×（1 台燃气轮机＋1 台余热锅炉＋1 台发电机）＋1 台汽轮机＋1 台发电机	
抽汽供热方式	两级抽汽，额定参数分别为 0.613MPa/353℃，0.276MPa/284℃	

装机容量	2×255＋270＝780MW	年计划发电量	约 3500GWh
年利用小时数	4500h	额定供热功率	465MW
供热面积	$1000×10^4 m^2$	年消耗天然气	$8×10^8 m^3$
透平排气温度	600℃	凝汽发电效率	58%
气耗量	$0.18 \sim 0.21 m^3/kWh$	热电联产总热效率	79%
年 CO_2 排放量	$154.8×10^4 t$	NO_x 排放浓度	$< 22.5 mg/m^3$
汽轮机最大进汽量	640t/h	低压缸最小冷却流量	120t/h
年供热小时数	2880h	天然气进气压力	3.2MPa

二、燃气火电厂的主机设备

燃气轮机、余热锅炉、汽轮机、发电机是燃气火电厂最重要的主机设备，与前文燃煤火电厂主机设备不涉及发电机的理由相同，本书不涉及燃气火电厂的发电机，主要关注燃气轮机、余热锅炉、汽轮机等三大主机设备。

（一）燃气轮机

1. 燃气轮机的构成

燃气轮机由压气机、燃烧室及透平三个部件构成，空气经压气机压缩后在燃烧室中与燃气（或燃油）混合燃烧，产生的高温、高压烟气进入透平做功，透平输出功率约1/3用于带动压气机，其余部分为燃气轮机出力。燃气轮机可以单独带动发电机（单循环），也可以与汽轮机同轴带动发电机（燃气-蒸汽联合循环机组单轴配置）。

典型燃气轮机的外形和内部结构如图 2-11 所示。

图 2-11　典型燃气轮机的外形和内部结构

燃气轮机有多种分类方式，按轴系方案可分为单轴燃气轮机和分轴燃气轮机［透平分为高压透平和低压透平两段，压气机与高压透平（或低压透平）共轴，低压透平（或高压透平）与负荷共轴，或者压气机分成两段，透平分成三段，其中两段带动压气机，剩余一段带动负荷］，按容量大小可分为大型燃气轮机、中小型燃气轮机及微型燃气轮机，按设备重量大小、技术特点等可分为重型燃气轮机和轻型燃气轮机。本书主要关注燃气火电厂中广泛装备的单轴、大型、重型燃气轮机。

2. 环境条件对燃气轮机的影响

燃气轮机作为定容机械的物理特性和压气机的工作特性，决定了燃气火电机组的最大出力与大气温度、大气压力、相对湿度、滤网压差等因素有关。其中，环境温度对燃气轮机性能的影响最显著。这是燃气轮机运行的最显著特征之一。

环境温度影响主要是由于以下三方面：

（1）当大气温度升高时，为保持电网频率和燃气轮机效率最高，不同环境温度条件下燃气轮机的转速和透平前的燃气初温仍保持恒定。但压气机的压比会有所下降，燃气透平做功量减少，排气温度有所增高，机组热效率降低，热耗率上升。

（2）压气机的耗功量随着所吸入空气的热力学温度成正比关系变化，即随着环境温度的升高，虽然压气机的压比降低，但压气机消耗的比功率却增大。因此，大气温度升高时，燃气轮机的出力减小。

（3）环境温度升高，空气的密度变小，空气比体积增大，导致压气机吸入的空气流量减少，这也导致燃气轮机出力下降。

在实际运行中，燃气火电机组出力上限受环境温度的影响很大，一般仅在冬季具备带铭牌负荷的能力。某电厂 PG9351FA 型燃气轮机出力随环境温度的变化曲线如图 2-12

所示。

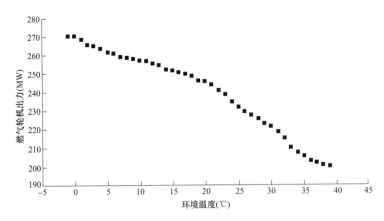

图 2-12 某电厂 PG9351FA 型燃气轮机出力随环境温度的变化曲线

由图 2-12 可知，环境温度每上升 1℃，燃气轮机出力平均约减少 1.7MW，环境温度从零下 1℃升至 40℃，燃气轮机出力由 270MW 降至 199MW，相对于其额定出力降幅居然高达 27.8%，因此在冬季和夏季，燃气轮机出力相差将非常大。

汽轮机的出力对环境温度的变化不像燃气轮机那么敏感，但是燃气-蒸汽联合循环机组的汽轮机出力随着燃气轮机的出力变化而变化，因此，从冬季到夏季，燃气-蒸汽联合循环机组出力相差很大，机组的实际最大技术出力随环境温度变化而变化。设备厂家给出了环境温度对机组负荷的修正曲线，可以通过查修正曲线计算燃气轮机在不同环境温度下的燃气轮机出力。

3. 燃气轮机的生产厂商及其产品

目前，国外能设计和生产重型燃气轮机的厂家主要有：美国通用电气公司（即美国 GE 公司）[2015 年 11 月，法国阿尔斯通公司（即法国 Alstom 公司）以 124 亿欧元的金额将能源业务（发电和电网）出售给美国通用电气公司]、美国西屋电气公司（即美国 Westinghouse 公司）、德国西门子股份公司（即德国 Siemens 公司）、瑞士艾波比集团公司（即瑞士 ABB 公司）、日本三菱重工公司（即日本 Mitsubishi 公司）和日本日立公司（即日本 HITACHI 公司）。另外还有一些设计和生产轻型燃气轮机的厂家，如美国通用电气公司（即美国 GE 公司）、美国普拉特·惠特尼集团公司（即美国 P&W 公司）、美国索拉透平公司（即美国 Solar Turbines 公司）等。世界上具有生产研发 E 级和 F 级 50Hz 大型燃气轮机运行业绩的公司及其燃气轮机型号见表 2-14。

表 2-14 　　　　世界上具有生产研发 E 级和 F 级 50Hz 大型燃气轮机
运行业绩的公司及其燃气轮机型号

公司名称	大型燃气轮机型号
美国通用电气公司（即美国 GE 公司）	9E、9EC、9FA
日本三菱重工公司（即日本 Mitsubishi 公司/美国西屋电气公司（即美国 Westinghouse 公司）	M701D、M701F3、M701F4

续表

公司名称	大型燃气轮机型号
德国西门子股份公司（即德国 Siemens 公司）	V94.2，V94.2 A、V94.3 A
瑞士艾波比集团公司（即瑞士 ABB 公司）	GTl3D、GT13B、GT26

国内能够制造重型燃气轮机的主要厂家有哈尔滨汽轮机有限责任公司〔与美国通用电气公司（即美国 GE 公司）合作生产 PG9351FB、与瑞士艾波比集团公司（即瑞士 ABB 公司）生产 GT13E〕、上海电气集团股份有限公司〔与德国西门子股份公司（即德国 Siemens 公司）合作生产 V94.3 A、V94.2〕、东方汽轮机有限公司〔与日本三菱重工公司（即日本 Mitsubishi 公司）合作生产 M701F〕、南京汽轮电机（集团）有限责任公司〔与美国通用电气公司（即美国 GE 公司）合作生产 PG6581B、PG9171E、PG6111FA〕等。此外，中国华电集团有限公司有与美国通用电气公司（即美国 GE 公司）合作项目，自行组装的轻型燃气轮机，型号 LM6000PF。

目前，我国先进的重型燃气轮机都从国外引进，关键部件尚未实现国产化，特别是燃气轮机热通道部件寿命有限、维护成本昂贵、对于天然气连续供应依赖性强、跳机条件复杂，一旦运行中发生损坏，维修非常麻烦，运行维护成本很高。

各厂家生产燃气轮机的原理都相同，但一般有自己独特的设计风格，从而在燃气性能方面有一定的差异。

4. 燃气轮机污染物的排放

燃气轮机的污染物主要为 NO_x、CO，同时排放 CO_2。相比锅炉，燃气轮机的污染物和 CO_2 排放要少得多。

同等热值条件下，天然气等燃气的含硫量一般远少于煤炭，因此燃气轮机排放烟气中一般不包含 SO_2 或 SO_3，这减少了余热锅炉尾部烟道和烟囱的腐蚀。

燃气轮机采用单一气体燃料，其流场和温度场控制比锅炉燃烧固体燃料要容易一些，燃料中也基本不含氮，采用低 NO_x 燃烧器时，烟气中 NO_x 含量可以低至 51.25mg/m³（标准状态）（1ppm＝2.05mg/m³，即 25ppm）。因燃烧比较充分，CO 的排放量也小。仅在启动阶段，NO_x 可能在较短时间内大增，导致烟气呈现黄色。

燃气轮机的燃料一般为天然气，分子式为 CH_4，含 H 比例较大，因此同等热值条件下，其排放的 CO_2 相比锅炉燃煤也要小得多。

（二）余热锅炉

燃气轮机排气温度一般在 400～600℃，工质流量较大（例如某 F 级燃气轮机工质流量在 300kg/s 以上），因此排气蕴藏的能量较大，可以将燃气引入余热锅炉生产蒸汽，供汽轮机发电或直接供应低压蒸汽和热水，故余热锅炉是承上启下的关键设备，其蒸汽产量决定供热量。

余热锅炉与常规锅炉不同之处，除一般没有炉膛外（补燃型余热锅炉有炉膛），主要是余热锅炉常有一个以上的压力等级。常规燃煤锅炉只有一个汽包，在某一时刻汽包的压力为单一确定值，可以称作单压锅炉，燃气-蒸汽联合循环机组的余热锅炉常有两个甚至三个汽包，每一个汽包的压力不相同，称为双压锅炉或三压锅炉。燃气-蒸汽联合循环机组强制循环双压锅炉有再热的汽水系统如图 2-13 所示，三压锅炉的情况如图 2-8 所示。

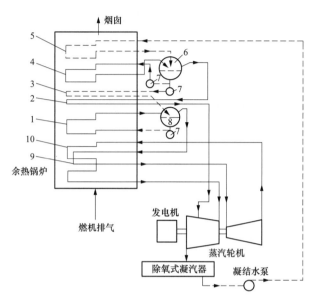

图 2-13　燃气-蒸汽联合循环机组强制循环双压余热锅炉有再热汽水系统

1—高压蒸发器；2—低压过热器；3—高压省煤器；4—低压蒸发器；5—低压省煤器；

6—低压锅筒；7—给水传送泵；8—高压锅筒；9—高压过热器；10—再热器

注：虚线为水，实线为蒸汽。

采用双压或三压锅炉目的在于使离开余热锅炉的燃气排气温度尽量低，从而充分利用燃气轮机的排气余热。余热锅炉高压蒸汽（一次蒸汽）作为其汽轮机主蒸汽，中、低压蒸汽（二次、三次蒸汽）可在汽轮机某级补入发电，也可直接用于供热。为充分利用余热，有时还会在余热锅炉尾部设计一段热水加热段，对外提供热水，从而实现排气余热的"吃干榨净"。

除压力等级外，余热锅炉的选型常涉及三个方面：燃气排气流动方向选择、汽水循环方式选择（自然循环还是强制循环）及是否补燃等。工程中常采用卧式布置、自然循环、不补燃的余热锅炉（补燃锅炉造价高，系统整体发电效率低）。

余热锅炉构造较简单，国内可生产的厂家较多，较知名的有杭州锅炉厂、东方日立锅炉厂、无锡华光锅炉厂、中船重工 703 所、南京奥能锅炉有限公司（原南京锅炉厂）、上海格林动力（中国）有限公司等企业。

（三）汽轮机

燃气-蒸汽联合循环机组的汽轮机的技术特点包括：

（1）主蒸汽温度和压力低。燃气-蒸汽联合循环机组汽轮机的蒸汽入口温度和压力较低，因其加热热源为燃气轮机排气，排气温度较低，故汽轮机入口蒸汽的压力和温度较低，一般不超过 10MPa。

（2）与多压余热锅炉配合使用，中间级补汽。因为余热锅炉常是双压或三压锅炉，如果希望多发电，则需要在汽轮机中间级补入低压蒸汽。

（3）无抽汽加热器，对称性好、可靠率高，有利于变负荷和快速启停。燃气-蒸汽联合循环机组汽轮机一般仅有除氧器，没有其他抽汽加热器。没有设置抽汽加热器的主要原因是余热锅炉运行压力和温度较低。如前所述，抽汽回热的目的在于提高机组效率，用于回热的抽汽没有进入凝汽器冷凝，因而没有冷源损失，循环效率提高；另外，抽汽回热时各加热器加热温差小，给水温度提高使得给水在锅炉中的传热温差小，做功能力损失小。反之，如果不进行抽汽加热，从常规燃煤火电机组凝汽器中出来的循环水水温只有 30～50℃，给水将直接送入上千度的炉膛中，做功能力损失将非常大。燃气-蒸汽联合循环机组则有所不同，为充分利用余热，设计和布置换热管道使得余热锅炉排气温度尽量低，目前烧天然气的燃气-蒸汽联合循环机组排气温度只有 80～90℃，排气温度和凝汽器中的凝结水温已相差无几，这时抽汽加热减少做功能力损失和冷凝热损失的意义已不大。

燃气-蒸汽联合循环机组也需要布置除氧器，可单独布置，或布置于余热锅炉中，也可布置于凝汽器中，除氧器的加热水常来源于余热锅炉，也可从汽轮机中间某级抽取。

有供热需求时，必要时可以从二次、三次余热锅炉蒸汽中抽汽减温减压供热，而不必在汽轮机上开口抽汽。

汽轮机可不设回热抽汽口、抽汽供热口，汽缸就能设计得更加周向对称一些，结构简单带来可靠性高、可用率高的优点，还有利于减少满足快速负荷变化和启停的要求。

（4）装机容量约为配套燃气轮机容量的一半。燃气-蒸汽联合循环机组汽轮机的另一个显著特点是其装机容量约为配套燃气轮机的一半，汽轮机容量一般较小。

我国引进的 F 级及 E 级燃气轮机情况见表 2-15，由表 2-15 可知，燃气-蒸汽联合循环机组中，为回收燃气轮机尾气余热而配置的汽轮机容量一般为配套燃气轮机容量的一半左右。

表 2-15　　我国引进的主流燃气-蒸汽联合循环机组（F 级及 E 级）

编号	引进型号	我国公司	合作外企	等级	燃气轮机单机容量（MW）	联合循环型号	联合循环出力（MW）	燃气轮机、汽轮机出力比
1	PG9351FA（9FA）	哈尔滨汽轮机有限责任公司	美国通用电气公司（即美国GE公司）	F	255.6	S109FA	390.8	1.89
						S209FA	786.9	1.85
2	SGT5-4000F（V94.3A）	上海电气集团股份有限公司	德国西门子股份公司（即德国Siemens公司）	F	272	GUD1S. V94.3A	408	2.003
						2. V94.3A	783.9	2.27

编号	引进型号	我国公司	合作外企	等级	燃气轮机单机容量（MW）	联合循环型号	联合循环出力（MW）	燃气轮机、汽轮机出力比
3	M701F	东方汽轮机有限公司	日本三菱重工公司（即日本Mitsubishi公司）	F	270	1 拖 1	398	2.11
						2 拖 1	796	2.11
4	PG9171E	南京汽轮电机（集团）有限责任公司	美国通用电气公司（即美国GE公司）	E	126	S109E	193	1.88
						S209E	391	1.81

注 数据源自各公司公布数据。燃料不同，环境温度不同，余热锅炉、汽轮机非原配置等都可导致出力略有不同。

最流行的燃气-蒸汽联合循环机组配置方式为"一拖一"机组，则 F 级燃气轮机（容量为 250～270MW）配置的汽轮机只有 125～135MW，也有一些机组是"二拖一"，则其配置的汽轮机为 250～270MW，比现在主流的汽轮机容量要小一些。E 级燃气轮机配套的汽轮机则只有 60MW 左右

（5）配置 100%蒸汽旁路。燃气-蒸汽联合循环机组启停时，余热锅炉回收的不符合进汽条件的蒸汽全部经蒸汽旁路进冷凝器，汽轮机并网后，逐步打开主汽调门的同时逐步关闭旁路门。紧急停机时，100%蒸汽经旁路进冷凝器。只有 100%的可靠蒸汽旁路才能满足联合循环要求。

（6）其他。因为中、低压蒸汽补入，故排向凝汽器的蒸汽流量较大，需要冷却面积更大的冷凝器，且由于蒸汽参数低，末级叶片端湿度过大，极容易造成汽蚀，要求配套高强度的叶片。

三、燃气火电厂的运行

（一）额定工况运行

如前所述，燃气轮机的出力受环境温度、压力、湿度、进气压损等因素的影响，因此额定出力需明确大气温度、压力、湿度、进气压损等参数，一般常用燃气轮机 ISO 工况，燃气轮机 ISO 工况指环境温度 15℃、大气压力 0.10135MPa、大气相对湿度 60%的工况。

此外，燃气轮机出力还区分基本出力和尖峰出力。基本出力为燃气轮机透平叶片材料所决定燃气轮机连续运行所能承受最高燃烧温度（按燃气轮机温控线运行）对应的最高负载；尖峰出力为燃气轮机在相当长的一段时间（而非长期连续）里，燃气轮机透平叶片等热部件所能承受的最大出力。尖峰出力时燃气透平前温度一般比基本出力增高约 50℃，排气温度增高 30～35℃，出力增大 3%～10%，在尖峰出力运行会降低机组的使用寿命。表 2-16 是美国通用电气公司（即美国 GE 公司）几款 50Hz 燃气轮机基本出力和尖峰出力的情况。

表 2-16　　　　美国通用电气公司（即美国 GE 公司）几款 50Hz
燃气轮机基本出力和尖峰出力的情况[4]

型号	PG6541B	PG6101FA	PG9171E	PG9231EC	PG9351FA
基本出力（MW）	38.34	70.140	123.4	169.2	250.4
尖峰出力（MW）	41.4	73.570	133	184.7	258.6
尖峰/基本（%）	107.98	104.89	107.78	109.16	103.27

　　注　以上参数为 15℃的海平面条件下燃烧天然气时，进口损失为 747Pa，出口损失为 1244.6Pa，且不喷水或蒸汽以控制 NO_x 时的性能。

　　燃气轮机的出力影响汽轮机的出力，也即对整个燃气-蒸汽联合循环机组出力造成影响，因此燃气-蒸汽联合循环机组也适用 ISO 工况，区分基本出力和尖峰出力。

　　（二）变工况运行

　　燃气轮机变工况运行时，一般需要不超温，即从燃气轮机燃烧室到燃气透平的燃气初温应低于透平所允许的最大温度值；需要不超速，即 n 应低于转子强度所允许的最大值；需要压气机不喘振；同时还希望出力 p 降低时，效率 η 下降得较慢，并有利于实现快速起动和加载等。影响燃气轮机变工况性能的有不同轴系方案、大气参数变化、加载过程、起动过程等因素。

　　燃气-蒸汽联合循环机组同样有定压运行和滑压运行两种模式。

　　定压运行适用于有补燃、同时调节燃气轮机和汽轮机出力的情况。余热锅炉有补燃措施时，汽轮机和燃气轮机在一定程度上解耦，机组可以采用定压的方式运行，这时需要同时控制汽轮机和燃气轮机，这种控制方式能同时调节燃气轮机和汽轮机快速跟踪出力变化，最大出力变化速率较大。配置补燃设施的余热锅炉不补燃运行即属低负荷运行，同时存在设备投资和运行复杂性增加、燃气燃烧效率低下等不利问题，故一般燃气电厂用余热锅炉基本没有补燃措施。

　　滑压运行适用于余热锅炉没有补燃、机组负荷率较高的情况。余热锅炉无补燃措施时，燃气轮机和汽轮机的耦合程度大大增加，燃气轮机出力降低时汽轮机出力必然也跟着降低，开启烟气旁路、蒸汽旁路只会让汽轮机出力变小，因此一般无补燃的燃气-蒸汽联合循环机组一般只调节控制燃气轮机出力，主蒸汽阀门全开，对汽轮机出力不进行控制。负荷较高时，整个蒸汽循环完全在滑压下运行，如前所述，滑压运行时有出力运行效率高，汽轮机各级温度变化较小，排汽湿度比较低等方面的优点。为了保证小流量时蒸汽的品质，防止余热锅炉因压力过低而汽中带水，在 40%～50% 出力以下一般采用定压方式，一般压力取为 2MPa 左右。

　　燃气-蒸汽联合循环机组运行时主蒸汽温度、压力随出力率的变化曲线见图 2-14 所示，其中 p_s 和 t_s 为各出力率点主蒸汽的压力和温度，p_{s0} 和 t_{s0} 为额定出力下主蒸汽的压力和温度。

　　由图 2-14 可知，在 100%～110% 额定负荷区间，因为需要严格控制不能超温以保

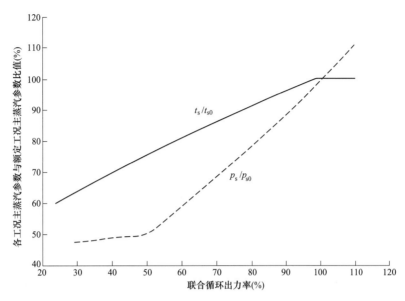

图 2-14 燃气-蒸汽联合循环机组滑压运行时主蒸汽温度、压力随出力率的变化曲线[4]

证机组安全运行，汽轮机主蒸汽温度基本维持额定值，继续压低负荷运行时，因排气温度和流量下降，汽轮机主蒸汽温度随出力基本呈线性下降趋势；在 110%～50% 额定出力时主蒸汽压力随出力线性降低，出力小于 50% 主蒸汽压力保持不变。

燃气轮机类型多样，不同燃气轮机构成燃气-蒸汽联合循环机组变工况运行时燃气轮机与汽轮机出力关系可能有所不同，见表 2-17。

表 2-17 变工况运行条件下燃气-蒸汽联合循环机组中燃气出力和汽轮机出力的比值

燃气-蒸汽联合循环机组出力率	燃气轮机出力（MW）	汽轮机出力（MW）	燃气/汽轮机出力	备注
1. 某 9F 级燃气轮机组成的"一拖一"燃气-蒸汽联合循环机组				
92.5%	250.7	110.1	2.28	总出力为 390MW
82.4%	220.7	100.8	2.19	
68.0%	171.0	94.1	1.82	
58.7%	141.1	88.0	1.60	
51.9%	120.7	81.9	1.47	
45.3%	100.4	76.1	1.32	
19.3%	45.4	29.9	1.52	
2. 文献 [5] 所列"一拖一"燃气-蒸汽联合循环机组				
100.0%	(64.0%)	(36.0%)	1.78	缺具体的燃气轮机、汽轮机出力数据，仅有某个出力率下燃气轮机和汽轮机出力比例
93.1%	(63.2%)	(36.8%)	1.71	
85.4%	(61.5%)	(38.5%)	1.59	
53.5%	(50.0%)	(50.0%)	1.00	
41.6%	(45.7%)	(54.3%)	0.85	

燃气-蒸汽联合循环机组出力率	燃气轮机出力（MW）	汽轮机出力（MW）	燃气/汽轮机出力	备注
3. 某厂 M701F4 型燃气轮机构成的"一拖一"燃气-蒸汽联合循环机组				
100%	323.3	159.8	2.02	
75%	234.4	128.5	1.82	
50%	146.7	96	1.53	
30%	87	59	1.48	
4. 某厂 PG9171E 型燃气轮机构成的"一拖一"燃气-蒸汽联合循环机组				
100%	127.1	63.9594	1.99	
75%	95.3	56.0682	1.70	
50%	63.5	48.476	1.31	
30%	38.1	39.122	0.97	

由表 2-17 可知，在燃气-蒸汽联合循环机组满负荷运行时燃气轮机出力接近汽轮机出力的 2 倍，机组出力降低时，燃气轮机出力比例下降，汽轮机出力比例上升，某些燃气轮机构成燃气-蒸汽联合循环机组低负荷运行时甚至出现汽轮机出力超过燃气轮机出力的情况。这是因为燃气轮机负荷率较低时发电效率下降，燃料燃烧产生的热量留在燃气轮机排气余热中，而余热锅炉和汽轮机恰好是余热利用装置，故此时汽轮机仍然可以保持较高的负荷率。

（三）燃气热电机组运行

燃气热电机组供热的常见方案主要包括从汽轮机抽汽供热和余热锅炉供热，其运行方式与燃煤热电机组类似。

（四）启动和停机

1. 燃气火电机组的启动

燃气轮机（或燃气单循环机组）的启动也分为冷态启动（停机 72h 以上）、温态启动（停机 10～72h）、热态启动（停机不到 10h）、极热态启动（停机 1h 以内）。另外，根据启动时间的不同，启动操作方式可以分为正常启动、快速启动、紧急启动。燃气轮机的启动流程主要包括启动前的检查和准备、发启动令、冷态加速（包括启动盘车冷拖、清吹）、热态加速（包括供燃料时同时点火、暖机、升速，暖机也可能安排在并网加一点负荷后）、并网（同期、升负荷）。快速启动时，需要提前点火、减少或取消暖机时间、提高转速上升速率、提高最大出力变化速率等。

余热锅炉的启动也分为冷态启动、温态启动和热态启动。一般当锅炉高压汽包压力小于 0.3MPa 时（或汽包内水温低于 100℃），余热锅炉处于冷态。当锅炉高压汽包压力在 0.3～2MPa 时（或汽包内水温等于或低于正常工作压力的饱和温度以下 55℃，但水温大于 100℃），余热锅炉处于温态。当炉高压汽包压力大于 2MPa 时（或汽包内水温未低于机组带基本负荷时，正常工作压力的饱和温度以下 55℃，或者停炉时间在 24h 之内，余热锅炉处于正常保压状态），余热锅炉处于热态。余热锅炉的启动过程包括：启动前的准备和检查、锅炉上水、启动炉水循环泵、启动烟风系统、锅炉吹扫（锅炉完成吹扫后燃气轮机点火）、逐步升压和升温（达到冲转参数后汽轮机冲转）。不同状态启动的差异主要体现在升压和升温速率不同上。

汽轮机冲转前可分为冷、温、热态三种状态，一般以汽轮机高压内缸下壁温度作为衡量标准。不同机型划分各类启动方式的调节级处高压内缸内壁温度范围有所不同，依据汽轮机特征参数划分的典型机型启动方式见表 2-18。

表 2-18　　　　　　依据汽轮机特征参数划分的典型机型启动方式

燃气轮机机型/电厂	M701F4 型[6]	SGT5-4000 F 型/北京某公司[7]	PG9171E 型/深圳某燃气电厂	M701F 型/深圳某燃气电厂
冷态	≤270℃	150~240℃	<200℃	<230℃
温态	270~410℃	240~350℃	200~380℃	230~400℃
热态	≥410℃	350~450℃	>380℃	>400℃

注　深圳某燃气电厂的 PG9171E 型、M701F 型的数据由本书作者实际调研获得。

汽轮机启动流程包括：启动前检查和准备、盘车投入、启动循环水泵和凝结水泵、轴封和疏水系统投入（然后燃气轮机点火，余热锅炉升温升压）、启动真空泵（然后燃气轮机并网和初步加负荷）、主汽管道的暖管等、机组冲转升速和暖机、发电机并网、升负荷。温态、热态启动过程基本类似，只是暖机时间更短，升速、升负荷更快。

2. 燃气火电机组的停机

与燃煤火电机组类似，燃气火电机组的停机包括正常停机、故障停机、紧急停机。

燃气轮机（或单循环机组）正常停机时可同时满足调峰和尽快检修的目的，正常停机时的流程为：停机前的检查和准备、降负荷、发电机与电网解列（负载下降至零或零出力时）、降低转速、熄火和切断燃料供应、启动吹扫、惰走至转速为零、盘车。

燃气-蒸汽联合循环机组包含余热锅炉和汽轮机，为满足调峰需求，正常停机可以是额定参数停机，又称调峰停机，停机后可以热态迅速启动；也可以是滑参数停机，又称维修停机，停机后可以尽快维修。

滑参数停机时余热锅炉的停机大致流程为：停炉前的检查和准备（然后燃气轮机减负荷），锅炉开始降压降温，给水系统、烟风系统等逐步关小或部分关停（然后汽轮机的低压补汽切除、燃气轮机熄火、汽轮机停机），维持给水系统运行一段时间后停运，锅炉吹扫后停运烟风系统，疏水和放水。

滑参数停机时汽轮机的停机大致流程为：停机前的准备和检查，开启高压旁路控制滑压减负荷，自动切除补汽（同时开启中压、低压旁路），停部分给水泵，打开辅助汽源保障除氧器、轴封等的工作（同时加强疏水），负荷减至 0 时电动机解列，汽轮机打闸停机，汽轮机惰走至转速和真空同时降到 0，启动盘车、冷油器停水、停给水泵、关闭除氧器进汽、停循环水系统、停止盘车。

额定参数停机与滑参数停机类似，但停机过程中尽量保持额定参数。

故障停机、紧急停机的概念和操作参照本书前文燃煤火电厂的故障停机、紧急停机。

燃气火电机组的启动和停机是比较复杂的过程，更多的启停过程介绍见本书第四章，或参考相关专业文献。

第三节　火电调峰运行方式

一、火电调峰运行方式类型

（一）燃煤火电厂的调峰运行方式

燃煤火电厂在参与调峰时可能采用的运行方式主要有少蒸汽无负荷调峰、低速旋转热备用调峰、变负荷调峰和启停两班制调峰等四种。

1. 少蒸汽无负荷调峰

该方式在夜间电网负荷低谷时将机组负荷减至零，但不与电网解列，吸收少量电网能量，使机组仍处于额定转速旋转热备用的无功状态。这种调峰方式与启停两班制调峰方式比较，最大出力变化幅度都是全容量调峰（100％），但前者少了冲转、升速和并网过程，因而减少了操作，缩短了启停时间，并且由于从相邻机组给转子提供了一定的冷却蒸汽来维持汽轮机通流部分的温度分布，转子的寿命损耗小，基本没有上、下缸温差过大，和高中压缸胀差超限等问题。这种方式的能量损失包括启动负荷的燃料损失、从电网吸取能量来转动转子，以及从相邻的机组引入的冷却蒸汽，其损失通常较两班制调峰稍大，但比变负荷调峰少。

2. 低速旋转热备用调峰

低速旋转热备用调峰方式是在降负荷至 0 后同电网解列，锅炉燃油维持 5％左右的负荷，并向汽轮机通入低参数蒸汽，使之在第一临界转速以下的低速状态（300～1000r/min）下运转，并维持较高的温度水平。这种调峰方式是在全容量范围内（100％）调峰。同时，由于汽轮机在低速热备用状态和启动升速前温度水平较高，因而在整个启动过程中温度变化幅度和上下汽缸温度变化都较小，温差、胀差较易控制，启动时间较短，其操作程序只有加减负荷，事故几率较小，安全性高。这种调峰方式的能量损失包括低负荷下的耗油损失和启动升负荷损失。

3. 变负荷调峰

变负荷调峰运行是一种以改变机组负荷来满足系统调峰需要的调峰运行方式，要求在电网高峰负荷时间，机组在铭牌出力或可能达到的最高负荷下运行；在电网的低谷时间，机组在较低的负荷下运行。当电网负荷变化时，还要以较快的速度来升降负荷。该方法在目前全国各大电网应用最为广泛，它主要是通过改变主蒸汽压力（滑压运行）或改变调节阀门的开度（定压运行）来实现。其最大出力变化幅度受到机组最低安全负荷的限制（一般主要受锅炉方面的限制），在最低安全负荷以上运行时排汽温度、排汽湿度、本体膨胀、胀差和振动等的变化不大。这种运行方式由于机组的热工况偏离了设计值，将导致效率下降。效率变化的幅度与机组所采用的低负荷运行方式有关。但这种调峰方式简单可靠且容易实现，机组不需要做大的改动，又可以避免设备的频繁启停，调峰机动性较好，适用率较高。

4. 启停两班制调峰

承担这种调峰运行方式的机组，白天正常运行，夜间电网负荷低谷时停运 6～8h，次日早上再重新热启动并网。其优点是机组可调出力大（100%），但运行操作复杂，设备寿命损耗大，大型机组尤其如此。在启停过程中可能发生故障，从而不能及时变化负荷。此外这种两班制调峰运行的机组每年一般要启停 150 次以上，因而对设备的健康状况要求较高。机组启停过程的热能损失与机组形式、容量、热力系统以及启停方式有关，可以通过试验或理论计算确定。两班制调峰方式由于最大出力变化幅度大，夜间停机后监护简单，被广泛应用。

（二）燃气火电的调峰运行方式

单循环机组启停非常迅速，不涉及蒸汽，因此无所谓少蒸汽无负荷运行，也无须低速旋转热备用调峰运行，只存在两班制调峰运行和变负荷调峰运行。

燃气-蒸汽联合循环机组可以按两班制调峰运行和变负荷调峰运行，因为机组包含余热锅炉和汽轮机，理论上可以执行少蒸汽无负荷运行和低速旋转热备用调峰运行。其中，对于多轴燃气-蒸汽联合循环机组，或带有 3S 离合器（synchro-self shifting clutch，同步自换挡离合器，又称 SSS 离合器）的单轴燃气-蒸汽联合循环机组，汽轮机和燃气轮机基本解除耦合，在有蒸汽供应的条件下，汽轮机部分可以执行少蒸汽无负荷和低速旋转热备用调峰运行方式，对于不带有 3S 离合器的单轴燃气-蒸汽联合循环机组，燃气轮机和汽轮机高度耦合，一般仅考虑两班制调峰运行和变负荷调峰运行。

二、各种调峰运行方式的比较和选择

本书针对本节前文所述 4 种调峰运行方式在安全性、经济性、机动性、最大出力变化幅度、事故概率和是否适用于热电机组等方面列表进行比较，见表 2-19。

表 2-19　　　　　　　　　　四种调峰方式的比较

比较标准/方式	变负荷调峰	启停两班制调峰	少蒸汽无负荷调峰	低速旋转热备用调峰
安全性	定压运行时汽轮机调节级汽温变化小，变压运行时汽温基本不变，故安全，但锅炉厚壁元件热应力较大	锅炉厚壁元件和汽轮机气缸上下壁温差大，热应力大，不安全	汽轮机调节级后汽温比两班制高，但存在末级叶片安全问题	汽轮机调节级后汽温比两班制高，但存在末级叶片安全问题
经济性	最大出力变化幅度不大时热经济性好，深度调峰热经济性较差	热经济性好，特别是低谷时间长时，但对设备寿命等影响大	居中	居中
机动性	很好	操作频繁，机动性差	较好	较好
最大出力变化幅度	一般	最大 100%	最大 100%	最大 100%
事故概率	最低	大	较低	较低
是否适用于热电机组	适用	不适用	不适用	不适用

需要补充说明的是，各种调峰运行方式的经济性与电力调度部门要求其维持较低负荷的时间有关，如果维持较低负荷的时间很长（如6～8h），启停两班制调峰运行的经济性显然是最好的，如果维持时间很短，只要不是超低负荷，变负荷调峰运行的经济性就比较好，而介于两者之间时，少蒸汽无负荷调峰、低速旋转热备用调峰较好。因此，存在维持较低负荷水平的临界时间，对各种调峰方式之间的经济性比较和选择有重要影响，可以通过试验数据计算比较，求得这些临界时间。

基于上述比较和说明，最佳调峰运行方式应该是：

（1）电力调度部门对机组出力变化幅度的要求不太大、对机组低负荷运行时间的要求不太长时，宜用变负荷调峰方式。变负荷运行时，应尽量实现50%负荷以下不投油稳定燃烧。若电力调度部门分配负荷小于机组最小技术出力时，应考虑其他运行方式。

（2）电力调度部门对机组出力变化幅度的要求大，并要求机组在低负荷水平持续较长时间时，宜采用两班制调峰运行方式。但必须根据临界时间的计算来确定其运行方式的合理性，同时还应考虑其热态启动转子寿命损耗。

（3）电力调度部门要求机组出力变化幅度的要求大，最低要求出力低于最小技术出力，且在低负荷水平持续较短时间时，可考虑采用低速旋转热备用、少蒸汽无负荷的调峰运行方式。这两种方式经济性与两班制比较差别不太大，但操作量可以大大减少，设备改造也比启停两班制调峰少，每次调峰寿命损耗也少。

（4）热电机组参与调峰时常需快速响应调峰指令，需承担供热任务，机组一般不能处于低速旋转热备用、少汽无负荷或停机状态，因此热电机组参与调峰一般只能采用变负荷调峰方式。

大型燃气-蒸汽联合循环机组参与调峰时经常采用的方式包括启停调峰和变负荷调峰，当机组同时承担供热任务时，也只能采用变负荷调峰。

本书主要关注火电机组变负荷调峰、启停调峰的运行方式。

三、频繁调峰对机组寿命和经济性的影响

参与调峰意味着出力往复变化，甚至在最大、最小出力之间剧烈变化，这种周期性的变化容易导致材料疲劳，提高设备的安全风险，提高维修费用，导致设备过早报废，甚至直接产生安全事故。

材料在远低于其抗拉强度的循环应力作用下，经过一定的循环次数后会产生疲劳裂纹以至破裂，这种现象称为低周期疲劳（一般要求破坏循环次数低于10000～100000次，高于此限的称为高周期疲劳）。如仅是低周期疲劳而使材料产生裂纹，则达到低周疲劳破坏的应力循环总次数称为寿命，运行中应力循环次数占寿命的百分数称为寿命损耗。低周期疲劳的应力循环总次数和材料性质、单次应力循环的半应变幅值密切相关。低周期疲劳对机组寿命的影响常比高温蠕变大。一般认为机组蠕变寿命损耗与疲劳寿命损耗相比，所占的比重较小，因而安全性主要强调疲劳寿命损耗，因此只要不超温超压超流量运行，蠕变的影响相对于低周疲劳而言并不大。

实际工程中，通过实验和理论计算，常给定机组某操作过程对应的寿命损耗数据，使用起来较为方便。各种有关调峰的寿命损耗数据见表2-20。

表 2-20   各种有关调峰的寿命损耗数据[8]

数据来源	小幅度负荷变动	大幅度负荷变动	热态启动	正常停机
机械工程手册调峰篇	0.00025%（调幅在20%负荷以内）	0.005%（调幅在40%负荷以内）	0.01%	—
美国通用电气公司（即美国 GE 公司）汽轮机	0.00025%（小幅度）	0.01%（大幅度）	0.01%	—
上海电气集团股份有限公司 300MW 汽轮机	—	—	0.01%（热态启、停）	
日本三菱重工公司（即日本 Mitsubishi 公司）350MW 汽轮机	0.0025%（正常负荷变化）		0.0091%	0.002

可以认为热态启动和正常停机是常规变负荷的极限情况，因此由表中数据可知，小幅度调峰变负荷时（可以认为负荷率小于 20%）寿命损耗率约为 0.00025%，大幅度调峰变负荷时寿命损耗在 0.0025%～0.01%（0.0025%对应变负荷 40%左右，而 0.01%对应变负荷 100%），是小幅度变负荷的 10～40 倍，而且随着最大出力变化幅度的增大寿命损耗率不断增大，因此常参与深度调峰一定给机组带来更多的维修更换费用，影响机组的运行经济性。

另一种更直观的办法是使用等效运行小时（equivalent operating hours，EOH）的概念，即给出机组总的可运行等效小时数，额定条件下运行则运行 1h 就算 1h，其他运行条件包括启停机、甩负荷等都等效为额定条件下的运行小时数。

第三章

燃煤火电机组的调峰能力

第一节　燃煤火电机组凝汽运行最大出力变化幅度

一、燃煤火电机组凝汽运行最大出力变化幅度分析方法

燃煤火电机组中，全年不供热的燃煤凝汽机组占主流（尤其在非集中供热地区），燃煤热电机组在非采暖季等情况下凝汽运行时也相当于燃煤凝汽机组。此外，燃煤热电机组最大出力变化幅度与供热抽汽量之间的关系与其凝汽运行时的最大出力变化幅度密切相关，因此分析燃煤火电机组凝汽运行最大出力变化幅度具有重要意义。

燃煤火电机组凝汽运行时，其最大出力变化幅度受限于电厂操作规程和控制系统，操作规程和控制系统的背后是若干限制因素，本节将着力分析这些限制因素，据此判断燃煤火电机组凝汽运行最大出力变化幅度的极限值，同时为本书下文燃煤火电机组优化运行和灵活性改造提供理论基础。

燃煤火电机组凝汽运行的最大出力变化幅度等于最大技术出力与最小技术出力的差值，因此分析最大出力变化幅度需分别分析最大技术出力和最小技术出力。燃煤火电机组主要由锅炉、汽轮机和发电机三大主机构成，锅炉、汽轮机是燃煤火电机组出力的最主要限制因素，本节主要从安全、效率、寿命、污染等角度分别分析锅炉和汽轮机的最大技术出力和最小技术出力，研究燃煤火电机组凝汽运行的最大出力变化幅度。

二、燃煤火电机组凝汽运行时的最大技术出力

燃煤火电机组的基本循环是朗肯循环，由理论分析可知，提高主蒸汽的温度、压力及流量即可增加机组出力。实际工程中，蒸汽的温度、压力及流量均存在上限值，机组运行存在最大技术出力工况，超过上限值可能造成诸多问题。

燃煤火电机组运行时蒸汽温度控制十分严格，超过额定温度将带来严重问题。蒸汽温度过高将使钢材加速蠕变，从而降低设备的使用寿命。严重超温或疲劳损伤积累到一定程度，金属晶格内部出现微观裂纹，裂纹尖端形成应力集中，造成裂纹不断扩展，最终可能导致锅炉管子过热而爆破、汽轮机动叶片等部件断裂。

燃煤火电机组变工况运行时蒸汽压力和流量控制也很严格，蒸汽压力和流量增大时，承压部件受力增大，可能造成诸多问题，包括：推力轴承可能因温度过高而报警甚至直接烧损；喷嘴叶栅顶部截面、根部截面及叶片产生较大的弯曲应力，容易产生微裂纹，造成较大的疲劳损伤，使得机组寿命缩短；汽轮机存在轴向动、静间隙，各类汽轮

机动静叶栅的轴向间隙见表 3-1，转子轴向推力过大使得汽轮机轴向动、静间隙缩小乃至消失，动静叶之间将产生摩擦，导致机组振动；汽包、叶片等承压部件应力超过许用应力导致塑性变形，连续塑性形变最终导致压力容器泄漏，动力元件（如叶片）变形将使得效率下降。

表 3-1　　　　　　　　　　各类汽轮机动静叶栅的轴向间隙（mm）[9]

动静叶栅所在缸	汽轮机类型				
	国产 200、300MW 级汽轮机	内蒙古赤峰元宝山发电厂引进的法国 300MW 汽轮机	河南平顶山市姚孟发电厂引进的比利时 300MW 汽轮机	河北唐山陡河电厂引进的日本 250MW 汽轮机	天津大港电厂引进的意大利 320MW 汽轮机
高压缸	2.0～2.5	6.8～7.8	3.6～5.7	4.45～5.2	4.3～5.9
中压缸	2.5～3.5	0.8～7.8	4.3～4.6	3.5～4.6	4.3～5.9
低压缸	2.5～13	15.9～45.4	11.0～46.0	9.65～19.65	12.72～22.5

燃煤火电机组锅炉性能设计时，通常是以 BMCR（锅炉最大连续蒸发量）工况作为考核工况，制造厂商供货技术协议通常规定锅炉不允许超过 BMCR 运行，这是由于锅炉各受热面尺寸和流过的蒸汽量是按 BMCR 工况设计的。欲增大锅炉出力，必须增大锅炉燃料量，增加受热面热负荷，容易造成炉温及水冷壁附近烟温过高，可能导致爆管；另外，烟气量大、流速高，烟气中夹带飞灰高速撞击受热面，可能引起受热面受损；部分熔灰也难以凝固而下落至除渣系统，其碰上水冷壁等受热面会结渣，受热面附着灰渣后，壁面温度和水冷壁附近烟温均升高，进一步加剧结渣过程。炉膛结渣可能带来锅炉出力降低、过热器和再热器减温水量增加、燃烧器烧毁、煤粉火炬冲灭以及灰斗阻塞等严重后果，最终不得不停炉打焦。

壁温过高还会带来高温腐蚀等其他问题。高温腐蚀主要分为硫酸盐型和硫化物型两种，前者多发生于锅炉过热器和再热器，后者多发生于炉膛水冷壁。高温腐蚀与烟气呈还原性气氛、烟气成分中含有 H_2S 和 CO 等因素密切相关，含灰汽流的冲刷也可加剧高温腐蚀的发展。壁温和壁面热负荷是影响腐蚀最重要的因素，壁温和壁面热负荷越大，腐蚀越快。

由上述分析可知，机组的最大技术出力有限，锅炉出力一般不能超过 BMCR 工况（约 105%BRL），此时对应的汽轮机工况是阀门全开的 VWO 工况（背压 4.9kPa）。BMCR-VWO 工况虽然可以长期运行，但机组在设计时的思路是保证额定工况效率最高，且 BMCR-VWO 工况这种极端工况也导致了机组灵活性很差，无法跟随电网工频变化，因此也可认为机组的最大技术出力应为额定工况出力，对应锅炉一般指 BRL 工况，对应汽轮机为 TRL 工况（夏季工况、铭牌出力，背压 11.8kPa，补水率 3%），或 TMCR 工况（年平均工况，背压 4.9kPa，补水率 0%）。极端情况下，锅炉蒸汽发生量短期内可突破 BMCR，达约 110%BRL，汽轮机处于阀门全开状态，此时机组出力可以进一步提升，但是不能长期持续运行。

一般地，在政府文件和咨询报告中，最大技术出力均指 BRL-TRL 工况（夏季工况，背压 11.8kPa），例如，300MW 机组的最大技术出力就为 300MW，并以其作为分母计算出力率，本书也采用这个标准。但本章第三节中，热电机组凝汽运行（抽汽量为0）的最大技术出力是 BMCR-VWO（背压 4.9kPa）工况对应的出力。

三、燃煤火电机组凝汽运行时的最小技术出力

因为经济运行、安全运行和尽量延长机组寿命等方面的考虑，机组参与变负荷调峰时，存在最小技术出力。

1. 经济运行的限制

压低出力运行时多方面的原因可能造成机组经济性下降，主要包括：机组的循环热效率下降、锅炉效率下降、汽轮机内效率下降、锅炉燃烧不稳定需要投油稳燃、厂用电率增加、维护费用增加等。

（1）火电机组的循环热效率下降。火电机组运行时一般采用"定—滑—定"的复合滑压运行方式，随着出力降低，主蒸汽压力逐渐下降，主蒸汽温度可以维持至较低出力，但出力低于 40%～60% 以后再热器和过热器的出口汽温将无法维持而下降。因此降出力过程中常伴随压力和温度的不断下降，随着压力和温度下降，机组的循环热效率不断下降，机组的热经济性不断降低。

（2）锅炉效率下降。火电机组出力降低时，锅炉内平均温度降低，燃料在锅炉内的停留时间也变长，但锅炉内平均温度的影响起主要作用，故不完全燃烧热损失增大，燃烧效率降低；对于锅炉内传热，随着燃料量的减少，炉膛及炉膛后沿途各处的烟温均降低，排烟温度也降低，排烟热损失的比例降低，散热损失比例增加。综合考虑，锅炉最高效率一般出现在 70%～85% 负荷率处，进一步降低出力锅炉效率会比较快地下降，低负荷运行时相比最高效率下降 1 个百分点以上，某锅炉效率随出力的变化曲线如图 3-1 所示。

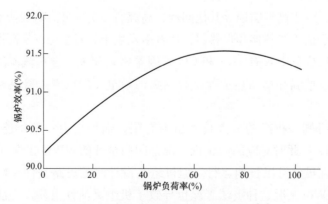

图 3-1 某锅炉效率随出力的变化曲线[10]

（3）汽轮机内效率下降。随着机组出力降低，高压缸、中压缸内效率不断降低，低压缸内效率先略有增加随后降低，机组整体的热耗不断增加。究其原因，降低出力运行时叶片偏离正常工作状态，易形成流动分离造成损耗，另外随着出力的降低，摩擦鼓风

损失越来越大，也会使汽轮机内效率越来越低。汽轮机热耗率随出力的变化情况如图 3-2 所示，高压缸、中压缸、低压缸内效率随出力的变化情况如图 3-3 所示。

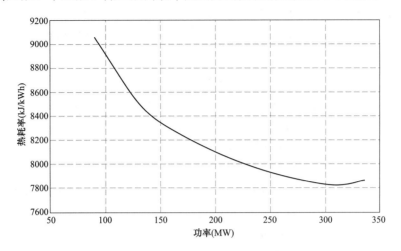

图 3-2　汽轮机热耗率随出力的变化情况

资料来源：哈尔滨汽轮机厂，C261/N300-16.7/537/537 型汽轮机热力特性 2011。

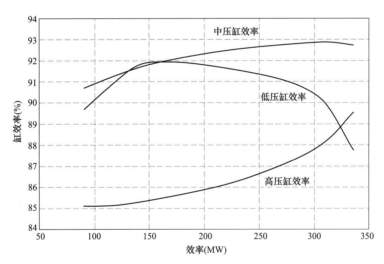

图 3-3　高压缸、中压缸、低压缸内效率随出力的变化情况

资料来源：哈尔滨汽轮机厂，C261/N300-16.7/537/537 型汽轮机热力特性 2011。

（4）锅炉燃烧不稳定需要投油稳燃。锅炉出力低于某个限值之后，锅炉燃烧不再稳定，常需要投油稳燃，这使得发电经济性进一步下降。采用不同的燃烧器，不同的锅炉结构，锅炉最低稳燃出力有所不同，我国大部分老旧机组燃煤锅炉最低稳燃出力为 $60\%\sim65\%$ BRL（对应为 $60\%\sim65\%$ TRL），对于一些采用新型燃烧器的锅炉，不投油助燃的最低稳燃出力已经降到 50% BRL（对应约 50% TRL）以下，甚至可以达到 30% BRL（对应约 30% TRL）以下，在下文中，暂取 50% BRL 作为锅炉的最低稳燃出力。以天津某电厂为例，出力低于 50% BRL 时，此时锅炉燃烧就可能不稳定，需要适时投油（电厂当然希望不投油或少投油，但需保障机组运行安全），当出力进一步降到在30%左右时，锅炉肯定要投油助燃。火电机组出力在50%左右但不投油时，火电机组的发电煤耗相比额定工况仅上升3~4g/kWh（因厂用电率增加，供电煤耗上升较多），火电机组出力在50%以下且投油时，因同等热量燃油的成本是烧煤成本的3~3.5倍，机组运行成本将大幅提高。

（5）厂用电率的上升。燃料和风量降低时，辅机出力也随之降低，但是辅机出力降低得不多，直接结果就是厂用电率上升。以天津某电厂为例，出力由100%降到50%时，运行的磨煤机由5台变为3台，给水泵的功耗也没有降为额定功耗的一半，此时的厂用电率实际上为满出力运行时厂用电率的70%左右。厂用电率上升，则电厂的经济性下降。

（6）运行和维护费用增加。长期低负荷运行带来安全、寿命、环保问题，最后都可能造成维修频次变多、运行费用增加，导致机组经济性的下降。

经济性方面的限制虽然不是硬性约束，但却是电厂方面考虑的最重要因素之一，也是火电厂参与深度调峰需要获得补偿性收益的根本因素。由本书前文可知，50%TRL（对应约50%BRL）左右是无偿调峰和有偿调峰的界限，本书也推荐50%TRL（对应约50%BRL）作为燃煤火电机组经济运行的最低限值。

2. 锅炉安全风险和寿命的限制

突发的、剧烈的损伤导致事故，细微损伤的长期积累影响设备寿命。低负荷运行对锅炉安全风险和寿命产生不利影响，基于保障锅炉安全运行和具有较长寿命的考虑，锅炉运行出力不能太低。

低负荷运行对锅炉安全风险和寿命产生不利影响的因素主要包括：

（1）燃烧不稳定。参与调峰的大中型火电机组一般采用煤粉锅炉，额定工况运行时，炉膛内的燃烧比较稳定，火焰均匀地充满炉膛，炉膛热负荷和炉内温度水平处于正常水平。煤粉炉降低负荷时，一般从上而下逐层关停燃烧器，火焰中心下移，送入炉内燃煤量减少、热风温度降低以及炉内过剩空气相对较多，使得炉膛热负荷和炉温降低，燃烧稳定性降低（对于低挥发分的贫煤和无烟煤的着火与燃烧影响尤为显著）。负荷减低到一定程度后，火焰燃烧不稳定程度加深，炉膛负压波动变大，可能发生尾部烟道二次燃烧、火焰偏斜、突然灭火等现象。尾部烟道二次燃烧会引起烟道烟气、给水和蒸汽、空气温度异常升高，产生严重的破坏作用；火焰发生偏斜导致水冷壁屏间、管间等受热面各部分受热不均，将产生较大的热应力，容易造成水冷壁管损坏及下联箱变形等问题，同时产生热偏差和水动力不稳定等问题；突然灭火处置不当则可能引起炉膛爆炸等严重问题。为了保证能连续稳定燃烧，对于煤粉炉要求炉膛容积热负荷不低于$(105\sim170)\times10^3 kJ/(m^3 \cdot h)$。如前文所述，一般锅炉出力在30%~50%BRL时，锅炉燃烧开始不稳定。

（2）热偏差。热偏差主要是由于吸热不均匀和流量不均的共同作用所造成。火焰偏斜使得一部分管为受热强管，一部分管为受热弱管。对于汽包锅炉，重位压差是总压中的主体，受热强管存在自补偿特性，管子不易超温。受热弱管则水流很慢，出口含汽率高，发生"蒸干"传热恶化的可能性增加（含汽率在 0.3～0.35 以上时可能发生蒸干），如果管内流动发生停滞，在水冷壁转弯处等地可能有汽泡聚集，形成汽环，可能发生鼓包、涨粗或爆管等事故。对于直流锅炉，特别是螺旋管圈直流锅炉，管内总压中重力压差相对于流动阻力小得多，此时，受热强管将呈现强制流动特性，即受热越强流量越小，也可能造成传热恶化和壁温飞升事故。

（3）水动力不稳定。锅炉水动力不稳定性（也即水动力多值性）是指在一个管屏总压差下，可有多个流量与之对应的现象。一旦发生水动力不稳定，则并列管子中工质的流量会出现很大的差别，管子出口的参数也就大不相同。在同一根管子中也会发生流量时大时小的情况。产生水动力学多值性的原因是：蒸发管内同时存在加热水段和蒸发段，水和蒸汽的比体积差别极大，使得工质的平均比体积随流量的变化而急剧变化，从而产生了水动力不稳定性。影响水动力不稳定的最重要因素是给水欠焓（水冷壁进口水的欠焓，即锅炉运行压力下饱和水焓与入口水焓的差值），给水欠焓越大，汽化潜热越小，水汽密度比越大，越容易发生水动力不稳定。自然循环汽包炉和直流锅炉垂直管圈，重位压头不能忽略，一般没有水动力学不稳定的问题，直流锅炉的水平管在锅炉较低的出力下易发生水动力不稳定现象。产生水动力不稳定时，加剧管子疲劳损伤，减少水冷壁使用寿命，严重时会造成传热恶化和壁温飞升，导致管子烧蚀等严重事故。

（4）腐蚀。燃煤锅炉内的腐蚀分为高温腐蚀和低温腐蚀两种。低负荷运行时发生的火焰偏斜、热偏差、水动力不稳定等可能造成一些管壁超温，加剧管壁高温腐蚀程度，有关高温腐蚀的详细内容见本节前文最大技术出力限制因素相关论述。烟气中含有水和硫酸蒸汽，温度较低时就可能发生蒸汽凝结，液态的 H_2SO_4 将腐蚀受热面金属，形成低温腐蚀。锅炉低负荷运行时，烟气温度低、受热面温度低，更容易形成低温腐蚀。此外，低负荷条件下需投油稳燃，重油含硫量高，也是加剧腐蚀的重要因素。腐蚀不但会造成受热面的频繁更换，而且还可导致爆管泄漏事故。

（5）堵灰。锅炉低负荷运行时，烟气中的飞灰会黏接在凝结的小液滴上，然后沉淀在潮湿的受热面上，从而造成堵灰。低负荷运行烟速下降，也是在水平烟道等处发生严重堵灰的重要因素。堵灰不仅影响传热而降低锅炉效率，使受热面壁温偏差甚至超温，积灰达到一定厚度在炉膛负压扰动时垮灰则容易造成锅炉灭火，还会导致烟气阻力剧增致使引风机过载而限制锅炉出力。为了防止和减缓堵灰的问题，电厂一般有连续吹灰装置及空气预热器加热装置，但运行这些装置会进一步降低电厂效率。

（6）其他。锅炉低负荷运行还带来其他问题，比如，低负荷条件下风机容易出现喘振、失速，部分风机由于设计裕量过大，低负荷下难以控制较低氧量运行。

上述诸多低负荷运行的后果中，燃烧不稳定是引起其他部分后果的原因，且具有较高、较明显临界点（30％～50％BRL），本书将燃烧不稳定的临界点作为锅炉低负荷运行的临界点。

3. 汽轮机安全风险和寿命的限制

低负荷运行对汽轮机安全风险和寿命产生不利影响的因素主要包括：

（1）末级叶片的水蚀。水蚀是造成汽轮机叶片损伤的普遍原因之一，水蚀使叶片材质疏松，造成大的应力集中，会缩短叶片的寿命。汽轮机低负荷运行时，特别是由滑压运行变为定压运行时，进入汽轮机的蒸汽压力基本维持不变而温度会不断下降，末级叶片处蒸汽的过热度降低，湿度会不断上升，对末级叶片的水蚀也将越来越严重；汽轮机低负荷运行时，流道中蒸汽参数发生变化，容积流量不断减少，蒸汽无法充满末级流道，主流蒸汽因为离心力的作用将被甩到外侧，同时原附着于叶片的汽流可能发生了分

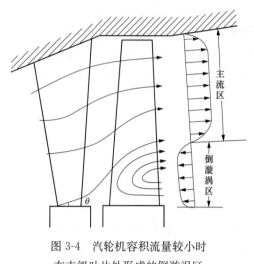

图3-4 汽轮机容积流量较小时
在末级叶片处形成的倒漩涡区

离，汽流在动叶片根部和静叶栅出口顶部最可能出现汽流脱离，形成倒涡流区，如图3-4。倒漩涡区容易从排汽缸，有时甚至从凝汽器喉部夹带水滴回流冲刷叶片，水滴中所含化学杂质的也对叶片有腐蚀作用，造成严重的水蚀问题。此外，汽轮机排汽超温时启动喷水降温也会加剧水蚀。

一般地，机组出力降为60%TRL时即出现末级叶片的水蚀问题，出力降为40%TRL时末级叶片水蚀就已经变得比较厉害，出力降至30%TRL（容积流量约为20%额定流量）时末级叶片处出现明显流动分离，倒涡流强度较大，水蚀变得非常

严重。以天津某电厂为例，实际运行中其出力一般不降至50%TRL以下，尽管如此，检修时依然发现末级叶片处有水蚀造成的大量麻点，末级叶片也曾经更换过。

（2）末级叶片自激振动问题。低负荷运行时末级叶片和次末级叶片的汽流脱落和形成倒漩涡区，这种不稳定的流场与叶片弹性变形之间气动耦合而激发了叶片的自激振动，叶片越长，这种颤振就越容易发生。即使在设计工况下刻意避开叶片的固有频率，此时仍有可能由于自激振动而落入共振区，使叶片的动应力突增。图3-5为某型汽轮机叶片测试所得的动应力随相对容积流量的关系曲线，由图可知，当容积流量略小于20%额定容积流量时（对于湿冷机组大约对应30%TRL处，对于空冷机组对应30%～40%TRL处）叶片动应力达到最

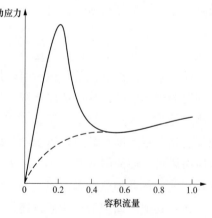

图3-5 某型汽轮机叶片动应力
随相对容积流量的关系曲线

大。要避开末级叶片自激振动，一般要求排汽容积流量大于30%额定容积流量或者小于15%额定容积流量。

（3）摩擦鼓风。由图3-4可知，机组在低负荷运行时，叶片径向中部和底部蒸汽量较少、流动较慢甚至出现倒流，在此情况下，蒸汽对于高速旋转的叶片不再其起推动作用（既不是冲动也不是反动），而是起滞止作用，叶片变成了搅拌器，其以很大的线速

度与周围的蒸汽产生摩擦，将产生大量热量，一般称为摩擦鼓风。因为蒸汽流量小，这部分热量不能完全蒸汽带走（热量被蒸汽带走即为重热效应），而是直接加热汽轮机金属部件。转子和汽缸将被加热，受热不均将产生胀差，转子和汽缸之间的间隙将缩小，从而产生摩擦，造成机组振动，机组振动带来更严重的摩擦，进一步造成更严重的振动，最终可能导致叶片断裂等严重事故。温度升高还会改变轴承标高（落地轴承的情况稍好些），导致轴重心不一致，也可能产生严重的事故。实际电厂运行中，一般会严格检测排汽温度，某电厂汽轮机规程指出"低负荷时，排汽缸温度不超过80℃（60℃时喷水自动投入）"，但喷水投入会造成更严重的水蚀问题。汽轮机低压缸冷却流量与机组设计的运行状态有关，不同排汽背压、不同叶型汽轮机低压缸要求的冷却流量不同，汽轮机制造厂对于不同供热机型会在工况图中会给出低压缸最小排汽量限制线。为防止出现摩擦鼓风问题，一般要求汽轮机最小凝汽量不低于低压缸额定容积流量的10％～20％。根据上海汽轮机厂有限公司、哈尔滨汽轮机厂有限责任公司等制造厂提供的数据，低压缸最小冷却流量一般略低于低压缸设计最大通流量的15％。

（4）其他。低负荷运行时容积流量较小造成的流动分离及回流问题还会引起其他一些问题，例如发生回流时蒸汽将从叶片出汽侧流向进汽侧，容易在厚度较小的出汽侧产生裂纹；叶片根部和顶部流动相反，产生一个扭矩容易使叶片变形甚至断裂。低负荷运行时加热器、汽封等部件还将逐步不能正常工作，需要依赖辅助锅炉解决这一问题。

上述提及的诸多后果中，基本都与低负荷运行时容积流量较小造成的流动分离及回流有关，因此可以依据此给出保证汽轮机安全的最低出力：10％～20％额定容积流量处对应的出力，对于湿冷机组大约对应30％TRL处，对于空冷机组对应30％～40％TRL。

4. 环保及其他限制

（1）氮氧化物排放增加和硫酸氢铵（ammonium bisulfate，ABS）沉积。低负荷运行时，锅炉内燃烧处于不正常状态，燃烧不充分等因素可能会产生更多的 NO_x，另外，大型火电机组一般采用选择性催化还原（selective catalytic reduction，SCR）脱硝系统，SCR脱硝系统的进口烟气温度随锅炉出力变化而变化，当锅炉出力降到的50％～60％TRL时，SCR脱硝系统反应器进口温度较低，催化剂活性会比较低（国内外SCR脱硝系统大多采用高温催化剂，反应温度最佳区间为320～420℃），脱硝效率大幅下降。SCR脱硝系统一般存在一定程度的氨逃逸，而燃煤中存在一定的硫分容易产生三氧化硫，燃煤火电机组运行时难以避免在烟气中生成硫酸氢铵（ammonium bisulfate，ABS），锅炉低负荷运行时烟气温度较低更容易达到其熔点，硫酸氢铵（ammonium bisulfate，ABS）凝固形成黏结性很强的糊状物，硫酸氢铵（ammonium bisulfate，ABS）沉积在SCR系统的催化剂上，会进一步降低催化剂的活性，甚至造成催化剂不可逆的活性降低失效。沉积在空气预热器上容易发生堵塞，增大了引风机出力。

（2）脱硫系统水平衡破坏。由于低负荷下锅炉烟气量减少，脱硫吸收塔的水蒸发量大幅度减少，低负荷下的水平衡很难控制。

四、燃煤火电机组凝汽运行时的最大出力变化幅度

由本节前文分析可以给出燃煤火电机组的关键运行出力点和关键运行出力区域的情况，如图 3-6 所示。

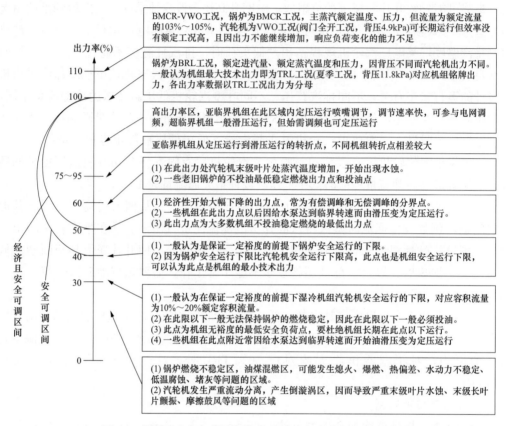

图 3-6　燃煤火电机组凝汽运行的关键运行出力点和出力区域

此外，燃煤火电机组的最大出力变化幅度并非仅由机组的设备条件决定，与机组的运行条件也密切相关，例如热值、水分、挥发分不同的燃料，锅炉的出力会有很大不同，最小稳燃负荷也会有区别；环境温度不同，汽轮机背压参数不同，其凝汽运行时最大出力不同，也影响机组最小冷却流量的大小；电厂辅机耗电量、厂用电率等也会影响火电机组的最大出力变化幅度。故优质的燃料、良好的运行管理、电厂系统节能改造等措施都可以提高火电机组的最大出力变化幅度。

总之，机组低负荷运行对机组安全和热经济性均有不利影响，因此，保证机组经济运行的最低限约为 50%TRL，保证机组能安全运行且寿命损耗较小的最低限约为 40% TRL，一般要杜绝机组长期在 30%TRL 出力下运行。在实际电力系统调度过程中，往往需要平衡电网供电安全稳定和电厂设备安全高效两个因素，不仅不会让电厂机组在极低负荷运行下运行，而且一般都会考虑电厂尽量保持更高的经济效率，因此一般认为开始需要投油的稳燃点即是燃煤火电机组的最小技术出力点。

第二节　热电机组最大出力变化幅度与供热抽汽量关系曲线

一、热电机组最大出力变化幅度与供热抽汽量关系曲线分析方法

（一）热电机组最大出力变化幅度与供热抽汽量的耦合关系

燃煤火电机组中，具有对外供热能力的机组可称为燃煤热电联产机组（以下简称"燃煤热电机组"）。如本书第一章第二节所述，我国燃煤热电机组在燃煤火电机组中的占比较大，了解热电机组最大出力变化幅度具有重要意义。

本书第三章第一节所论述的燃煤火电机组凝汽运行最大、最小技术出力存在的限制因素对燃煤热电机组也完全适用，它们限制了燃煤热电机组抽汽量为 0 时的最大、最小技术出力，从而对燃煤热电机组最大出力变化幅度产生基础性的影响。除此之外，燃煤热电机组还有一些特殊运行限制因素，如主蒸汽流量降低时，机组调节级后压力随之降低，而供热抽汽压力保持不变，因此调节级后至供热抽汽口的通流段机组蒸汽膨胀焓降低，供热抽汽点温度升高，可能导致供热抽汽点超温，但更重要的是抽汽供热量对热电机组最大出力变化幅度的影响。

燃煤热电机组最大出力变化幅度与供热抽汽量之间存在耦合关系，这种耦合关系可以体现为最大技术出力-供热抽汽量曲线、最小技术出力-供热抽汽量曲线。实际上，最大出力变化幅度与供热抽汽量之间的耦合关系非常复杂，因此有必要分析最大技术出力-供热抽汽量曲线、最小技术出力-供热抽汽量曲线线型。这种分析有利于全面地、整体地了解最大出力变化幅度与供热抽汽量之间的耦合关系，同时也为本章第三节关于最大出力变化幅度与供热抽汽量的定量计算奠定基础。

（二）汽轮机工况图原理及推导

汽轮机工况图一般是汽轮机厂根据汽轮机组热力系统计算结果，以曲线的形式表示汽轮机进汽量、出力（功率）、供热抽汽量之间的关系。利用汽轮机工况图可以看出汽轮机可能的工作范围，概念直观，使用简便，且具备足够的精度，因此在热电机组的运行和设计中有广泛的用途。

本书分析最大、最小技术出力与供热抽汽量的关系曲线线型主要依据汽轮机工况图。在没有大量基础计算数据的前提下，通过较简单的理论分析，可以得出汽轮机工况图的原理图（示意图），从而奠定最大技术出力-供热抽汽量曲线、最小技术出力-供热抽汽量曲线线型分析的基础。

汽轮机工况图以出力（功率）、进汽量为坐标轴，在平面图中绘制不同供热抽汽量下对应的工况线，用方程表示一般为：

$$F(D_0, P_i, D_{eg}, D_{en}) = 0 \tag{3-1}$$

式中　D_0——进汽量；

　　P_i——出力（功率）；

　　D_{eg}——工业供热抽汽量；

　　D_{en}——采暖抽汽量。

进一步分析可以得到进汽量、供热抽汽量与出力（功率）较详细的关系式。

1. 单抽热电机组汽轮机工况图

如图 3-7 所示为单抽热电机组（为简化计，仅考虑有高压缸和低压缸，在高压缸和低压缸联通管上供热抽汽）工作原理示意图，如图 3-8 所示为相应的热力过程曲线。

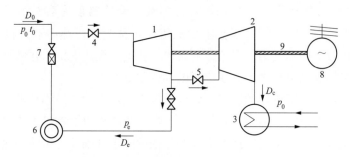

图 3-7 单抽热电机组工作原理示意图

1—高压缸；2—低压缸；3—凝汽器；4—高压调节阀门；5—低压调节阀门；

6—热用户；7—减温减压器；8—发电机；9—传动轴

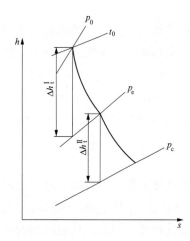

图 3-8 单抽热电机组热力过程曲线

图 3-7、图 3-8 中，Δh_t^{I} 为高压缸比焓降（从进汽口到抽汽口的单位蒸汽质量焓差）；Δh_t^{II} 为低压缸比焓降（从抽汽口到排汽口的单位蒸汽质量焓差）；p_0、p_e、p_c 为主蒸汽压力、抽汽压力、排汽压力；D_0、D_e、D_c 为热电机组的进汽量、供热抽汽量、凝汽量；t_0 为主蒸汽温度；h 为蒸汽焓值；s 为蒸汽熵值。

由图 3-7 可知，单抽汽轮机的进汽量和总出力各自可以分解为两部分，可用式（3-2）和式（3-3）来表示：

$$D_0 = D_e + D_c \tag{3-2}$$

$$P_i = P_i^{\mathrm{I}} + P_i^{\mathrm{II}} \tag{3-3}$$

式中　D_0、D_e、D_c——热电机组的进汽量、供热抽汽量、凝汽量；

　　　P_i、P_i^{I}、P_i^{II}——机组的总出力、高压缸出力、低压缸出力。

则高、低压缸出力和整机出力为：

$$P_i^{\mathrm{I}} = D_0 \Delta h_t^{\mathrm{I}} \eta_i^{\mathrm{I}} \tag{3-4}$$

$$P_i^{\mathrm{II}} = D_c \Delta h_t^{\mathrm{II}} \eta_i^{\mathrm{II}} \tag{3-5}$$

$$P_i = D_0 \Delta h_t^{\mathrm{I}} \eta_i^{\mathrm{I}} + D_c \Delta h_t^{\mathrm{II}} \eta_i^{\mathrm{II}} \tag{3-6}$$

$$= D_0 \Delta h_t^{\mathrm{I}} \eta_i^{\mathrm{I}} + (D_0 - D_e) \Delta h_t^{\mathrm{II}} \eta_i^{\mathrm{II}}$$

式中　Δh_t^{I}、Δh_t^{II}——高压缸、低压缸比焓降；

　　　η_i^{I}、η_i^{II}——高压缸、低压缸内效率。

假定不同的进汽量时，经过各级叶片后的理想比焓降相同，各级内效率也不随流量的变化而变化，则当供热抽汽量 $D_e=\text{const}$，即恒定的供热抽汽量时，有：

$$P_i=D_0(\Delta h_t^I \eta_i^I + \Delta h_t^{II} \eta_i^{II}) - D_e \Delta h_t^{II} \eta_i^{II}=aD_0+b \tag{3-7}$$

式中　a——单位质量蒸汽通过汽轮机所有级后冷凝所做的功；

b——供热抽汽量 D_e 因为没有通过供热抽汽口后各级而少做的功。

因此，供热抽汽量恒定时，汽轮机出力（功率）和进口蒸汽流量呈线性关系，当 $D_e=0$，即不供热抽汽时，$P_i=aD_0$。

实际工程中，不供热抽汽时不断减少进汽量，汽轮机有效出力也不断减少，当汽轮机有效出力为 0 时，进汽量并不为零，即存在一个空载汽耗量 D_{nl}，它主要用于产生出力克服摩擦损耗，即进汽量 $D_0=D_{nl}$，蒸汽通过汽轮机产生了机械功率，但并不对外输出功率，当 $D_0<D_{nl}$ 时，实际上还需要外在动力（如柴油机）协助保持机组转动状态。因此不供热抽汽时，进汽量和汽轮机出力（功率）的关系曲线是截距为 D_{nl}、斜率为 $\dfrac{1}{a}=\dfrac{1}{\Delta h_t^I \eta_i^I + \Delta h_t^{II} \eta_i^{II}}$ 的曲线；而供热抽汽量 $D_e=\text{const}$ 时，进汽量和汽轮机出力（功率）的关系曲线是斜率与之相同，截距较大的平行曲线。

供热抽汽量显然不能超出最大进汽量，存在一个最大供热抽汽工况（对应低压缸最小冷却流量），$D_e=D_{e\max}$，其大小决定于设计条件。

当凝汽量 $D_c=\text{const}$，即恒定的凝汽量时，有：

$$P_i=D_0\Delta h_t^I \eta_i^I + D_c\Delta h_t^{II} \eta_i^{II}=a'D_0+b' \tag{3-8}$$

式中　a'——单位质量的蒸汽流过供热抽汽口前各级所做的功；

b'——凝汽量 D_c 的蒸汽通过供热抽汽口后各级所做的功。

因此，当凝汽量恒定时，汽轮机出力（功率）和与进汽量呈线性关系，当 $D_c=0$，即不凝汽时，$P_i=a'D_0$，这实际上是纯背压工况的情况，此时，若不断减少进汽量，汽轮机有效出力也不断减少。当汽轮机有效出力（功率）为 0 时，进汽量并不为零，即同样存在一个空载汽耗量 D_{nl}'，背压运行时，供热抽汽口以后级没有蒸汽通过，不能输出功率克服摩擦损耗，因此空载汽耗量 D_{nl}' 比 D_{nl} 大。如第三章第一节所述，为了防止鼓风摩擦带来的种种问题，实际上抽凝汽轮机不可能以纯背压工况运行，凝汽量必须大于最小凝汽量，即 $D_c \geqslant D_{c\min}$。因此，在 D-P 坐标系（即 D 进汽-P 出力的坐标系，图 3-9 为该坐标系的图线）中，凝汽量恒定的工况是一组平行的直线，斜率为 $\dfrac{1}{a'}=\dfrac{1}{\Delta h_t^I \eta_i^I}$，比供热抽汽量恒定的曲线的斜率 $\dfrac{1}{a}=\dfrac{1}{\Delta h_t^I \eta_i^I + \Delta h_t^{II} \eta_i^{II}}$ 大，最大截距为纯背压工况空载汽耗量 D_{nl}'。

将上述所分析各线及最大进汽线 $D_0=D_{0\max}$、最大功率线 $P_i=P_{i\max}$ 在 D-P 坐标系，如图 3-9 所示。图 3-9 中，极大线（如最大出力（功率）工况线、最大进汽量工况线、最大抽汽量工况线、最大排汽量工况线）和极小线（如最小出力（功率）工况线、最小抽汽量工况线（即纯凝工况线）、最小凝汽量工况线）所围成区域的任何一个点代表汽轮机任一特定的运行工况。只要知道 4 个参数（D_0，D_e，D_c，p_i）中的任意 2 个，就可以通过查热电联产工况图而求得另外两个量，这样就可以算出最大技术出力和最小技术出力。

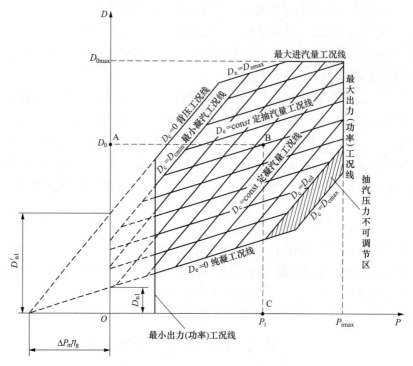

图 3-9 单抽汽轮机运行工况原理图

关于图 3-9 的几个补充说明：

（1）关于 $D_e = D_{emax}$ 线，即最大供热抽汽量线。理论上，最大供热抽汽量线还可以进一步拓展至最小凝汽工况线与最大进汽工况线相交以内的区域；在实际工程中，为保证机组在最大供热抽汽量时还能在一定范围内增减出力，便于调节，以满足电负荷变动的要求，故存在 $D_e = D_{emax}$ 线。

（2）关于 $D_c = 0$ 线，即背压工况线。背压工况可以认为是最小凝汽工况（$D_c = D_{cmin}$ 线）进一步减少凝汽量到 0 时的工况，实际工程中，并不允许最小凝汽工况逐步过渡到背压工况，而是直接跳到背压工况，因此 $D_c = 0$ 线和 $D_c = D_{cmin}$ 线之间为空白区域。

（3）关于最小出力（功率）工况线。机组热电联产运行时存在最小电功率工况线，这一技术规定源于当时引进的苏联 25MW 供热机组的技术协议书内容，通常认为机组供热时低于此功率运行会引起运行失稳，容易造成停机事故，并且机组长时间低于此负荷运行时，会对设备寿命产生影响。

（4）关于供热抽汽压力不可调节区。凝汽量最大不能超过供热抽汽口后各级的最大设计流通量 D_{cmax}，另外，凝汽量 D_c 大于某个设计值 D_{cd} 后，供热抽汽压力将不可调节〔供热抽汽压力不可调节，指的是"供热抽汽压力能高不能低"，供热抽汽量一定时，不断增大进汽量（即凝汽量也不断增大），阀门开度需要不断地开大以维持供热抽汽压力，到某时刻，阀门开度已经最大，此时增大进汽量则供热抽汽压力不可避免地提高〕，因此 $D_c = D_{cmax}$ 线、$D_c = D_{cd}$ 线均是机组运行的关键边界线。

（5）关于最大进汽量工况线。汽轮机最大进汽量主要受高压段通流能力以及所对应锅炉最大蒸发量的制约。

（6）关于 $D_c = D_{cmin}$ 线，即最小凝汽工况线。实际工程中，最小凝汽工况线可能有两方面的决定因素，其一是保证汽轮机不发生流动分离及回流的最小安全容积流量；其二是旋转隔板或供热抽汽蝶阀门卡涩、限位过高对应的最小流量。

实际工程中，流量发生变化、凝汽器参数发生变化时，经过叶片后的蒸汽参数会发生变化，因此上述公式中的理想焓降 ΔH_t^{I}、ΔH_t^{II}、$\Delta H_t^{\mathrm{III}}$ 将不是常数，每级叶片的级效率也可能随流量、凝汽器的状态发生变化，故 η_i^{I}、η_i^{II}、η_i^{III} 也不是常数，还得考虑多级回热系统的影响，因此，实际的汽轮机工况图并不像图 3-9 那样由多组直线构成。

实际工程中的汽轮机工况图如图 3-10 所示。

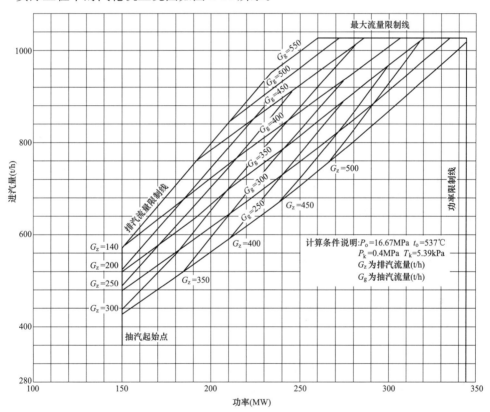

图 3-10　含最小出力（功率）工况线的某型汽轮机供热抽汽工况图

由图 3-10 可知，实际汽轮机工况图尽管不是由多组直线构成，基本也近似于直线，这说明前文中关于理想焓降和相对内效率为常数的假设有一定的合理性。

值得注意的是，图 3-9 仅是工况图的一种形式，还有另外一种工况图形式，用最小进汽流量限制线代替最小出力（功率）工况线，并且横纵坐标对调，实际工程中的汽轮机工况图如图 3-11 所示。

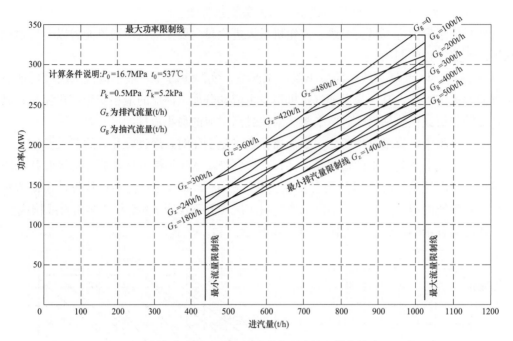

图 3-11　含最小进汽流量限制线的某型汽轮机供热抽汽工况图

最小进汽量限制的来源主要有两个方面：一方面是锅炉的最低稳燃出力，国内很多燃煤火电厂的锅炉稳燃出力率为 50%，故存在最小进汽量的限制；另一方面是汽轮机制造厂商从安全可靠性角度考虑，在技术协议书中会建议机组供热抽汽级排汽温度不得超过一个限制温度。在投入供热情况下，逐步降低进汽量至供热抽汽级排汽温度接近此限制温度时，对应的进汽量为最小进汽流量，表现在汽轮机工况图上存在最小进汽量限制线。最小进汽量限制线对应的机组出力一般低于最小出力（功率）工况线的机组出力。

2. 双抽热电机组汽轮机工况图

双供热抽汽口的情况和单供热抽汽口的情况类似，只是更复杂些。双抽机组工作原理示意图如图 3-12 所示。

双抽机组热力过程曲线如图 3-13 所示。

图 3-12、图 3-13 中，Δh_t^{I} 为高压缸比焓降（从进汽口到高压抽汽口的单位蒸汽质量焓差）；Δh_t^{II} 为中压缸比焓降（从高压抽汽口到低压抽汽口的单位蒸汽质量焓差）；$\Delta h_t^{\mathrm{III}}$ 为低压缸比焓降（从中压抽汽口到排汽口的单位蒸汽质量焓差）；p_0、p_{e1}、p_{e2}、p_{c} 为主蒸汽压力、高压抽汽压力、低压抽汽压力、排汽压力；D_0、D_{e1}、D_{e2}、D_{c} 为热电机组的进汽量、高压供热抽汽量、低压供热抽汽量、凝汽量；t_0 为主蒸汽温度；h 为蒸汽焓值；s 为蒸汽熵值。

双供热抽汽轮机的流量和出力可用式（3-9）～式（3-10）来表示。

$$D_0 = D_{\mathrm{e1}} + D_{\mathrm{e2}} + D_{\mathrm{c}} \tag{3-9}$$

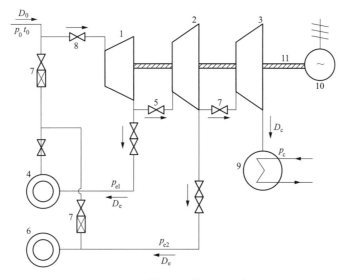

图 3-12 双抽机组工作原理示意图

1—高压缸；2—中压缸；3—低压缸；4—高参数热用户；5—中压调节阀；

6—低参数热用户；7—低压调节阀；8—高压调节阀；9—凝汽器；10—发电机；11—轴

$$P_i = P_i^{\mathrm{I}} + P_i^{\mathrm{II}} + P_i^{\mathrm{III}} \qquad (3\text{-}10)$$

式中　P_i、P_i^{I}、P_i^{II}、P_i^{III}——分别为整机和高、中、低压缸的出力（功率）。

三个汽缸出力分别为：

$$P_i^{\mathrm{I}} = D_0 \Delta H_t^{\mathrm{I}} \eta_i^{\mathrm{I}} \qquad (3\text{-}11)$$

$$P_i^{\mathrm{II}} = (D_0 - D_{e1}) \Delta H_t^{\mathrm{II}} \eta_i^{\mathrm{II}} = (D_{e2} + D_c) \Delta H_t^{\mathrm{II}} \eta_i^{\mathrm{II}} \qquad (3\text{-}12)$$

$$P_i^{\mathrm{III}} = D_c \Delta H_t^{\mathrm{III}} \eta_i^{\mathrm{III}} \qquad (3\text{-}13)$$

按照单抽机组类似的方法，可以得出双抽机组的出力表达式。此时有 8 个未知数，但只有 5 个独立的方程，有 3 个自由变量，采用如下的方法将之在平面图上表示出来：假定第二个供热抽汽口供热抽汽量为

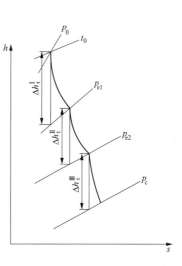

图 3-13 双抽机组热力过程曲线

零，则和单供热抽汽口的情况类似，可以在 $D\text{-}P$ 坐标系中绘出和图 3-9 类似的图，知道进汽量、第一级供热抽汽量，就可以得出第二级不供热抽汽时的出力 P_i'，双抽机组的运行工况图包括上、下两个象限，两个象限共用一个横轴 P，向上、向下两个纵轴都为正，上象限主要表达假定第二个供热抽汽口为零的情况，与单抽机组的情况基本相同，下象限主要表达第二个供热抽汽口不为零时对机组出力的修正。双抽机组工况图如图 3-14 所示。

第二个供热抽汽口供热抽汽量 $D_{e2} \neq 0$ 时，电出力会减少，减少的量为：

$$\Delta P_{i2} = D_{e2} \Delta h_t^{\mathrm{III}} \eta_i^{\mathrm{III}} \qquad (3\text{-}14)$$

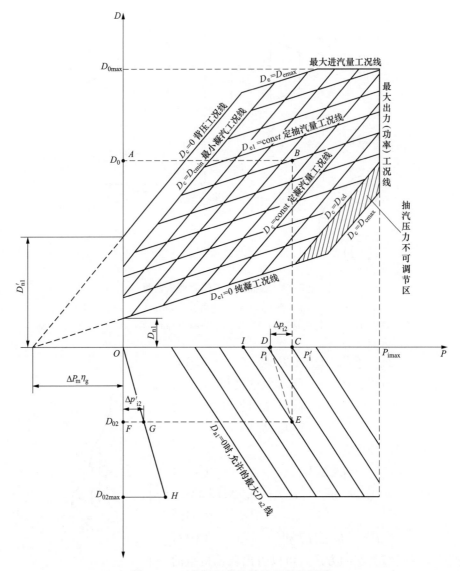

图 3-14　双抽机组供热抽汽运行工况图

这是一个正比关系式，斜率为 $\Delta h_t^{\text{III}} \eta^{\text{III}}$，按此斜率在下象限中绘制一条过原点 O 的直线 OH（图中指向下的坐标轴也为正值），H 点坐标为（ΔP_{i2max}，D_{e2max}），任何一个供热抽汽量 D_{e2} 对应的出力减小量即为线段 FG 在坐标系中的长度。在第四象限作一簇平行于 OH 线，FG 的延长线和 BC 的延长线交于 E 点，E 点落在 OH 线的一条平行线 ED 上，则 DC 线段的长度也即在第二个供热抽汽口供热抽汽量 D_{e2} 对应的出力减小量 ΔP_{i2}，所以 D 点的坐标值就是此工况下的机组总出力。

图 3-14 下象限中还有一簇平行线，它们是第一个供热抽汽口为某定值而允许第二个供热抽汽口供热抽汽量为最大值的平行线簇，所谓允许第二个供热抽汽口供热抽汽量为最大值，即凝汽量最小 $D_c = D_{cmin}$，此时，出力与第二个供热抽汽口供热抽汽量的关系式为：

$$P_i = P_i^{I} + P_i^{II} + P_i^{III}$$
$$= (D_{e1} + D_{e2} + D_c)\Delta h_t^{I} \eta_i^{I} + (D_{e2} + D_c)\Delta h_t^{II} \eta_i^{II} + D_c\Delta h_t^{III} \eta_i^{III}$$
$$= D_{e2}(\Delta h_t^{I} \eta_i^{I} + \Delta h_t^{II} \eta_i^{II}) + \left[(D_{e1} + D_c)\Delta h_t^{I} \eta_i^{I} + D_c\Delta h_t^{III} \eta_i^{III}\right]$$
$$= D_{e2}(\Delta h_t^{I} \eta_i^{I} + \Delta h_t^{II} \eta_i^{II}) + \left[(D_{e1} + D_{cmin})\Delta h_t^{I} \eta_i^{I} + D_{cmin}\Delta h_t^{III} \eta_i^{III}\right]$$
$$= D_{e2}M + N$$

$$(3\text{-}15)$$

E 点落在该簇平行线的某条线上，则 D_{e1}、D_{e2} 都确定，$D_c = D_{cmin}$ 确定，沿此线可以查到 I 点，就是此工况下的出力。

由上述分析可知，由图 3-14 可以在已知 P_i、D_0、D_{e1}、D_{e2}、D_c 等 5 个参数中的 3 个参数时得到其余的 2 个参数。还能给出 D_{e1}、D_{e2} 已知，进汽量或冷凝量最小时的机组出力（也是 D_{e1}、D_{e2} 确定时的最小机组出力）。

对具体的单供热抽汽口机型和双供热抽汽口机型，通过计算得到单位质量流量的理想比焓降和相对内效率，就可以作出该种机型的图 3-9 或图 3-14，从而很方便地得出不同运行工况下热电机组的出力。

任意给定两个供热抽汽口的供热抽汽量，由图 3-14 上象限的图可以得出假设第二个供热抽汽口不供热抽汽时的最大技术出力（P_i'），由下象限可以得出第二个供热抽汽口供热抽汽损失的电出力 ΔP_{i2}，将进而得到：

$$P_i = P_i' - \Delta P_{i2} \qquad (3\text{-}16)$$

总结一下各点的物理意义：

A 点：A 点位于 OD 轴上，由 A 点可读出对象工况的进汽流量 D_0。

B 点：B 点位于第一个供热抽汽口等供热抽汽量线簇（$D_{e1} = \text{const}$）中的某条等供热抽汽量线上，因此由 B 点可知第一个供热抽汽口的供热抽汽量。AB 线平行于 Op 轴，即 B 点满足 D_0 进汽流量条件。

C 点：过 B 点做 Op 轴的垂线，与 Op 轴相交于 C 点。由 C 点可读出对象工况假定第二个供热抽汽口供热抽汽量为 0 时汽轮机出力。

D 点：过 E 点作 OH 的平行线，该平行线与横坐标轴 Op 的交点。因为三角形 OFG 与三角形 ECD 相似，因此 FG 的长度与 CD 长度相同，均为第二供热抽汽口供热抽汽量为 D_{e2} 时出力（功率）的减小值 ΔP_{i2}，因此 D 点在横坐标轴 OP 上的横坐标即为 $P_i' - \Delta P_{i2}$，即为双抽机组的出力。

E 点：延长 FG 线和 BC 线的交点。

F 点：F 点位于 OD^* 轴上，由 F 点可读出该工况第二供热抽汽口的供热抽汽量 D_{e2}。

G 点：G 点在 OH 线上，而 OH 线上的任何一点代表（ΔP_{i2}，D_{e2}），即给定一个第二供热抽汽口供热抽汽量（纵坐标值），可以得出因供热抽汽而发电出力的减小值（横坐标值），因此，线段 FG 的长度即为第二供热抽汽口供热抽汽量为 D_{e2} 时发电出力的减小值 ΔP_{i2}。

H 点：H 点坐标为（ΔP_{i2max}，D_{e2max}），即第二供热抽汽口最大供热抽汽量条件下机组出力的减少量。

I 点：E 点同时还位于第一个供热抽汽口为定值（D_{e1}）而允许第二个供热抽汽口供热抽汽量为最大值（D_{e2} 为定值，且 $D_c = D_{cmin}$）的平行线簇上，I 点为此供热抽汽状态下机组最小技术出力，此时进汽量 $D_{0min} = D_{e1} + D_{e2} + D_{cmin}$。

二、燃煤热电机组的最大技术出力与供热抽汽量的定性关系

汽轮机工况图可以用于分析燃煤热电机组的最大技术出力与供热抽汽量的定性关系。分析最大、最小技术出力与供热抽汽量关系的工况图如图 3-15 所示。

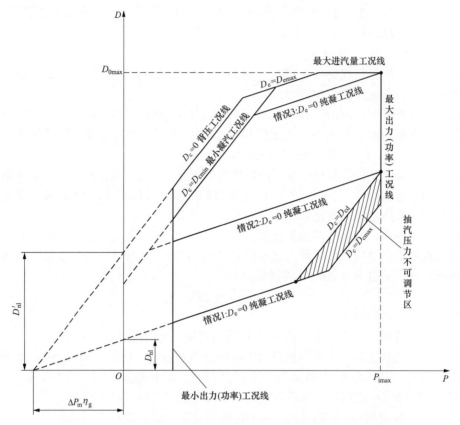

图 3-15　分析最大、最小技术出力与供热抽汽量关系的工况图

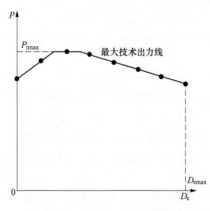

图 3-16　最大技术出力与供热抽汽量的关系曲线 1

当热电机组纯凝工况线（$D_e=0$ 线）属图 3-15 所示情况 1 时，随着供热抽汽量的增加，等供热抽汽量线（$D_e=$const 线，它是一个线段）的右端点依次沿供热抽汽压力不可调节区边界线（$D_c=D_{cd}$ 线）、最大电功率工况线、最大进汽量工况线变化，即机组最大技术出力先增大，然后保持不变，然后减小。此时，最大技术出力与供热抽汽量的关系曲线 1 如图 3-16 所示。

当供热抽汽压力不可调节区边界线（$D_c=D_{cd}$ 线）倾斜程度比较厉害，以至极端情况下，$D_c=D_{cd}$ 线与最大进汽工况线相交，则最大电功率工况线不起作用，则随着供热抽汽量的增加，等供热抽汽量线（$D_e=$const 线，它是一个线段）的右端点依次沿 $D_c=D_{cd}$ 线、最大进

汽量工况线变化，此时，最大技术出力与供热抽汽量的关系曲线如图 3-17 所示。

当热电机组纯凝工况线（$D_e=0$ 线）属图 3-15 所示情况 2 时，$D_c=D_{cd}$ 线对最大技术出力随供热抽汽量的变化无影响，则随着供热抽汽量的增加，等供热抽汽量线（$D_e=$const 线，它是一个线段）的右端点依次沿最大电功率工况线、最大进汽量工况线变化，即最大技术出力先保持不变，然后减小。此时，最大技术出力与供热抽汽量的关系曲线如图 3-18 所示。

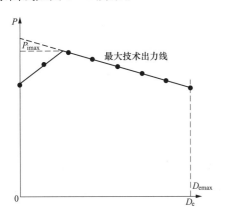

图 3-17　最大技术出力与供热抽汽量
的关系曲线 2

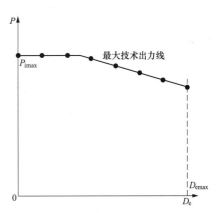

图 3-18　最大技术出力与供热抽汽量
的关系曲线 3

当热电机组纯凝工况线（$D_e=0$ 线）属图 3-15 所示情况 4 时，随着供热抽汽量的增加，等供热抽汽量线（$D_e=$const 线，它是一个线段）的右端点沿最大进汽量工况线变化，即不断减小。此时，最大技术出力与供热抽汽量的关系曲线如图 3-19 所示。

此外，当热电机组纯凝工况线（$D_e=0$ 线）属图 3-15 所示情况 2，假定最大进汽量工况线不与最大出力（功率）工况线相交，最大电功率工况线与 $D_e=D_{emax}$ 线相交（即最大进汽量工况线不起作用），则最大技术出力线为一条直线，可认为其为最大技术出力与供热抽汽量的关系曲线 5。

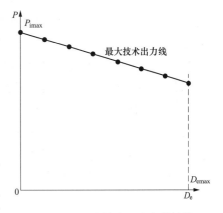

图 3-19　最大技术出力与供热抽
汽量的关系曲线 4

三、燃煤热电机组的最小技术出力与供热抽汽量的定性关系

与前文最大技术出力的情况类似，根据图 3-15 可以得出最小技术出力与供热抽汽量的关系。

当热电机组纯凝工况线（$D_e=0$ 线）属图 3-15 所示情况 1 时，随着供热抽汽量的增加，等供热抽汽量线（$D_e=$const 线，它是一个线段）的左端点沿着最小电功率工况线、最小凝汽工况线（$D_c=D_{cmin}$ 线）变化，即最小技术出力先维持不变，然后不断增大，如图 3-20 所示。

当热电机组纯凝工况线（$D_e=0$ 线）属图 3-15 所示情况 3 时，随着供热抽汽量的增加，等供热抽汽量线（$D_e=\mathrm{const}$ 线，它是一个线段）的左端点沿着最小凝汽工况线（$D_c=D_{cmin}$ 线）变化，即最小技术出力不断增大，如图 3-21 所示。

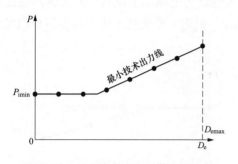

图 3-20　最小技术出力与供热抽汽量
的关系曲线 1

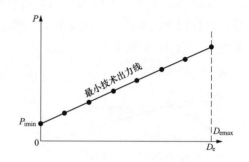

图 3-21　最小技术出力与供热抽汽量
的关系曲线 2

前文曾经提到过，图 3-15 仅是其中一类汽轮机工况图，还有一类汽轮机工况图，考虑最小主蒸汽流量限制线代替最小电功率工况线，存在最小主蒸汽流量限制线主要因为配置了最低稳燃负荷率较高（例如可以高至 80%，进一步压低出力燃烧就不稳定）的老旧锅炉或供热抽汽级排汽温度不得超过限制温度。等供热抽汽量线（$D_e=\mathrm{const}$ 线，它是一个线段）的左端点沿着最小主蒸汽流量限制线、最小凝汽工况线（$D_c=D_{cmin}$ 线）变化，即最小技术出力先减小，再不断增大。最小技术出力与供热抽汽量的关系曲线如图 3-22 所示。

还可能出现综合最小技术出力与供热抽汽量的关系曲线 1 和关系曲线 3 的情况，即机组存在最小主蒸汽流量限制（因为配置了最低稳燃负荷率较高的老旧锅炉或供热抽汽级排汽温度不得超过限制温度）和最小出力（功率）工况线双重限制，等供热抽汽量线（$D_e=\mathrm{const}$ 线，它是一个线段）的左端点沿着最小主蒸汽流量限制线、最小电功率工况线、最小凝汽工况线（$D_c=D_{cmin}$ 线）变化，最小技术出力随供热抽汽量的增加先降低，然后维持不变，最后再增加，最小技术出力与供热抽汽量的关系曲线如图 3-23 所示。

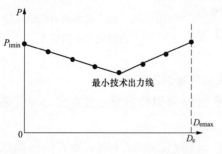

图 3-22　最小技术出力与供热抽汽量
的关系曲线 3

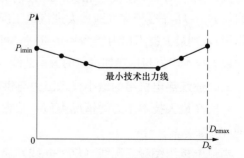

图 3-23　最小技术出力与供热抽汽量
的关系曲线 4

此外，对应情况 1，假定最小凝汽工况线不与最小出力（功率）工况线相交，最小出力（功率）工况线与 $D_e=D_{emax}$ 线相交，则最小技术出力线为一条直线，可认为其为最小技术出力与供热抽汽量的关系曲线 5。

四、热电联产运行的最大、最小技术出力与供热抽汽量的定性关系

5 种最大技术出力与供热抽汽量的关系曲线和 5 种最小技术出力与供热抽汽量的关系曲线组合起来，共可构成 25 种最大出力变化幅度与供热抽汽量的关系曲线（即热电关系曲线）。

此外，最大技术出力与供热抽汽量的关系曲线、最小技术出力与供热抽汽量的关系曲线是否相交也是重要问题，实际上，这取决于 $D_e=D_{emax}$ 线的长度。当 $D_e=D_{emax}$ 线的长度为 0 则两线相交，否则两线不相交。

再考虑两线相交或不相交的 2 种情况，共有 50 种热电关系曲线。

可以采取类似的方法分析双抽机组的最大、最小技术出力与抽汽量的定性关系，但双抽机组有 2 个供热抽汽口，最大、最小技术出力与抽汽量的定性关系是一个三维图，这里不再给出此三维图线。

第三节　热电机组最大出力变化幅度与供热抽汽量定量关系

一、最大出力变化幅度与供热抽汽量定量关系分析方法

获知燃煤热电机组最大出力变化幅度与供热抽汽量的定量关系可采用电厂热力试验法，或利用汽轮机制造厂提供的汽轮机工况图分析，还可以基于机组汽水参数利用变工况计算法求解。

1. 电厂热力试验法

电厂热力试验法是对在运的热电机组进行标准的性能调试试验，通过调整热电机组的热、电出力，从而得出热电机组在满足各种外界热负荷的前提下，所能发出的最大、最小技术出力。热力试验的方法测得的结果准确可靠，但每台热电机组进行的热力试验结果一般只适用于该机组，考虑到电力系统中热电机组数量较大，要掌握不同类型热电机组的最大技术出力性能，需要的工作量大，耗时长，费用高。同时，由于试验期间需要不断调整热、电出力，对外界的热用户和电网调度也会产生一定的影响。

本书不对电厂热力试验法进行深入介绍。

2. 汽轮机工况图法

本章第二节对汽轮机工况图进行了理论推导，这些推导结论只能得出最大、最小技术出力与抽汽量的定性关系。但本章第二节同时也给出了两张汽轮机厂提供的带数据的工况图（如图 3-10 和图 3-11 所示），通过这些图可以直接得出最大、最小技术出力与抽汽量的定量关系。

以本章第二节图 3-10 的单抽机组为例，由图 3-10 中的等供热抽汽量线可以很方便地读出某供热抽汽量条件下的最大、最小技术出力，从而得出最大、最小技术出力与供热抽汽量的关系曲线，基于该关系曲线得到某供热抽汽量下机组的最大出力变化幅度，如图 3-24 所示。

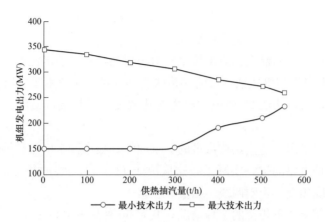

图 3-24　某型汽轮机最大、最小技术出力与供热抽汽量的关系

汽轮机工况图的热、电出力关系是在设计工况下得出的，每张工况图都是针对特定机型（一定的供热抽汽压力、排汽压力、进汽参数等），考虑到汽轮机及其热力系统的实际运行状态下出现的与设计情况偏差，如汽轮机加热器的焓升、端差偏离设计值会造成实际回热抽汽量与设计流量的偏差，这些因素的存在使得通过工况图得出的结论会与汽轮机的实际最大出力变化幅度产生一定的偏差。同时，汽轮机制造厂在绘制工况图时工作量较大，对于不同运行状况的机组，如果都通过工况图去分析调峰特性存在一定实际困难。

此外，对热电机组最大出力变化速率的分析应从锅炉、汽轮机以及供热抽汽组成的整个系统去考察，而制造厂商绘制的工况图，在计算每个工况点的数据时，通常不考虑锅炉排污扩容份额、主蒸汽管道的汽水损失份额、供热抽汽回水率以及回水温度等因素，因此，也会与实际情况产生偏差。

本书不对汽轮机工况图法进行更深入介绍。

3. 热力系统计算

燃煤火电机组变工况运行时，汽轮机的进汽量和级组（指任意的若干蒸汽流量近似相等的串联级，例如：对不带回热抽汽的纯凝汽机组，整个汽轮机可认为是一个级组；对于有抽汽的机组，两抽汽口间的若干级也构成一个级组）通过的蒸汽流量发生变动，机组的各回热抽汽参数和热力系统的有关参数发生变化，并表现为热力系统膨胀过程线的变化。根据这一特点，可按供热抽汽口划分级组进行计算的热力系统计算方法，得出任何燃煤火电机组热力系统任意工况的各个细节参数和总体的热经济性参数，还可计算拓展的热力系统（譬如可以计算燃煤火电机组和热泵耦合热力系统的最大、最小技术出力）的参数，是从理论上分析燃煤热电机组最大出力变化幅度的根本方法，以该计算过程作为内核可编制软件，在电力调度决策辅助、仿真分析、人员培训等领域有广泛的应用。

热力系统计算包括基准工况计算、变工况计算和热经济指标计算。

（1）热力系统基准工况计算。基准工况不一定是额定工况，指的就是某一确定不变的、稳态的工况。燃煤火电机组运行时，从一个工况变化到另一个工况是一个瞬态过程，但只要出力变化速率不太大，就可以忽略瞬态过程的影响，这样，动态的变工况过程就分解为一个个稳态的、"基准"的工况，因此，对稳态的基准工况对于计算非常重要。实际工程中，一般可通过设备制造厂家能获得额定工况（或其他少数典型工况，如70%出力工况、50%出力工况等）的热平衡图，需要据此来计算变工况运行参数，因此计算开始时常选额定工况作为基准工况。

热力系统基准工况计算方法包括简捷热平衡法、等效焓降法等，其计算逻辑是根据热力系统给出的汽轮机加热器端差、各级回热抽汽状态参数（压力、温度、焓值），以及主蒸汽、再热蒸汽和排汽的状态参数（压力、温度、焓值、再热器压损、凝汽器压力）等条件，根据各级加热器热平衡求解汽轮机进汽量为1kg情况下，各回热抽汽量和凝汽量的份额，进而计算1kg蒸汽在汽轮机内膨胀内功，以确定在给定机组出力下主蒸汽流量或在给定主蒸汽流量下机组的发电出力。

（2）热力系统变工况计算。在进行热力系统变工况计算时，主蒸汽流量等流量的变化为已知量，计算目的为重建流量变化后的热力系统膨胀过程线，确定热力系统各处的状态参数（压力、温度、焓值等）。热力系统变工况计算可以由已知状态参数和抽汽凝汽份额的基准工况推导出变工况后（主要是主蒸汽流量变化）的稳态工况（可以理解为新的基准工况）的状态参数，从而为热力系统基准工况计算做好准备。

热力系统变工况计算的核心是弗留格尔公式，它主要用于计算流量变化引起的压力变化。

（3）热力系统热经济指标计算。完成热力系统基准工况计算后，该工况下的状态参数和各回热抽汽量和凝汽量的份额都已经确定，可以据此较方便地计算工况的热经济性参数，对调峰状态下的热经济性进行评估。

评价热力系统的热经济指标主要包括以下四类：

1）汽耗：汽轮机组的汽耗量 D_0，kg/h；汽轮机组的汽耗率 d，kg/kWh。

汽耗量 D_0 和汽耗率 d_0 计算公式为：

$$D_0 = \frac{3600 P_i}{N_i \eta_{jx} \eta_d} \tag{3-17}$$

$$d = \frac{D_0}{P_i} = \frac{3600}{N_i \eta_{jx} \eta_d} \tag{3-18}$$

式中 N_i——1kg进汽在汽轮机中的膨胀内功，kJ/kg；

P_i——汽轮机的发电出力，kW；

η_{jx}——汽轮发电机组的机械效率；

η_d——汽轮发电机组的发电机效率。

2）热耗：汽轮机组的热耗量 Q_0，kJ/h；汽轮机组的热耗率 q，kJ/kWh。

热耗量 Q_0 的计算公式为：

$$Q_0 = D_0 \left[(h_0 - \bar{t}_{gs}) + \alpha_{zr} \sigma \right] \tag{3-19}$$

式中 h_0——进入汽轮机主蒸汽焓值，kJ/kg；

$\bar{t}_{gs}$——进入锅炉给水焓值，kJ/kg（注：本书以 h 表示蒸汽焓，以 $\bar{t}$ 表示水焓）；

α_{zr}——1kg 主蒸汽流量下进入再热器的蒸汽份额；

σ——1kg 蒸汽在再热器内的吸热量。

系统无再热系统时上式无再热吸热量项。

此外，令 $Q=(h_0-\bar{t}_{gs})+\alpha_{zr}\sigma$，为 1kg 主蒸汽在系统内循环吸热量，kJ/kg。

汽轮发电机组热耗率 q 的计算公式为：

$$q=Q_0/P_i=dQ \tag{3-20}$$

式中　d——汽轮发电机组的汽耗率，$d=D_0/P_i$，kg/kWh。

3）煤耗：发电厂煤耗量 B，kg/h；发电厂煤耗率 b，kg/kWh 或 g/kWh。

全厂煤耗量和煤耗率分别为：

$$B=\frac{Q_0}{29308\eta_{gd}\eta_g} \tag{3-21}$$

$$b=\frac{q}{29308\eta_{gd}\eta_g} \tag{3-22}$$

式中　B——全厂煤耗量，kg/h；

q——汽轮发电机组热功率，kJ/kWh；

b——煤耗率，kg/kWh；

29308——标准煤的低位发热量，kJ/kg；

η_{gd}——主蒸汽管道和热效率；

η_g——锅炉的热效率。

全厂供电煤耗率计算公式为：

$$b_g=\frac{b}{1-\zeta_{cp}} \tag{3-23}$$

式中　ζ_{cp}——厂用电率。

4）效率：发电效率（又称全厂效率）η_{cp}；供电效率 η_{cp}^g；汽轮发电机组绝对电效率（实际循环效率）η_i。各类效率计算公式均为产出与投入的比值。

上述指标中，煤耗率等指标是针对 1kWh 电量而言，它只和能量转换过程中的参数和能量转换的完善程度有关；煤耗量等指标是对应一定电出力 P_i 的绝对量。同时，汽轮机组类热经济指标未考虑锅炉侧影响，全厂类热经济指标考虑锅炉侧影响。

本书重点介绍热力系统计算相关内容。目前，我国热电机组中，300MW 级机组占据主流，故本书主要以 300MW 级热电机组作为案例进行最大出力变化幅度模型的构建与计算。值得注意的是，计算出进汽量、供热抽汽量、发电出力之后，关于火电机组热电联产运行时最大出力变化幅度的计算已经结束，热经济性只是进一步算出各工况的热经济性参数，可以定量说明火电机组降出力参与调峰时效率会大幅下降等。各工况的热经济性参数计算并不是本书重点关注对象。

二、热电机组热力系统和回热系统

1. 热力系统

本书第二章第一节已经简单地介绍了热力系统，为完成热力系统变工况计算，需对热力系统进行更深入的分析。热力系统是由热力设备以及不同功能的局部系统构成，其中，热力设备主要为汽轮机本体、锅炉本体（确切来说是"锅"的部分，即锅炉内部的汽水系统等）等；局部系统主要为主蒸汽系统、给水系统、主凝结水系统、回热系统、供热系统、抽空气系统和冷却水系统等。热力系统以回热系统为中心，由汽轮机、锅炉和其他所有局部热力系统有机组合而成，主要用来反映某一工况下系统的配置和运行情况，同时可从热力系统主蒸汽流量及其在各级的通流量、漏汽量及漏汽再利用情况分析得到对应工况下的热经济指标，如主蒸汽流量、发电功率、热耗、煤耗等数据。

哈尔滨汽轮机厂有限责任公司生产的 350MW 亚临界、中间再热热电机组的额定功率工况热力系统图及相关运行参数见图 3-25 所示。从锅炉过热器出口 1034.62t/h 的蒸汽进入主蒸汽母管道，至汽轮机处分成 2 根支管，分别接到汽轮机两侧主汽阀门，主蒸汽经主汽阀门、调节汽阀门，并漏掉 B t/h 蒸汽后，进入高压缸调节级。调节级后，高压缸 1 号回热抽汽口抽汽 71.31t/h 至 1 号高压加热器 HTR.1，同时，高压缸平衡鼓漏汽 D t/h，其中去中压缸冷却汽 E t/h，剩余蒸汽经夹层汇集至高压缸排汽，高压缸末端漏汽 L、N、M t/h 分别引至除氧器、轴封加热器（G.C）和轴封调级器，剩余蒸汽从汽轮机高压缸排汽口出来，一路蒸汽 70.58t/h 进入 2 号高压加热器 HTR.2，另一路蒸汽 868.2t/h 通过再热蒸汽管道进入锅炉再热器进行再热。

从再热器出口联箱出来的 868.2t/h 再热蒸汽分成两路从汽轮机两侧依次经过再热主汽阀门、中压主蒸汽调节门、中压截止阀门、中压进汽套筒，并漏掉蒸汽 K t/h 后，进入汽轮机中压缸做功，在中压缸 3 号回热抽汽口抽走 35.56t/h 的蒸汽连同中压进汽套筒的 K t/h 漏汽进入 3 号加热器 HTR.3。蒸汽在中压缸做完功后，在中压缸轴端处，漏汽 R t/h 和 P t/h 分别去了轴封加热器和轴封调级器，剩余蒸汽一路 81.86t/h 从中压缸的下侧排汽口出来，其中 38.82t/h 作为给水泵汽轮机的驱动热源，另外 43.04t/h 进入 4 号除氧器 HTR.4，在机组冬季采暖时，本路蒸汽还将有一部分作为热网加热器所用，另一路蒸汽 752.12t/h 从中压缸上侧排汽口出来，进入汽轮机低压缸继续做功。

低压缸为双缸双排汽结构，共设有四个回热抽汽口。在低压缸的第 31 级后为第 5 个回热抽汽口，抽汽 40.7t/h 进入 5 号加热器 HTR.5；第 26 级后为第 6 个回热抽汽口，抽汽 23.99t/h 进入 6 号加热器 HTR.6；第 27、34 级后为第七个回热抽汽口，抽汽 29.39t/h 进入 7 号加热器 HTR.7；第 28，35 级后为第八个回热抽汽口，抽汽 38.57t/h 进入 8 号加热器 HTR.8。蒸汽在低压缸做完功后，在轴端处 T t/h 的轴封漏汽去了轴封加热器，剩余蒸汽连同从轴封调节器出来的 S t/h 蒸汽共 619.86t/h 从低压缸两端排汽口排出，连同来自轴封调节器的 G t/h 漏汽进入凝汽器。

同时，从图 3-25 可以看出，回热系统是汽轮机热力系统的基础，是联系其他汽水系统的纽带，各级回热抽汽、给水、疏水、凝结水、供热抽汽回水、扩容蒸汽、轴封漏汽等都参与回热系统的热力过程，因此，电厂热力系统的计算通常是以回热加热系统为基本单元。回热系统主要设备包括回热加热器（包含除氧器）和疏水装置。

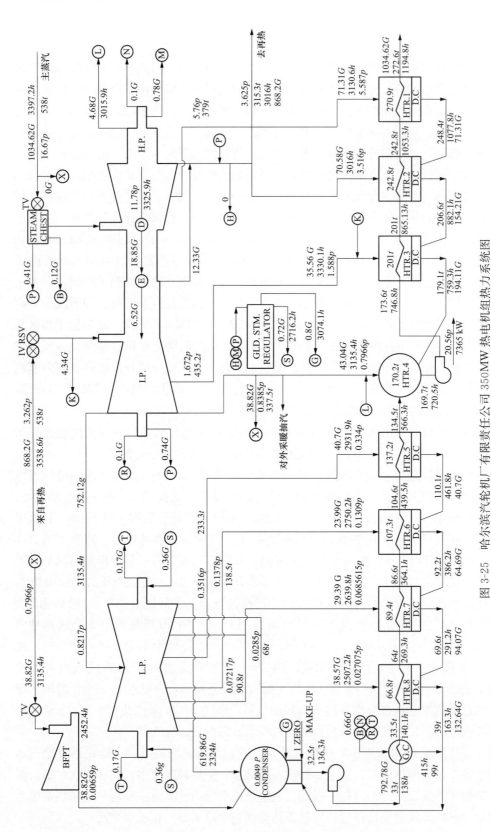

图 3-25 哈尔滨汽轮机厂有限责任公司 350MW 热电机组热力系统图

BFPT—给水泵汽轮机；TV—高压主汽门；IV—中压主汽门；RSV—中压调节门；STEAM CHEST—进汽箱；L.P.—低压缸；

I.P.—中压缸；H.P.—高压缸；CONDENSER—凝汽器；GLD. STM. REGULATOR—汽封调节器；G.C—汽封加热器；HTR1～HTR8—回热加热器 1～8

2. 回热系统

（1）回热加热器。回热加热器作为回热系统最主要的设备，按加热器中汽水介质的传热方式划分为混合式和表面式两种。在混合式加热器中，汽水两种介质直接混合并进行传热；在表面式加热器中，汽水两种介质通过金属受热面来实现热量传递。当回热抽汽为过热蒸汽时，蒸汽依次经过加热器的蒸汽冷却段、凝结段、疏水冷却段，在蒸汽冷却段时定压释放热量加热本级加热器，过热蒸汽变为饱和蒸汽，再经凝结段等温等压释放热量后变成饱和疏水，最后进入疏水冷却段进一步释放热量后离开本级加热器；当回热抽汽为饱和蒸汽时，蒸汽依次进入凝结段与疏水冷却段后离开本级加热器。表面式加热器按水侧承受压力的不同，又分为低压加热器和高压加热器两种，以除氧器作为分界，回热抽汽压力高于除氧器的称为高压加热器；反之，称为低压加热器。

带内置式蒸汽冷却段和疏水冷却段表面式加热器中蒸汽和给水的换热过程见图 3-26

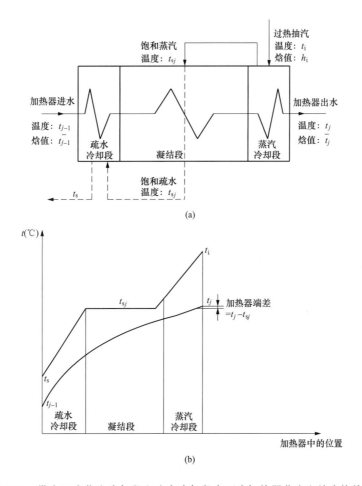

图 3-26　带内置式蒸汽冷却段和疏水冷却段表面式加热器蒸汽和给水换热图

（a）结构图；（b）蒸汽和给水在加热器各处的温度变化

注：为区分计，本书蒸汽焓采用 h，水焓采用 $\bar{t}$。

所示，其中 t_i 为过热蒸汽温度，在蒸汽冷却段内等压降温至饱和蒸汽温度 t_{sj}，在凝结段内等温等压放热至饱和疏水，再经疏水冷却段放热后，以出口温度 t_s 离开加热器，同时蒸汽释放热量将加热器给水由进口温度 t_{j-1} 加热至 t_j。图 3-26 中加热器压力下饱和蒸汽温度 t_{sj} 与加热器出口水温 t_j 之差称为加热器上端差（TD），一般用 θ 表示，存在过热蒸汽冷却段时 $\theta=-2\sim3℃$；无过热蒸汽冷却段时 $\theta=3\sim6℃$。此外，将加热器出口疏水温度 t_s 与本级加热器进口温度 t_{j-1} 之差称为下端差（DC）。

见图 3-25 所示热力系统中，共分 8 个加热器 HTR.1～HTR.8，其中 HTR.4 为混合式除氧器，HTR.1～HTR.3 为表面式高压加热器，HTR.5～HTR.8 为表面式低压加热器，所有表面式加热器中的 D.C 部分为疏水冷却装置。此外，系统中 G.C 为表面式轴封加热器，利用回收的机组本体轴封漏汽初步加热系统循环水。

（2）疏水装置。疏水装置的作用是将加热器中的蒸汽凝结水及时排走，同时又不让加热器蒸汽随疏水一起流出，以维持加热器内汽侧压力和凝结水水位。为减少工质损失，以及利用疏水热量，表面式加热器汽侧疏水应收集并汇于系统的主水流（主凝结水或主给水）中。收集方式有两种：一是利用相邻加热器汽侧压差，使疏水逐级自流。高压加热器疏水逐级自流（从压力较高压加热器到压力较低压加热器），最后入除氧器而汇于给水，如图 3-27（a）中所示的加热器 HTR.1 的疏水进入 HTR.2，HTR.2 的疏水进入 HTR.3，HTR.3 的疏水进入除氧器 HTR.4，然后经给水泵汇入主给水；低压加热器疏水逐级自流，最后入凝汽器或热井而汇于主凝结水，如图 3-27（a）中所示加热器 HTR.5 的疏水进入 HTR.6，HTR.6 的疏水进入 HTR.7，HTR.7 的疏水进入 HTR.8，HTR.8 以及 G.C 的疏水进入凝汽器，经循环水泵汇入主凝结水。二是采用疏水泵，将疏水打入该加热器出口水流中，如图 3-27（b）中 HTR.8 的疏水经疏水泵汇入本级加热器出口，进而随给水进入 HTR.7。

三、热力系统参数整理

为方便进行常规热力计算和弗留格尔公式计算，首先需对热力系统原始资料进行归类整理，其中，热力系统的汽水参数可整理为三类：给水在加热器中的焓升，以 τ_j 表示（单位 kJ/kg），并按加热器号对应为 τ_1、τ_2、τ_3、$\cdots$、τ_Z（共有 Z 级加热器）；蒸汽在加热器中的放热量，以 q_j 表示，并按加热器号对应为 q_1、q_2、q_3、$\cdots$、q_Z，其他汽源（回收的系统漏汽等）的放热量则为 q_{fj}；疏水在加热器中的放热量，以 γ_j 表示，并按加热器号对应为 γ_1、γ_2、γ_3、$\cdots$、γ_Z。

其次，将加热器分成两类，一类称为疏水放流式加热器，即表面式加热器，其疏水方式为逐级自流；另一类加热器称汇集式加热器，是指混合式加热器或带疏水泵的表面式加热器，其疏水汇集于本加热器的进口或出口。对于疏水自流并汇集于凝汽器，由于热量在凝汽器中释放，属于疏水放流式加热器；当疏水自流汇集于凝汽器热井时或凝结水泵入口时，由于疏水热量得以返回系统，则属于汇集式加热器。疏水放流式和汇集式加热器示意图如图 3-28 所示。

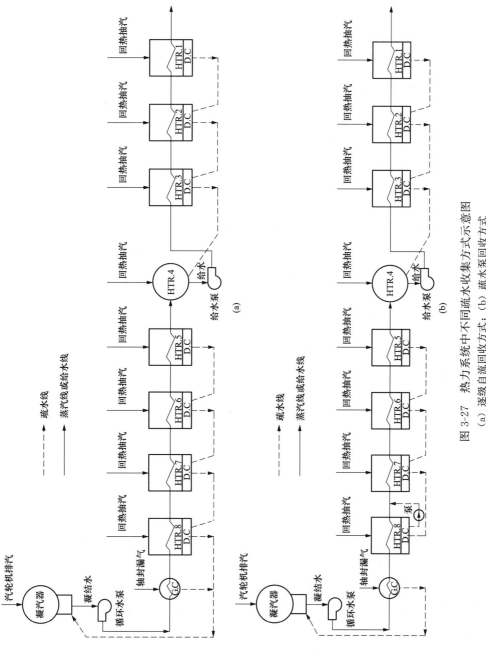

图 3-27 热力系统中不同疏水收集方式示意图
(a) 逐级自流回收方式；(b) 疏水泵回收方式

在整理加热器数据时，对于两种类型加热器，其 τ_j、q_j、γ_j 的计算规定如下：其中，在汇集式加热器中，将过热蒸汽和疏水在加热器内的放热转化为过热蒸汽与加热器入口水焓值之差；在带疏水泵汇集式加热器中，加热器出口水焓值是指混合后的焓值 $\bar{t}_j$，而不是混合点前的焓值 $\bar{t}'_j$，通常 $\bar{t}_j$ 比 $\bar{t}'_j$ 高 $1\sim3.5\mathrm{kJ/kg}$。

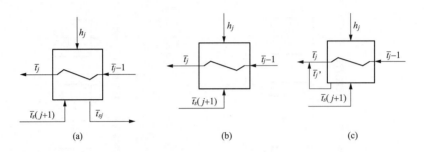

图 3-28　计算中所用的两类加热器

（a）表面加热逐级自流；（b）混合式加热汇集式加热器；（c）带疏水泵的表面式加热汇集式加热器

h_j—进入加热器的加热蒸汽焓；$\bar{t}_j$—加热器出口的给水焓值；$\bar{t}_{j-1}$—加热器进口的给水焓值；

$\bar{t}_{s(j+1)}$—上一级加热器疏水自流至本级加热器的热水焓值；$\bar{t}_{sj}$—本级加热器疏水至下一级加热器的热水焓值；

$\bar{t}'_j$—通过疏水泵汇流至出口给水的热水焓值

疏水放流式加热器：

$$\tau_j = \bar{t}_j - \bar{t}_{j-1} \qquad (3\text{-}24)$$

$$q_j = h_j - \bar{t}_{sj} \qquad (3\text{-}25)$$

$$\gamma_j = \bar{t}_{s(j+1)} - \bar{t}_{sj} \qquad (3\text{-}26)$$

汇集式加热器：

$$\tau_j = \bar{t}_j - \bar{t}_{j-1} \qquad (3\text{-}27)$$

$$q_j = h_j - \bar{t}_{j-1} \qquad (3\text{-}28)$$

$$\gamma_j = \bar{t}_{s(j+1)} - \bar{t}_{j-1} \qquad (3\text{-}29)$$

再次，计算时把系统各种附加成分，如漏汽进轴封的利用、泵的焓升以及其他外部热源的利用等，分别归入各自的加热器内，即将附加成分和加热器视为一个加热器整体，归并的原则以相邻两个加热器的水侧出口为界限，凡在此界限内的一切附加成分归并到界限内的加热器中，并且附加成分的下标与加热器一致。此外，当附加成分与加热器蒸汽混合直接放热时，其放热量与该加热器的 q_j 规定相同；当附加成分间接放热时，放热量就是该汽流的真实放热量。附加蒸汽成分热力系统示意图如图 3-29 所示。

图 3-29 中，α_{fB}、α_{fC}、α_{fD} 为回收的分别进入 HTR.B、HTR.C 以及 HTR.D 级加热器的漏汽，α_{fq} 为回收的进入轴封加热器（G.C）的轴封漏汽，τ_{b} 为给水泵焓升。其中，

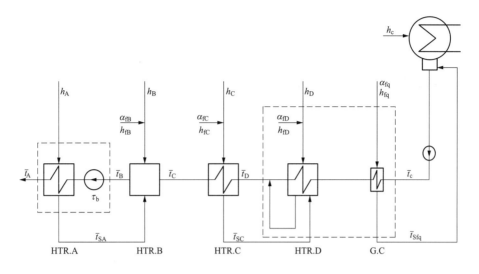

图 3-29　附加蒸汽成分热力系统示意图

虚线框包含的加热器 HTR. D 与附加成分 α_{fD}、α_{fq} 视为一个整体，另一虚线框包含的加热器 HTR. A 与 τ_b 划为一个整体。各附加成分参数整理如下：

$$q_{fB} = h_{fB} - \bar{t}_C \qquad (3\text{-}30)$$

$$q_{fC} = h_{fC} - \bar{t}_{SC} \qquad (3\text{-}31)$$

$$q_{fD} = h_{fD} - \bar{t}_n \qquad (3\text{-}32)$$

$$q_{fq} = h_{fq} - \bar{t}_{Sfq} \qquad (3\text{-}33)$$

$$\tau_A = \bar{t}_A - \bar{t}_B \qquad (3\text{-}34)$$

四、热电机组热力系统基准工况计算

（一）简捷热平衡法

简捷热平衡计算是热平衡计算的一种，计算思路是对热力系统按回热抽汽口划分级组，并对各级加热器及辅助成分［包括辅助蒸汽（漏汽）、纯热量利用、热水回收至主凝结水等］按计算规定归并成加热单元，根据各回热抽汽口参数整理的加热器参数 τ_j、q_j、γ_j，从最高压力等级单元依次进行能量平衡和流量平衡计算，从而求出 1kg 主蒸汽流量下各级加热器的回热抽汽份额以及再热份额，最终求出系统循环内功率，而系统的循环吸热量则根据初、终参数以及再热吸热量求得。

以见图 3-30 所示中的 300MW 级热电机组为例，阐述常规热力计算的一般过程。热力计算时按 8 个加热器 HTR. 1～HTR. 8 回热抽汽口位置将系统分为 8 个压力级，同时将给水泵、漏汽 K 和 3 号加热器 HTR. 3，轴封加热器 G. C、轴封漏汽 D、X 以及 8 号加热器，漏汽 I、供热抽汽回水和除氧器 HTR. 4 分别划分为加热单元，加热单元的级号与所包含的加热器级号一致。

1．计算基础数据

（1）主蒸汽系统参数表。计算涉及的主蒸汽系统参数见表 3-2。

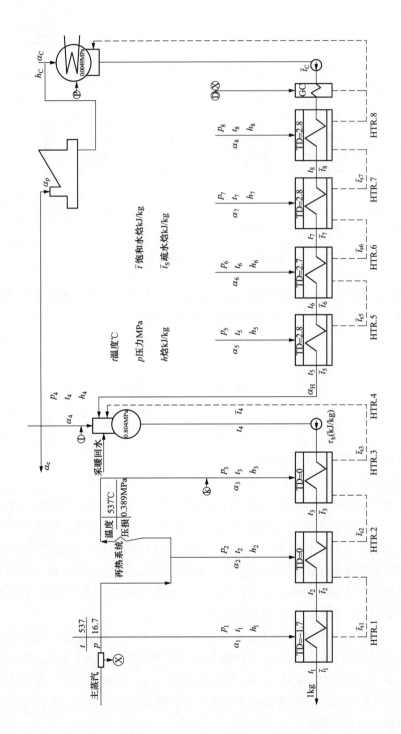

图 3-30 计算用热电机组热力系统示意图

表 3-2 主蒸汽系统参数表

抽汽级号	抽汽压力	抽汽温度	抽汽焓值	加热器侧压力	端差	出口饱和水焓	疏水焓值	抽汽放热量	给水焓升	疏水焓升
	p_i	t_i	h_i	p_i'	θ_i	$\bar{t}_i$	$\bar{t}_{si}$	q_i	τ_i	γ_i
	MPa	℃	kJ/kg	MPa	℃	kJ/kg	kJ/kg	kJ/kg	kJ/kg	kJ/kg
0	p_0	t_0	h_0	—	—	—	—	—	—	—
1	p	t_1	h_1	$p_1(1-\xi)$	θ_1	$\bar{t}_1$	$\bar{t}_{s1}$	$h_1-\bar{t}_{s1}$	$\bar{t}_1-\bar{t}_2$	
2	p_2	t_2	h_2	$p_2(1-\xi)$	θ_2	$\bar{t}_2$	$\bar{t}_{s2}$	$h_2-\bar{t}_{s2}$	$\bar{t}_2-\bar{t}_3$	$\bar{t}_{s1}-\bar{t}_{s2}$
3	p_3	t_3	h_3	$p_3(1-\xi)$	θ_3	$\bar{t}_3$	$\bar{t}_{s3}$	$h_3-\bar{t}_{s3}$	$\bar{t}_3-\bar{t}_4$	$\bar{t}_{s2}-\bar{t}_{s3}$
4	p_4	t_4	h_4	$p_4(1-\xi)$	θ_4	$\bar{t}_4$	—	$h_4-\bar{t}_5$	$\bar{t}_4-\bar{t}_5$	$\bar{t}_{s3}-\bar{t}_5$
5	p_5	t_5	h_5	$p_5(1-\xi)$	θ_5	$\bar{t}_5$	$\bar{t}_{s5}$	$h_5-\bar{t}_{s5}$	$\bar{t}_5-\bar{t}_6$	
6	p_6	t_6	h_6	$p_6(1-\xi)$	θ_6	$\bar{t}_6$	$\bar{t}_{s6}$	$h_6-\bar{t}_{s6}$	$\bar{t}_6-\bar{t}_7$	$\bar{t}_{s5}-\bar{t}_{s6}$
7	p_7	t_7	h_7	$p_7(1-\xi)$	θ_7	$\bar{t}_7$	$\bar{t}_{s7}$	$h_7-\bar{t}_{s7}$	$\bar{t}_7-\bar{t}_8$	$\bar{t}_{s6}-\bar{t}_{s7}$
8	p_8	t_8	h_8	$p_8(1-\xi)$	θ_8	$\bar{t}_8$	$\bar{t}_{s8}$	$h_8-\bar{t}_c$	$\bar{t}_8-\bar{t}_c$	$\bar{t}_{s7}-\bar{t}_c$
C	p_c	t_c	h_c	p_c		$\bar{t}_c$		$h_c-\bar{t}_c$	—	—

注 0级为主蒸汽，C级为凝汽器，h 为蒸汽焓，$\bar{t}$ 为水焓，ξ 为抽汽压力换失。

（2）辅助蒸汽系统参数表。计算涉及的辅助蒸汽系统参数见表 3-3。

表 3-3 辅助蒸汽系统参数表

项目	份额（kg）	焓值（kJ/kg）	进入的加热器	放热量（kJ/kg）
高压缸平衡鼓漏汽 K	α_{fK}	h_{fk}	HTR.3	$h_{fk}-\bar{t}_4$
高压缸门杆漏汽 X	α_{fX}	h_{fX}	G.C	$h_{fX}-\bar{t}_n$
中压缸门杆漏汽 I	α_{fI}	h_{fI}	HTR.4	$h_{fI}-\bar{t}_5$
轴封漏汽 D	α_{fD}	h_{fD}	G.C	$h_{fD}-\bar{t}_n$
供热抽汽回水	α_e	h_e	HTR.4	$h_e-\bar{t}_5$

表 3-2 中水蒸气压力、温度、焓值存在一定的关系，对于过热蒸汽，知道其中两个参数便可求另一参数，对于饱和水或饱和蒸汽，由于压力和温度存在一一对应关系，因此只需要知道压力或温度便可求出焓值。水蒸气性质的计算可采用 1997 年工业用计算公式（简称 IAPWS—1997 公式）和工业用 1967 年 IFC 公式。

表中 ξ 为抽汽压力损失，根据加热器中汽水换热过程，加热器压力 p_i' 下的饱和水温度与加热器端差 θ_i 之和为本级加热器出口饱和水温度，出口饱和水焓 $\bar{t}_i$ 便可由此温度求出。对于无疏水冷却装置的加热器，供热抽汽疏水焓值 $\bar{t}_{si}$ 为 p_i' 对应的饱和水焓值；对于有疏水冷却装置的加热器，疏水焓值 $\bar{t}_{si}$ 可根据加热器下端差求出。

2. 系统热平衡计算

（1）供热抽汽系数计算。基于供热抽汽加热量、疏水加热、辅助加热等于给水焓升的系统热平衡原理，列出各供热抽汽系统的表达式。

$$\alpha_1 = \frac{\tau_1}{q_1} \tag{3-35}$$

$$\alpha_2 = \frac{\tau_2 - \alpha_1 \gamma_2}{q_2} \tag{3-36}$$

$$\alpha_3 = \frac{\tau_3 - (\alpha_1 + \alpha_2)\gamma_3 - \alpha_{fk} q_{fk} - \tau_b}{q_3} \tag{3-37}$$

$$\alpha_4 = \frac{\tau_4 - (\alpha_1 + \alpha_2 + \alpha_3 + \alpha_{fk})\gamma_4 - \alpha_{fl} q_{fl} - \alpha_c q_{fc}}{q_4} \tag{3-38}$$

$$\alpha_H = 1 - \alpha_1 - \alpha_2 - \alpha_3 - \alpha_4 - \alpha_{fk} - \alpha_{fl} - \alpha_c \tag{3-39}$$

$$\alpha_5 = \frac{\alpha_H \tau_5}{q_5} \tag{3-40}$$

$$\alpha_6 = \frac{\alpha_H \tau_6 - \alpha_5 \gamma_6}{q_6} \tag{3-41}$$

$$\alpha_7 = \frac{\alpha_H \tau_7 - (\alpha_5 + \alpha_6)\gamma_7}{q_7} \tag{3-42}$$

$$\alpha_8 = \frac{\alpha_H \tau_8 - (\alpha_5 + \alpha_6 + \alpha_7)\gamma_8 - \alpha_{fD} q_{fD} - \alpha_{fx} q_{fx}}{q_8} \tag{3-43}$$

凝汽份额 $\alpha_c = \alpha_H - \alpha_5 - \alpha_6 - \alpha_7 - \alpha_8 - \alpha_{fd} - \alpha_{fx} - \alpha_p$，其中 α_p 为进入给水泵汽轮机蒸汽份额。

再热蒸汽份额 $\alpha_{zr} = 1 - \alpha_1 - \alpha_2 - \alpha_{fK} - \alpha_{fx}$，其中高压缸平衡鼓漏汽份额 α_{fK}、高压缸门杆漏汽份额 α_{fx} 来自再热冷段前。

式（3-35）～式（3-43）中，α_{fk}、α_{fx}、α_{fl}、α_{fD}、α_e 的含义见表 3-3。

（2）正平衡计算。1kg 新蒸汽的膨胀内功 N_i 为：

$$N_i = \sum_{i=1}^{2} \alpha_i \Delta h_i + \sum_{i=3}^{8} \alpha_i \Delta h_i + \alpha_c \Delta h_c + \alpha_{fk} \Delta h_{fk} +$$
$$\alpha_{fD} \Delta h_{fD} + \alpha_{fl} \Delta h_{fl} + \alpha_{fx} \Delta h_{fx} + \alpha_e \Delta h_e + \alpha_p \Delta h_p \tag{3-44}$$

式中的 Δh_i 按再热前与再热后计算。再热前，$\Delta h_1 = h_0 - h_1$，$\Delta h_2 = h_0 - h_2$，$\Delta h_{fx} = h_0 - h_{fx}$，$\Delta h_{fk} = h_0 - h_{fk}$；再热后，$\Delta h_{3-8} = h_0 - h_{3-8} + \sigma$，$\Delta h_c = h_0 - h_c + \sigma$，$\Delta h_{fD} = h_0 - h_{fD} + \sigma$，$\Delta h_{fl} = h_0 - h_{fl} + \sigma$，$\Delta h_e = h_0 - h_e + \sigma$，$\Delta h_p = h_4 - h_p + \sigma$。

此外，循环吸热量 $Q = h_0 - \bar{t}_1 + \alpha_{zr}\sigma$，实际循环效率 $\eta_i = \dfrac{N_i - \tau_b}{Q}$，其中 σ 为 1kg 蒸汽在再热器中吸热量。

（3）反平衡计算。广义能源损失 $Q_c = \alpha_c q_c + \alpha_p (h_p - \bar{t}_c)$，实际循环效率 $\eta_i = \dfrac{Q - Q_c}{Q}$，其中，$\alpha_p$ 为进入给水泵汽轮机的蒸汽份额。

正平衡计算、反平衡计算的循环效率保持一致，表明热系统计算正确，则可根据正平衡计算的 N_i 和 Q 进行热经济指标的计算。简捷热平衡计算正反平衡流程图如图 3-31 所示。

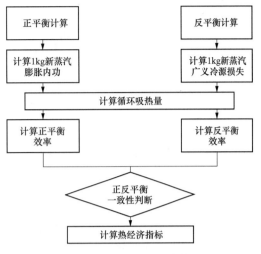

图 3-31　热力平衡正、反计算流程图

3. 辅助系统计算

（1）给水泵汽轮机的数学模型。作为燃煤火电机组的重要辅助设备，给水泵是耗能最大的辅机，大功率机组给水泵的拖动方式多数采用小型汽轮机，业内一般称为"给水泵汽轮机"，相应三大主机之一的汽轮机可称为主汽轮机。给水泵汽轮机的汽源一般可由新蒸汽或主汽轮机的抽汽供给，采用新蒸汽可避免低负荷和启动前的汽源切换，但经济性较低，一般只作为给水泵汽轮机的备用汽源或低负荷切换汽源，正常工况下给水泵汽轮机的汽源采用主汽轮机的抽汽，其抽汽位置与给水泵汽轮机的型式选择有关，而目前给水泵汽轮机多为采用低压进汽的凝汽式汽轮机，蒸汽在给水泵汽轮机内的焓降大，效率较高。

本书通过给水泵的给水焓升，求解给水泵汽轮机的耗汽流量 α_p，计算公式为：

$$\alpha_p = \frac{\alpha_{gs}\tau_b}{(h_{st\_in} - h_{st\_out})\eta_{st}} \tag{3-45}$$

式中　α_{gs}——给水流量，kg/h；

τ_b——给水泵的给水焓升，kJ/kg；

h_{st_in}——给水泵汽轮机进汽比焓，kJ/kg；

h_{st_out}——给水泵汽轮机排汽比焓，kJ/kg；

η_{st}——给水泵汽轮机机械效率。

给水在泵内的焓升 τ_b 计算式为：

$$\tau_b = \frac{v_p(p_b'' - p_b') \times 10^3}{\eta_b} (kJ/kg) \tag{3-46}$$

式中　v_p——水在泵内的平均比体积，m^3/kg；

p_b'——水泵的入口压力，MPa；

p_b''——水泵的出口压力，MPa；

η_b——给水泵的机机械效率，一般为 $80\% \sim 82\%$。

在热平衡计算中，将蒸汽在给水泵汽轮机内的做功 $\alpha_{gs}(h_{st\_in} - h_{st\_out})$ 也视为系统膨胀内功，而给水泵汽轮机排汽在凝汽器内的冷源损失 $\alpha_{gs}(h_{st\_out} - \bar{t}_n)$ 也纳入系统的广义冷源损失。

（2）锅炉连续排污扩容器数学模型。锅炉连续排污量 D_{bl} 的回收利用系统，主要通

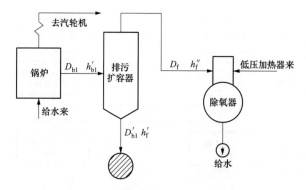

图 3-32 锅炉连续排污扩容系统

过连续排污扩容器的扩容蒸发回收部分工质和热量,回收的扩容蒸汽 D_f 一般进入除氧器,剩余污水 D'_{bl} 进入地沟。锅炉连续排污扩容系统如图 3-32 所示。

锅炉连续排污扩容器中的物质平衡:

$$D_{bl} = D_f + D'_{bl} \tag{3-47}$$

锅炉连续排污扩容器中的能量平衡:

$$D_{bl} h'_{bl} \eta_f = D_f h'' + D'_{bl} h'_f \tag{3-48}$$

式中 D_{bl}——锅炉连续排污量,kg/h;

      D_f——扩容蒸汽量,kg/h;

      D'_{bl}——未扩容的排污水量,kg/h;

      h'_{bl}——排污水比焓(汽包压力下的饱和水焓),kJ/kg;

      η_f——扩容器效率;

      h''_f——扩容器压力下的饱和汽焓,kJ/kg;

      h'_f——扩容器压力下的饱和水焓,kJ/kg。

由物质平衡和能量平衡,可以求出锅炉连续排污扩容器进入除氧器的饱和蒸汽量以及释放的排污水量,对于 1kg 主蒸汽而言则为饱和蒸汽份额和排污水份额。因此,除氧器热平衡计算时,应将 D_f 作为辅助成分纳入本加热单元内进行计算。

(二)等效焓降法

等效焓降法源于热平衡法,是由苏联学者提出并发展完善起来的理论,对纯凝机组和热电机组都适用。对于特定工况热力系统,应用热平衡法和等效焓降法均可求出 1kg 主蒸汽在汽轮机内的循环做功量。对于热电机组最大出力变化幅度分析,在系统变工况情况下求解新工况下排汽焓时,应用等效焓降法与热平衡法分别计算系统的循环做功量,通过迭代比较两种方法计算结果来确定新工况下的排汽焓。同时,等效焓降法计算的热经济指标将作为热平衡计算结果的校核。

1. 等效焓降的概念

等效焓降的概念基于回热抽汽系统和纯凝汽系统的焓降比较和等效,回热抽汽系统和凝汽系统的结构如图 3-33 所示。

图 3-33 中 1kg 主蒸汽在汽轮机内做功的情况为:

回热抽汽系统:

$$\Delta h = h_0 - h_c - \alpha_1(h_1 - h_c) - \alpha_2(h_2 - h_c) - \cdots - \alpha_Z(h_Z - h_c)$$

$$= (h_0 - h_c)(1 - \alpha_1 Y_1 - \alpha_2 Y_2 - \cdots - \alpha_Z Y_Z) = (h_0 - h_c)(1 - \sum \alpha_r Y_r) \tag{3-49}$$

纯凝汽系统:$\Delta h = h_0 - h_c$ (3-50)

式中的 $Y_r = (h_r - h_c)/(h_0 - h_c)$ 是 r 级回热抽汽的做功不足系数,表明 1kg 单位进

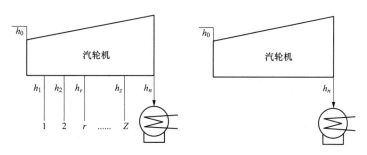

图 3-33 回热抽汽系统（左）与纯凝汽系统（右）

汽在回热机组做功等效于 $(1-\sum \alpha_r Y_r)$ kg 新汽的纯凝汽做功，是新蒸汽等效焓降的基本思想。对于各级回热抽汽，假设有热量 q 进入某级加热器并恰好使该级回热抽汽减少 1kg，则被排挤的 1kg 蒸汽中有一部分流向汽轮机出口做功，另一部分在后面各回热抽汽口被抽出利用，以补偿由于本级加热器回热抽汽变动而引起后面加热器热量的变化，被排挤的 1kg 蒸汽在后面各级被利用份额与加热器需要增加的热量及加热器参数（τ_j、q_j、γ_j）有关。因此，被排挤的 1kg 蒸汽在汽轮机内的有效做功称为回热抽汽的等效焓降 H_i，同时该等效焓降与加入的热量比称为回热抽汽效率，反映了任意回热抽汽能级处的热利用程度，是分析局部量对系统热经济性影响的重要参数。

应用等效焓降法进行热力计算的具体思路是先求出各级回热抽汽等效焓降，进而求出 1kg 新蒸汽在汽轮机内的等效焓降，其中不同类型加热器回热抽汽等效焓降的计算通式为

$$\Delta h_j = h_j - h_c - \sum_{r=1}^{j-1} A_r \frac{H_r}{q_r} = h_j - h_c - \sum_{r=1}^{j-1} A_r \eta_r \tag{3-51}$$

式中　Δh_j——j 级的回热抽汽等效焓降；

Δh_r——r 级（$r=1$, 2, $\cdots$, $j-1$）的回热抽汽等效焓降；

h_j——第 j 级回热加热器加热蒸汽焓值；

h_c——汽轮机排汽焓；

τ_r——1kg 给水在加热器 r 中的焓升，当加热器 j 与加热器 r 无疏水联系时，$A_r=\tau_r$；当加热器 j 与加热器 r 有疏水联系时，$A_r=\gamma_r$；

γ_r——1kg 疏水在加热器中 r 的放热量；

q_r——进入 r 级加热器的热量。

如图 3-34 所示的 7 级加热器热力系统为例，说明各级回热抽汽的等效焓降的计算方法如下：

$$\Delta h_1 = h_1 - h_c \tag{3-52}$$

$$\Delta h_2 = h_2 - h_c - \Delta h_1 \times \gamma_1/q_1 \tag{3-53}$$

$$\Delta h_3 = h_3 - h_c - \Delta h_2 \times \gamma_2/q_2 - \Delta h_1 \times \gamma_1/q_1 \tag{3-54}$$

$$\Delta h_4 = h_4 - h_c - \Delta h_3 \times \gamma_3/q_3 - \Delta h_2 \times \gamma_2/q_2 - \Delta h_1 \times \gamma_1/q_1 \tag{3-55}$$

$$\Delta h_5 = h_5 - h_c - \Delta h_4 \times \gamma_4/q_4 - \Delta h_3 \times \gamma_3/q_3 - \Delta h_2 \times \gamma_2/q_2 - \Delta h_1 \times \gamma_1/q_1$$

$$\tag{3-56}$$

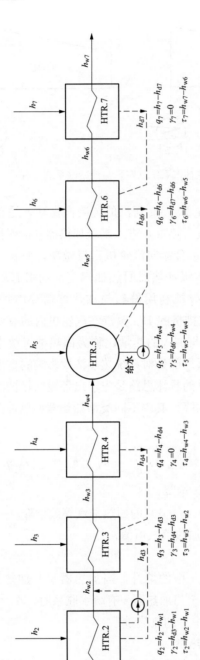

图 3-34　回热抽汽等效焓降计算示意图

$$\Delta h_6 = h_6 - h_c - \Delta h_5 \times \gamma_5/q_5 - \Delta h_4 \times \gamma_4/q_4 -$$
$$\Delta h_3 \times \gamma_3/q_3 - \Delta h_2 \times \gamma_2/q_2 - \Delta h_1 \times \gamma_1/q_1 \tag{3-57}$$

$$\Delta h_7 = h_7 - h_c - \Delta h_6 \times \gamma_6/q_6 - \Delta h_5 \times \gamma_5/q_5 -$$
$$\Delta h_4 \times \gamma_4/q_4 - \Delta h_3 \times \gamma_3/q_3 - \Delta h_2 \times \gamma_2/q_2 - \Delta h_1 \times \gamma_1/q_1 \tag{3-58}$$

1kg 新蒸汽的等效焓降为 $\Delta h_M = (h_0 - h_c) - \sum_{r=1}^{z} \tau_r \dfrac{H_r}{q_r}$。

2. 辅助成分的等效焓降

H_M 扣除系统辅助成分的做功损失 $\sum \Pi$ 后，得到净等效焓降 $\Delta h = (h_0 - h_c) - \sum_{r=1}^{z} \tau_r \dfrac{\Delta h_r}{q_r} - \sum \Pi$。辅助成分主要包括工质漏汽至加热器、纯热量利用、热水回收至主凝结水等，三种情况分别对应如图 3-35 所示中的（1）、（2）、（3）。

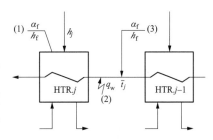

图 3-35　等效焓降法计算时辅助成分利用示意图

工质漏汽进入加热器可利用的等效焓降为：
$\Delta h = \alpha_f[(h_f - h_j)\eta_j + (h_j - h_c)]$，则做功损失为

$\sum \Pi = h_f - h_c - \Delta h$，其中 α_f 为漏入蒸汽份额，h_f 为漏入蒸汽的焓值，h_j 为第 j 级回热加热器加热蒸汽焓值，η_j 为抽汽效率 $\eta_j = (h_j - h_c)/q_j$，h_c 为汽轮机排汽焓；纯热量进入加热器 j 可利用的等效焓降 $\Delta h = q_w \eta_j$，q_w 为进入加热器 j 的纯热量；热水回收进入凝结水系统利用的等效焓降为：$\Delta h = \alpha_f[(h_f - \bar{t}_j)\eta_j + \sum_{r=1}^{j-1} \tau_r \eta_r]$，则做功损失为：$\sum \Pi = h_f - h_c - \Delta h$，其中 $\bar{t}_j$ 为加热器 j 入口给水的焓值。

3. 300MW 级热电机组的等效焓降特殊性

由于有再热系统的存在，300MW 级热电机组再热冷段及其以上区段的任何被排挤的回热抽汽都将流经再热器吸热，使得被排挤回热抽汽的做功不仅包含加入的热量 q 在汽轮机内的做功，而且还包含再热器增加的吸热量做功，因此，对于再热机组回热抽汽等效焓降法采用变热量法，对于再热热段以后的排挤回热抽汽等效焓降的计算公式同无再热系统的通用计算公式；再热冷段以前被排挤的回热抽汽等效焓降的计算公式为：

$\Delta h_j = h_j + \sigma - h_c - \sum_{r=1}^{j-1} A_r \eta_r$，其中，$\sigma$ 为 1kg 蒸汽在再热器中的吸热量。

同时，由于热电机组供热抽汽量是以较低温度的供热回水或补水进入系统的，因此，关于热电机组的等效焓降，除考虑通常辅助成分做功损失外，还须考虑机组的供热抽汽损失，对于供热抽汽回水进入除氧器的采暖抽汽做功损失 Π_{en} 和生产抽汽做功损失 Π_{eg} 分别如下：

$$\Pi_{en} = \alpha_{en}\{(h_{en} - h_c) - [(\bar{t}_{en} - \bar{t}_j)\eta_{j+1} + \sum_{r=1}^{j} \tau_r \eta_r]\} \tag{3-59}$$

$$\Pi_{eg} = \alpha_{eg}(h_{eg} - h_c) + \alpha_{eg}[\bar{t}_d - \bar{t}_{bs} - \phi(\bar{t}_{eg} - \bar{t}_{bs}) \cdot (h_d - h_c)/(h_d - \bar{t}_d) -$$

$$\{\alpha_{eg} + \alpha_{eg} \cdot [\bar{t}_d - \bar{t}_{bs} - \phi(\bar{t}_{eg} - \bar{t}_{bs})]/(h_d - \bar{t}_d)\} \cdot [(\bar{t}_{en} - \bar{t}_j)\eta_{j+1} + \sum_{r=1}^{j} \tau_r \eta_r]$$

$$(3-60)$$

式中　α_{en}、α_{eg}——采暖和工业供热抽汽份额；

h_{en}、h_{eg}、h_d——采暖抽汽、工业供热抽汽和加热生产补水的抽汽焓；

$\bar{t}_{en}$、$\bar{t}_{eg}$——采暖和生产供热抽汽回水焓；

$\bar{t}_d$、$\bar{t}_{bs}$、$\bar{t}_j$——低压除氧器出口水、补水和除氧器出口水焓；

ϕ——生产供热抽汽回水率。

此外，对于供热抽汽回水进入主凝结水系统的抽汽做功损失的公式，只需将上述公式中除氧器出口水焓用补给点凝结水焓代替即可。

五、热电机组热力系统变工况计算

1. 回热抽汽压力的确定

热力系统工况发生变动时，最基本的变化因素是通过汽轮机的主蒸汽流量 D_0 或通过级组的蒸汽流量 D_1 发生变化。根据弗留格尔公式，级组通过蒸汽的能力决定于级组前后压力，蒸汽流量变化与压力变化关系如下：

$$\frac{D_1}{D_{10}} = \sqrt{\frac{p_1^2 - p_2^2}{p_{10}^2 - p_{20}^2}} \sqrt{\frac{T_{10}}{T_1}} \qquad (3-61)$$

式中　D_1、D_{10}——调节级前变化后工况、基准工况的蒸汽流量；

p_1、p_{10}——调节级前变化后工况、基准工况的蒸汽压力；

p_2、p_{20}——调节级后变化后工况、基准工况的蒸汽压力；

T_1、T_{10}——调节级前变化后工况、基准工况的蒸汽温度。

此外，式中温度修正项 T_{10}/T_1，一般情况下等于1，实际计算中可以不考虑；对于凝汽机组各回热抽汽之间的级组，压力比 p_2/p_1 总是很小，则上述弗留格尔公式可以简化为 $D_1/D_{10} = p_1/p_{10}$，但对于热电机组，在包含供热抽汽的区段内，需要考虑压力比对流量的影响。

弗留格尔公式应用条件是"流通部分结构尺寸都不变"，包括级组的级数和流通截面面积不变，若级组中包括调节汽门，则其开度也不能变。对仅带回热抽汽的凝汽式机组，虽然有了抽汽使级间流量有所改变，但由于抽汽量相对于总进汽量所占份额很小，也可将整台汽轮机视为一个级组，所以仅带回热抽汽的凝汽式机组适用于弗留格尔公式的使用条件；对于热电机组，抽汽改变了机组蒸汽通流量，且对外调节供气压力一般是通过旋转隔板实现，旋转隔板改变了机组的通流面积，这使得热电机组不符合弗留格尔公式的使用条件。为适应弗留格尔公式要求，热电机组热力系统计算时将以供热抽汽口为界，分为两个区段（单抽机）或三个区段（双抽机），每个区段内仅有回热抽汽，可逐段应用弗留格尔公式。

本书以双抽（包括工业供热抽汽和采暖抽汽）热电机组为例，阐述热电机组弗留格尔公式计算步骤。首先将汽轮机各压力级分为3个区段，分别是调级后至工业供热抽汽口、工业供热抽汽口至采暖抽汽口以及采暖抽汽口至凝汽器，各区段内的变工况压力计算分别如下：

（1）调节级后压力 p_2 计算公式。

$$p_2 = p_{20} \frac{D_1}{D_{10}} \tag{3-62}$$

式中　D_1、D_{10}——调节级前变化后工况、基准工况的蒸汽流量；

$\quad\quad$ p_2、p_{20}——调节级后变化后工况、基准工况的蒸汽压力。

（2）调节级后到工业供热抽汽口之间的各回热抽汽口的压力 P_r。

$$p_r = \sqrt{p_{eg}^2 + \left(\frac{D_{II}}{D_{II0}}\right)^2 (p_{r0}^2 - p_{eg0}^2)} \tag{3-63}$$

式中　p_r、p_{r0}——变化后工况、基准工况的回热抽汽口的压力；

$\quad\quad$ p_{eg}、p_{eg0}——变化后工况、基准工况的工业供热抽汽压力（级后压力）；

$\quad\quad$ D_{II}、D_{II0}——变化后工况、基准工况条件下，扣除抽汽段的抽汽量后，进入后面级组的蒸汽流量。

（3）工业供热抽汽口到采暖抽汽口之间的各回热抽汽口的压力 p_r。

$$p_r = \sqrt{p_{en}^2 + \left(\frac{D_{II}}{D_{II0}}\right)^2 (p_{r0}^2 - p_{en0}^2)} \tag{3-64}$$

式中　p_r、p_{r0}——变化后工况、基准工况的回热抽汽口的压力；

$\quad\quad$ p_{en}、p_{en0}——变化后工况、基准工况的采暖抽汽压力（级后压力）；

$\quad\quad$ D_{II}、D_{II0}——变化后工况、基准工况条件下，扣除抽汽段的抽汽量后，进入后面级组的蒸汽流量。

（4）采暖抽汽口到凝汽器之间的各回热抽汽口的压力 p_r。

$$p_r = p_{r0} \frac{D_I}{D_{I0}} \tag{3-65}$$

式中　D_I、D_{I0}——变化后工况、基准工况的采暖抽汽后机组的蒸汽流量；

$\quad\quad$ p_r、p_{r0}——变化后工况、基准工况的各回热抽汽口的压力。

2. 汽轮机各级相对内效率的确定

建立汽轮机变工况膨胀过程线时，可以认为中间压力级组的效率基本不变，膨胀过程线平行移动，但调节级和末级变化较大。一般调节级效率和末级效率都可以根据厂家提供的调节级和末级特性曲线查得，哈尔滨汽轮机厂有限责任公司提供的哈尔滨热电有限责任公司某 300MW 机型定压运行条件下的调节级组效率与汽轮机出力的关系曲线如图 3-36 所示。

当缺乏厂家提供的调节级组效率与汽轮机出力关系曲线时，调节级和末级效率可以由各个工况下调节级组的效率拟合而成。此外，对于末级效率可以采用简单估算法，以蒸汽平均湿度为量度，即末级组蒸汽平均湿度每增加 1%，则机组效率下降 1%。

汽轮机主蒸汽进汽至第一级回热抽汽为调节级，可根据已有热平衡工况拟合调节级效率，拟合方法如下：

（1）利用水和水蒸气热力性质计算公式（如 IAPWS-IF97 公式，即水和水蒸气性质

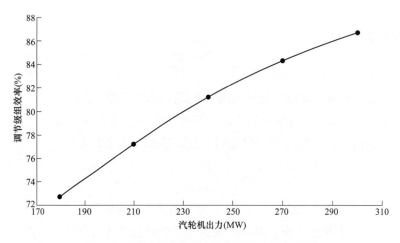

图 3-36　调节级组效率与汽轮机出力关系曲线

国际联合会 1997 年通过的水和水蒸气计算模型）或软件（如 WaterPro 等），根据 p_0，h_0 求出进口主蒸汽熵 s_0。

（2）利用水和水蒸气热力性质计算公式或软件，根据 s_0 和 p_1 求出口蒸汽理想焓 h_{1s}。

（3）求解调节级相对内效率，即 $\eta_i = (h_0 - h_1)/(h_0 - h_{1s})$。

其中，设定主蒸汽参数为压力 p_0、温度 t_0、焓值 h_0、第一级回热抽汽参数为压力 p_1、温度 t_1、焓值 h_1、主蒸汽流量为 D_i。

由此可得到某一工况下的主蒸汽流量和机组相对内效率的数据组（D_i、η_i），其他工况的数据组用同样方法可求得，对于多组数据，便可将调节级效率拟合为主蒸汽流量的函数。对于机组末级，可以将相对内效率拟合为凝汽量的函数，拟合过程同调节级。

3. 排汽焓的确定

因低压缸排汽大都处于湿汽区，变工况后的排汽焓不能仅由相应的压力来确定，美国机械工程师协会（American Society of Mechanical Engineers，ASME）的标准"汽轮机试验规范的补充 A. 各种涡轮机计算的数值实例"（标准号 ASME PTC6A—1982）中推荐两种方法，一种方法是根据变工况后汽轮机热力系统汽水参数，建立热量平衡、汽轮机的功率方程以及等效焓降方程，确定汽轮机排汽焓；另一种方法是根据已知的汽轮机入口蒸汽状态点和回热抽汽状态点做出蒸汽膨胀线，然后将此曲线平滑外推到湿蒸汽区，得出处于湿蒸汽区的排汽焓及抽汽焓，这种方法相对简单，但使用时受曲线拟合数据点数量的影响，精度难以保证。

本书采用 ASME PTC6A——1982 中推荐的第一种方法，计算主要平衡方程为

$$N_i \cdot D_0 \eta_{jx} \eta_d = 3600 \cdot P_e \tag{3-66}$$

$$\Delta h = h_0 - h_c - \sum_{r=1}^{z} \tau_r \frac{\Delta h_r}{q_r} - \sum \Pi + \sigma \tag{3-67}$$

式中　N_i——循环内功；

　　　　D_0——主蒸汽进汽流量；

　　　　η_{jx}——汽轮机内效率；

η_d——发电机效率；

P_e——汽轮发电机功率；

Δh——总等效焓降；

Δh_r——r 级（$r=1$，2，$\cdots$，$j-1$）的回热抽汽等效焓降；

h_0——主蒸汽焓值；

h_c——汽轮机排汽焓；

τ_r——1kg 给水在加热器 r 中的焓升；

q_r——进入 r 级加热器的热量；

$\sum\Pi$——抽汽做功能力损失；

σ——1kg 蒸汽在再热器中的吸热量。

计算时，首先假设一个排汽焓作为初值，通过常规热平衡计算公式求出新工况主蒸汽流量和出力下对应的循环内功 N_i，再通过等效焓降公式求解 Δh，比较两者差值，$\sum\Pi$ 并通过重新假设排汽焓进行迭代计算，直至两者差值在一定误差范围内。

4. 汽轮机回热抽汽点参数和过程线的确定

通过弗留格尔公式确定变工况后各级回热抽汽压力，并确定各级组相对内效率后，便可继续求得各回热抽汽的比焓值和温度，进而可以确定变工况后各回热抽汽点蒸汽参数以及在焓熵图上的膨胀过程线。各回热抽汽点参数计算顺序由调节级依次往后，其中主蒸汽作为调节级的进口，第一级回热抽汽作为调节级的出口，主蒸汽压力和焓值由变工况要求确定（定压运行时与额定工况一致），则第一级回热抽汽焓值和温度确定方法如下：

（1）利用水和水蒸气热力性质计算公式（如 IAPWS-IF97 公式，即水和水蒸气性质国际联合会 1997 年通过的水和水蒸气计算模型）或软件（如 WaterPro 等），根据新工况主蒸汽压力和新工况主蒸汽焓，确定本级进口熵。

（2）利用水和水蒸气热力性质计算公式或软件，根据新工况第一级回热抽汽压力和进口熵，确定本级出口理想焓。

（3）确定本级理想焓降。本级理想焓降 Δh_{1s}＝新工况主蒸汽焓－出口理想焓 h_{1s}。

（4）确定本级出口实际焓值。本级出口实际焓值 h_1＝新工况主蒸汽焓－Δh_{1s}×调节级的相对内效率。

（5）利用水和水蒸气热力性质计算公式或软件，根据新工况第一级回热抽汽压力，出口实际焓值 h_1，确定出口蒸汽温度 T_1。

其中，新工况下第一级回热抽汽压力和调节级的相对内效率已由前述方法确定，求出的第一级回热抽汽参数将作为下一级组的进口值，进行第二级回热抽汽参数的计算。机组各级组的计算通式为：

$$\eta_{(r)}=(h_{1(r)}-h_{1(r)})/\Delta h_{a(r)} \tag{3-68}$$

$$h_{2(r)}=h_{1(r)}-\Delta h_{a(r)}\eta_{(r)} \tag{3-69}$$

式中　$h_{1(r)}$——r 级组的进口蒸汽比焓，在级组的逐级计算中为已知量；

$h_{2(r)}$——r 级组的出口蒸汽比焓；

$\Delta h_{a(r)}$ ——r 级组蒸汽在汽轮机中的等熵膨胀比焓（在熵和回抽汽压力已知时，可以由水蒸气性质计算得出）；

$\eta_{(r)}$ ——r 级组的相对内效率。

5. 再热系统压力计算

由于再热器及其连接系统存在，蒸汽通过再热系统存在压损，在系统变工况时会发生变化，而再热系统的压损 Δp_{zr}、汽轮机高压缸出口压力（即再热系统的进口压力）p'_{zr}，以及汽轮机中压缸进口压力（即再热系统的出口压力）p''_{zr}，可按下述方法确定：

中压缸进口压力计算公式：

$$p''_{zr} = p''_{zr0} \cdot D_{zr} / D_{zr0} \tag{3-70}$$

再热系统压损计算公式：

$$\Delta p_{zr} = \Delta p_{zr0} \cdot D_{zr} / D_{zr0} \tag{3-71}$$

高压缸出口压力计算公式：

$$p'_{zr} = p''_{zr} + \Delta p_{zr} \tag{3-72}$$

式（3-70）～式（3-72）中：

D_{zr}、D_{zr0} ——变化后工况、基准工况的汽轮机中压缸进口流量，在再热热段管道上没有其他用汽和漏汽情况下，这个流量就是通过再热器的流量；

p''_{zr}、p''_{zr0} ——变化后工况、基准工况的汽轮机中压缸进口压力（即再热系统的出口压力）；

Δp_{zr}、Δp_{zr0} ——变化后工况、基准工况的再热系统的压损；

p'_{zr} ——汽轮机高压缸出口压力（即再热系统的进口压力）。

6. 供热抽汽压损的计算

热电机组中蒸汽通过供热抽汽调节装置时将产生压力损失，其中供热抽汽压力 p_{sg} 由热用户决定的，一般保持不变，已知供热抽汽后级组通过蒸汽流量，按弗留格尔公式可确定供热抽汽后级组的进汽压力 p_r，由此便可确定工况变动后新的供热抽汽压损 $\Delta p = p_{sg} - p_r$。

7. 关于计算过程的迭代

进行热电机组热力系统变工况计算时，如果已知变工况后的机组出力，变工况后的主蒸汽耗量 D_0 是个未知数，计算时需拟预先假定，假定值可近似与负荷成比例决定。

$$D_0 = D_{00} \times P_d / P_{d0} \tag{3-73}$$

式中　P_d ——变工况后汽轮机出力；

P_{d0} ——变工况前基准工况的汽轮机出力；

D_0 ——变工况后机组的主蒸汽耗量；

D_{00} ——变工况前的主蒸汽耗量。

确定变工况后的主蒸汽耗量后，执行本节前文所述热力系统变工况计算过程，分区段计算各回热抽汽压力，确定新工况下的各汽水参数，然后执行本节前文所述热电机组热力系统基准工况计算过程，根据各蒸汽份额的出力确定新蒸汽耗量 D'_0。D'_0 一般不等

于假设的 D_0，则需要进行迭代，重复上述计算步骤，逐次逼近到满足下式为止。迭代完成，热力系统计算完结。

$$D_0^{(n-1)} - D_0^n \leqslant \varepsilon \tag{3-74}$$

式中　　ε——迭代允许误差；

$D_0^{(n-1)}$、D_0^n——第 $n-1$ 次、第 n 次迭代确定的新蒸汽耗量。

在迭代过程中，每迭代一次都必须输出正、反平衡计算结果，以检验每次迭代的正确性，判断是否继续迭代。在迭代计算完成，热力系统变工况计算完结后，可按简捷计算方法确定新的出力、主蒸汽流量等值。

六、边界条件取值

（一）热力系统计算基础参数

1. 机组调节级和末级效率拟合

对哈尔滨汽轮机厂有限责任公司生产的 300MW 和 350MW 热电机组在不同供热抽汽量下的发电出力范围进行分析。根据制造厂商提供的阀门全开工况（valve wide open，VWO，与锅炉 BMCR 工况对应）、汽轮机热耗保证工况（turbine heat acceptance，THA）、汽轮机额定负载工况（turbine rated load，TRL）以及最大连续出力工况（turbine maximum continue rate，TMCR）工况的热平衡图，2 种供热机型不同主蒸汽流量下调节级效率和末级效率的拟合情况见表 3-4 和表 3-5，对于其他流量下的调节级和末级效率可依据拟合的数据插值求解。

表 3-4　　　　　　　　　　300MW 热电机组调节级和末级效率拟合数据

工况	主蒸汽流量（t/h）	调节级效率（%）	末级效率（%）	第 7 级蒸汽干度	第 8 级蒸汽干度
1	882.69	83.36	77.78	0.9924	0.9497
2	960（高背压）	84.37	76.26	0.9917	0.9488
3	960	84.30	75.90	0.9915	0.9485
4	1025	85.41	73.95	0.9908	0.9468

表 3-5　　　　　　　　　　350MW 热电机组调节级和末级效率拟合数据

工况	主蒸汽流量（t/h）	调节级效率（%）	末级效率（%）	第 7 级蒸汽干度	第 8 级蒸汽干度
1	1040.79	82.14	75.96	0.9932	0.9458
2	1109（高背压）	83.65	76.85	0.9919	0.9445
3	1109	83.55	73.71	0.9917	0.9443
4	1165	84.15	71.96	0.9904	0.943

2. 加热器端差和回热抽汽压损取值

对于热力系统表面式高压加热器（用 JGi 表示）和低压加热器（用 JDi 表示）的上端差，由于 3 级高压加热器设置过热段，其上端差与低压加热器相比较低，同时为提高给水温度，将第 1 级高压加热器运行上端差设为负值；此外，所有高压加热器和低压加热器由于均设置了疏水冷却段而存在下端差；混合式除氧器（用 CY 表示）无端差，各级加热器的上、下端差取值见表 3-6。

表 3-6   300MW 级热电机组端差   （℃）

端差	JG1	JG2	JG3	CY	JD1	JD2	JD3	JD4
上端差	−1.7	0	0	0	2.8	2.8	2.8	2.8
下端差	5.6	5.6	5.6	0	5.6	5.6	5.6	5.6

管道回热抽汽压损与设计的蒸汽流速有关，对于一定量的回热抽汽，管径大流速低压损小、管径小流速大压损高，按照哈尔滨汽轮机厂有限责任公司提供的 C261/N300-16.7/537/537 型汽轮机热力特性书，各级加热器回热抽汽管道中高压加热器的压损设计值为 3%，其余为 5%。此外，给水泵汽轮机进汽管的压损为 5%。

3. 辅助蒸汽流程及辅助设备效率取值

机组各级隔板、缸体端部等动静结合部分都装有汽封系统，以减小蒸汽漏汽量，减少做功损失；同时，引入一定量的低温蒸汽冷却转子以及缸体壁面，因此，机组通流部分总存在一定量的漏汽，冷却完后的漏汽以及阀门漏汽可以进入回热抽汽管道，或者通过轴封管道进入轴封加热器，再通过轴封蒸汽调节器调整压力后进入凝汽器，在热力系统计算时，需要考虑各辅助蒸汽的做功，典型 300MW 级热电机组汽封漏汽示意图如图 3-37 所示。

此外，按 C261/N300-16.7/537/537 型汽轮机热力特性书，热力系统计算时，给水泵效率取值 82%，电动机效率取值 98.5%，机械效率取值 98%。

（二）机组发电出力限制因素

如本书第二章第一节所述，电厂锅炉 BMCR 工况为最大连续蒸发量工况，火电机组可以 BMCR-VWO 工况长期运行。本书计算时，采用 BMCR-VWO 工况作为热电机组抽汽量为 0 时的工况，即锅炉的最大出力工况为 BMCR 工况（以 300MW 机组为例，主蒸汽流量为 1025t/h），汽轮机的背压为 4.9kPa。

如本书第三章第一节所述，汽轮机运行时低压缸容积流量不能少于 10%～20% 额定容积流量。根据上海汽轮机厂有限公司、哈尔滨汽轮机厂有限责任公司等制造厂提供的数据，低压缸最小冷却流量一般略低于低压缸设计最大通流量的 15%。本书在计算最小发电出力时，按照制造厂提供的最小冷却流量计算。

七、计算结果及结论

（一）300MW 热电机组不同供热抽汽量下的发电出力范围

1. 采暖抽汽压力 0.4MPa

以机组额定供热抽汽工况为基准工况进行热力系统计算，计算范围为机组最大供热抽汽量（500t/h）到相对最小供热抽汽量（200t/h），在计算范围内均匀选取 4 个供热

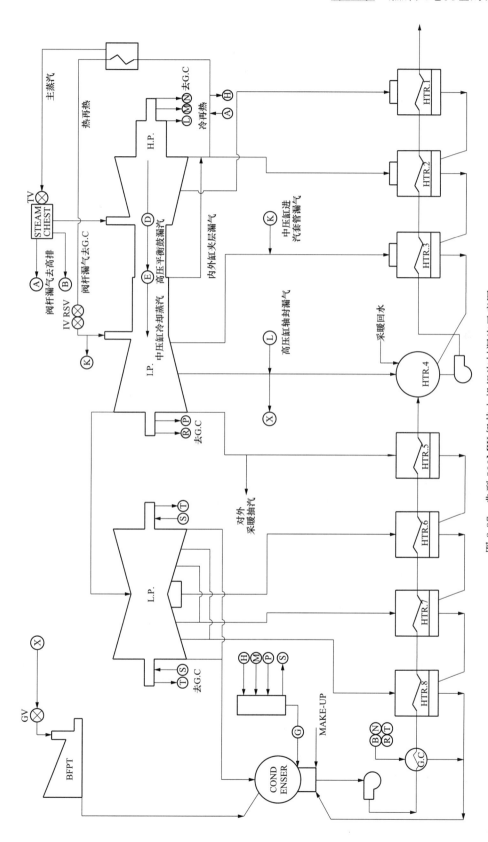

图 3-37　典型 300MW 级热电机组汽封漏汽示意图

BFPT—给水泵汽轮机；TV—高压主汽门；IV—中压调节门；RSV—中压主汽门；STEAM CHEST—进汽箱；L.P.—低压缸；
I.P.—中压缸；H.P.—高压缸；CONDENSER—凝汽器；G.C—汽封加热器；HTR1~HTR8—回热加热器 1~8

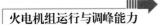

抽汽量：500、400、350（未选择300t/h，因为350t/h为额定供热抽汽量）和200t/h，计算相应供热抽汽量水平下对应的最大和最小发电出力。对基准工况的汽水参数整理见表3-7，其中0级号为主蒸汽，凝汽器压力为4.9kPa。

表 3-7　　　　　　　　300MW 热电机组基准工况（进汽量 1025t/h、
供热抽汽量 350t/h）汽水参数表

级号	抽汽压力 （MPa）	抽汽温度 （℃）	抽汽焓 （kJ/kg）	加热器 出口水焓 （kJ/kg）	疏水焓 （kJ/kg）	抽汽 放热量 （kJ/kg）	给水 焓升 （kJ/kg）	疏水 焓升 （kJ/kg）
0	16.7	537	3394.12	——	——	——	——	——
1	6.465	392.3	3151.27	1237.606	1105.76	2045.51	159.16	——
2	3.997	324.8	3030.38	1078.447	897.62	2132.76	206.29	208.14
3	1.755	425.9	3308.74	872.149	738.15	2570.59	173.86	159.46
4	0.742	307.8	3075.11	698.289	——	2490.37	113.54	153.41
5	0.4	238.4	2940.54	584.745	424.47	2516.08	183.89	——
6	0.101	109	2694.25	400.853	310.47	2383.78	113.86	113.99
7	0.0348	0.9612	2540.99	286.993	218.44	2322.55	91.97	92.03
8	0.0126	0.9241	2412.14	195.021	163.85	2275.87	58.75	82.17

300MW热电机组配套锅炉最大连续蒸发量为1025t/h，因此，上述工况为供热抽汽量350t/h时最大发电出力工况，对于最小发电出力，假设以最小凝汽量195t/h对应的最小发电出力而进行变工况迭代计算，即以设定的凝汽量为计算开始，先按第一级回热抽汽至末级顺序计算各级组后的蒸汽流量，再按末级回热抽汽至调节级顺序，反方向计算各压力级的汽水参数，然后用正、反平衡计算方法计算各级的回热抽汽量和凝汽量，重复上述迭代过程，直至计算的凝汽量与设定的凝汽量的误差在允许范围内。

采用相同的变工况迭代计算方法，可以计算出500、400t/h和200t/h供热抽汽量对应的最大、最小发电出力，各供热抽汽量工况下求解的最终热平衡图如图3-38～图3-45所示。图中p为压力，MPa；t为温度，℃；h为焓，kJ/kg；G为流量，t/h；BFPT为给水泵汽轮机；TV为高压主汽门；IV为中压调节门；RSV为中压主汽门；STEAM CHEST为进汽箱；L.P.为低压缸；I.P.为中压缸；H.P.为高压缸；CONDENSER为凝汽器；G.C为汽封加热器；HTR1～HTR8为回热加热器1～8。⊗←为x蒸汽引出点；⊗→为x蒸汽引入点。

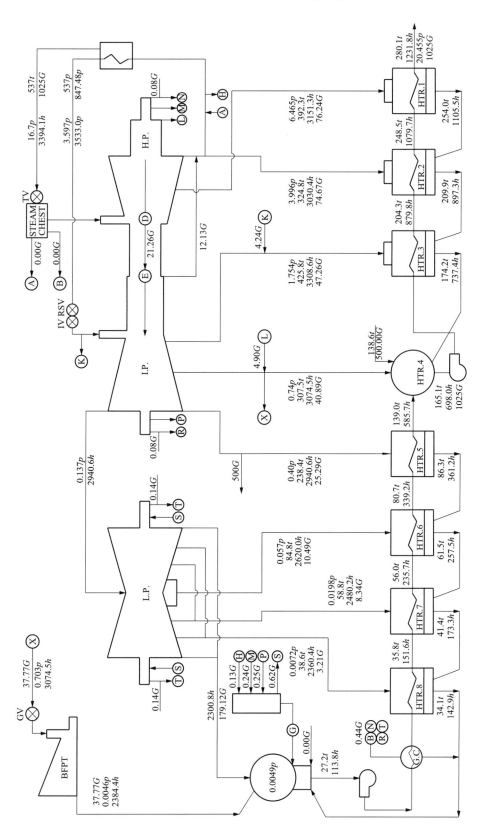

图 3-38 500t/h 供热抽汽工况最大技术出力热平衡图

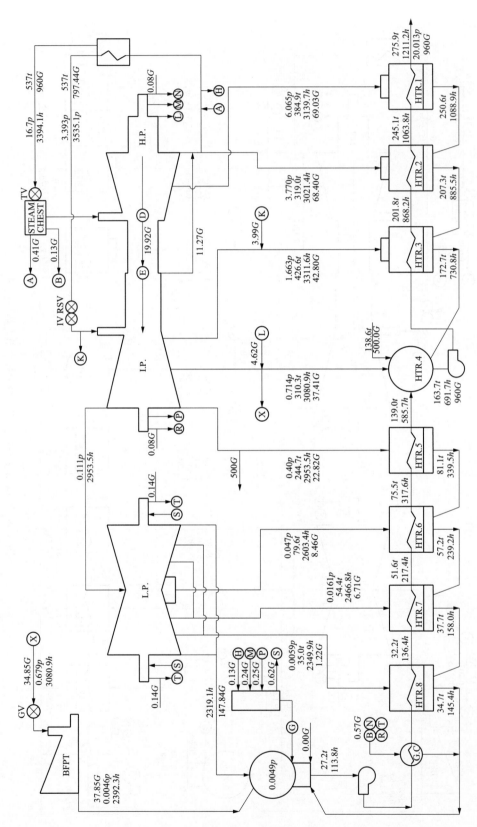

图 3-39 500t/h 供热抽汽工况最小技术出力热平衡图

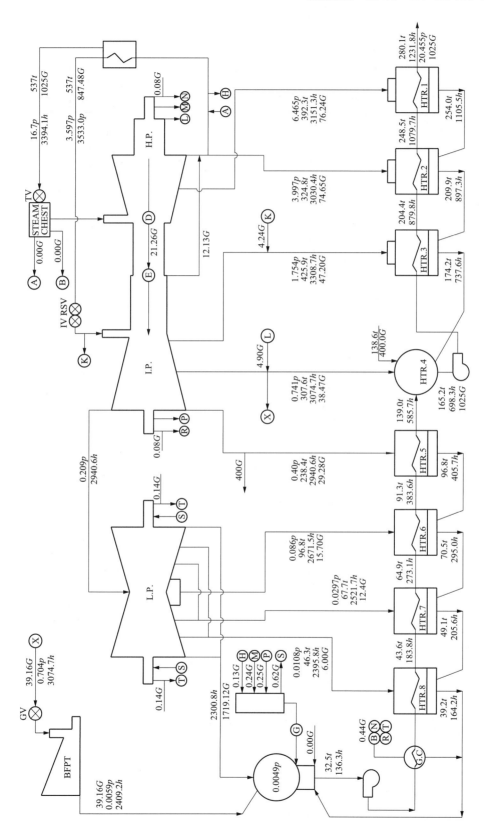

图 3-40 400t/h 供热抽汽工况最大技术出力热平衡图

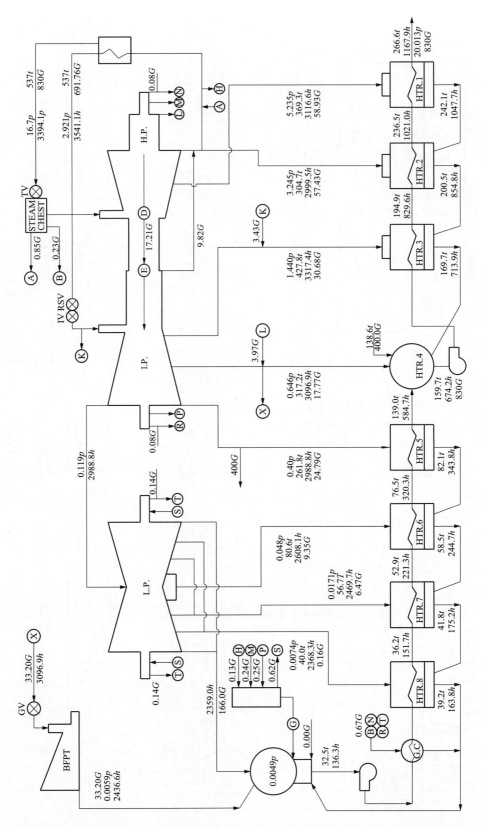

图 3-41 400t/h 供热抽汽工况最小技术出力热平衡图

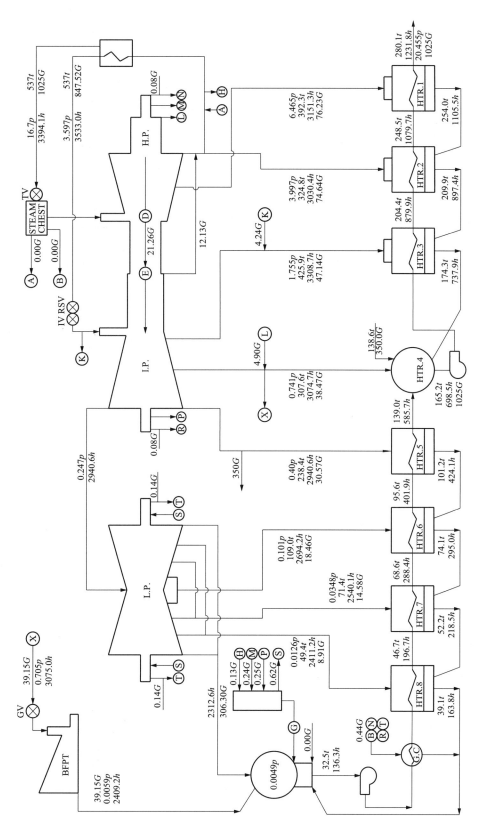

图 3-42　350t/h 供热抽汽工况最大技术出力热平衡图

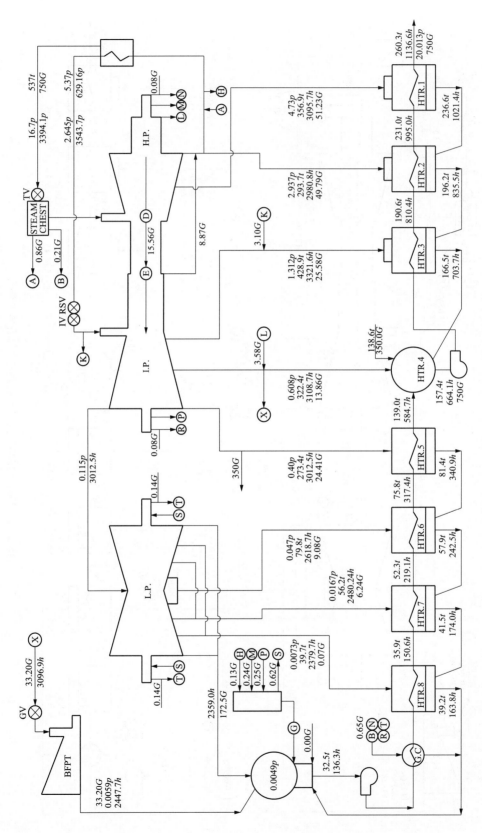

图 3-43　350t/h 供热抽汽工况最小技术出力热平衡图

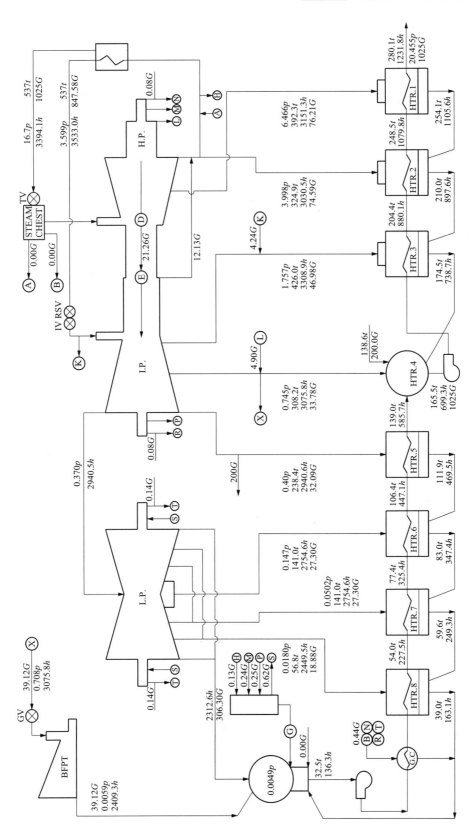

图 3-44 200t/h 供热抽汽工况最大技术出力热平衡图

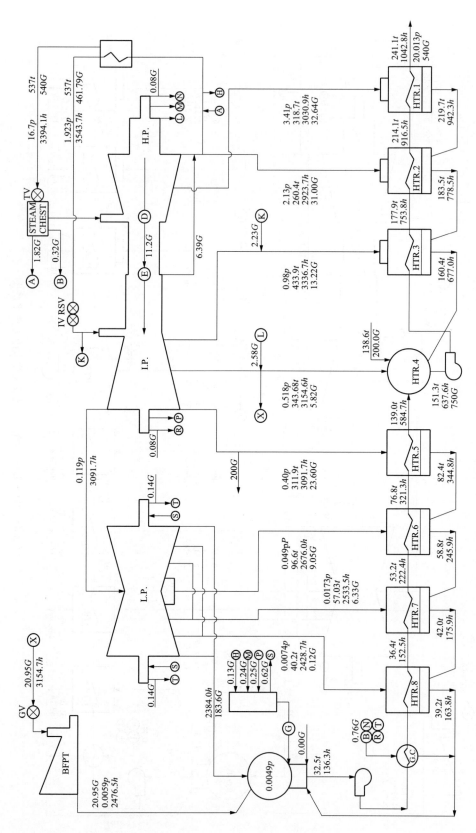

图 3-45　200t/h 供热抽汽工况最小技术出力热平衡图

上述各工况热平衡图下技术出力的计算结果见表3-8。

表 3-8　　　　300MW 热电机组最大、最小技术出力与 0.4MPa 供热抽汽的关系

抽汽供热量（t/h）	机组最大技术出力（MW）	机组最小技术出力（MW）	机组最大出力变化幅度（MW）
500	260.374	240.703	19.671
400	275.053	219.044	56.009
350	283.851	203.580	80.271
200	307.779	162.531	145.248

2. 采暖抽汽压力 0.5MPa

对基准工况的汽水参数整理见表3-9，其中 0 级号为主蒸汽，凝汽器压力为 4.9kPa。

表 3-9　　　　300MW 热电机组基准工况（供热抽汽压力 0.5MPa、进汽量 972t/h、供热抽汽量 350t/h）汽水参数表

级号	抽汽压力（MPa）	抽汽温度（℃）	抽汽焓（kJ/kg）	加热器出口水焓（kJ/kg）	疏水焓（kJ/kg）	抽汽放热量（kJ/kg）	给水焓升（kJ/kg）	疏水焓升（kJ/kg）
0	16.7	537	3394.12	—	—	—	—	—
1	6.412	394.5	3158.09	1234.77	1103.08	2055.02	158.97	—
2	3.96	327.7	3039.04	1075.79	902.65	2136.39	198.65	200.43
3	1.795	434.7	3327.27	877.14	758.11	2569.16	159.05	144.54
4	0.829	329.6	3118.95	718.09	—	2499.22	98.35	138.37
5	0.5	270.4	3003.50	619.73	424.47	2579.03	218.88	—
6	0.101	111.5	2699.29	400.85	304.70	2394.58	119.62	119.76
7	0.0328	70.0	2534.77	281.23	213.66	2321.11	90.98	91.04
8	0.0119	48.3	2405.13	190.24	163.85	2268.85	53.97	77.39

由基准工况，计算 300MW 热电机组在 500t、400、300t/h 和 200t/供热抽汽量下的最大、最小技术出力相关计算结果见表3-10～表3-13。

表 3-10　　　　500t/h 供热抽汽工况最大、最小技术出力的变工况计算结果

级号	最大技术出力新工况计算结果				最小技术出力新工况计算结果			
	压力（MPa）	温度（℃）	焓（kJ/kg）	抽汽量（t/h）	压力（MPa）	温度（℃）	焓（kJ/kg）	抽汽量（t/h）
1	6.759	397.63	3159.60	81.50	6.333	397.05	3166.28	73.48
2	4.172	330.39	3040.35	75.51	3.912	330.04	3046.45	68.23

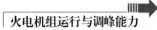

续表

级号	最大技术出力新工况计算结果				最小技术出力新工况计算结果			
	压力 （MPa）	温度 （℃）	焓 （kJ/kg）	抽汽量 （t/h）	压力 （MPa）	温度 （℃）	焓 （kJ/kg）	抽汽量 （t/h）
3	1.886	434.18	3324.90	40.58	1.775	434.86	3327.91	36.31
4	0.859	327.40	3113.66	33.14	0.823	330.37	3120.69	29.46
5	0.5	264.38	2991.023	27.86	0.5	271.80	3006.41	25.63
6	0.0656	95.71	2672.11	11.22	0.0514	83.77	2650.53	9.01
7	0.0215	61.73	2512.48	7.742	0.0171	56.79	2499.31	5.78
8	0.00871	43.15	2398.99	1.38	0.00753	40.39	2397.48	0.11
	发电出力：249.0MW（1025t/h进汽）				发电出力：227.6MW（960t/h进汽）			

表 3-11 **400t/h供热抽汽工况最大、最小技术出力的变工况计算结果**

级号	最大技术出力新工况计算结果				最小技术出力新工况计算结果			
	压力 （MPa）	温度 （℃）	焓 （kJ/kg）	抽汽量 （t/h）	压力 （MPa）	温度 （℃）	焓 （kJ/kg）	抽汽量 （t/h）
1	6.759	397.63	3159.60	81.50	5.35	375.99	3131.41	57.81
2	4.172	330.39	3040.35	75.51	3.31	311.53	3015.31	53.508
3	1.886	434.18	3324.90	40.58	1.52	436.89	3335.77	26.64
4	0.859	327.40	3113.66	31.67	0.74	339.16	3140.75	20.380
5	0.5	264.38	2991.02	32.46	0.5	291.34	3046.86	25.67
6	0.0973	132.89	2742.51	16.61	0.050	96.391	2675.44	8.95
7	0.0316	70.37	2571.43	12.28	0.016	56.42	2522.76	5.72
8	0.0116	48.87	2441.77	5.34	0.0074	40.21	2420.94	0.058
	发电出力：266.34MW（1025t/h进汽）				发电出力：201.54MW（810t/h进汽）			

表 3-12 **300t/h供热抽汽工况最大、最小技术出力的变工况计算结果**

级号	最大技术出力的新工况计算结果				最小技术出力的新工况计算结果			
	压力 （MPa）	温度 （℃）	焓 （kJ/kg）	抽汽量 （t/h）	压力 （MPa）	温度 （℃）	焓 （kJ/kg）	抽汽量 （t/h）
1	6.759	397.64	3159.61	81.50	4.435	353.60	3094.08	44.39
2	4.173	330.40	3040.38	75.51	2.755	291.93	2982.21	40.56
3	1.886	434.18	3324.89	40.58	1.289	439.75	3345.06	18.24
4	0.859	327.39	3113.65	30.21	0.677	350.90	3166.62	13.16

级号	最大技术出力的新工况计算结果				最小技术出力的新工况计算结果			
	压力 (MPa)	温度 (℃)	焓 (kJ/kg)	抽汽量 (t/h)	压力 (MPa)	温度 (℃)	焓 (kJ/kg)	抽汽量 (t/h)
5	0.5	264.37	2991.00	35.52	0.5	313.60	3092.86	25.59
6	0.129	169.02	2812.19	22.12	0.0514	113.75	2709.27	9.079
7	0.0418	76.98	2628.21	16.81	0.0172	56.88	2552.67	5.87
8	0.0148	53.77	2488.87	10.38	0.0076	40.46	2448.37	0.168
	发电出力：283.64MW（1025t/h进汽）				发电出力：176.62MW（670t/h进汽）			

表 3-13 200t/h 供热抽汽工况最大、最小技术出力的变工况计算结果

级号	最大技术出力的新工况计算结果				最小技术出力的新工况计算结果			
	压力 (MPa)	温度 (℃)	焓 (kJ/kg)	抽汽量 (t/h)	压力 (MPa)	温度 (℃)	焓 (kJ/kg)	抽汽量 (t/h)
1	6.759	397.63	3159.60	81.50	3.45	325.47	3046.85	31.29
2	4.172	330.39	3040.35	75.51	2.16	267.56	2940.86	27.60
3	1.886	434.18	3324.90	40.58	1.049	444.91	3359.28	10.19
4	0.859	327.40	3113.66	28.74	0.613	369.72	3207.05	7.16
5	0.5	264.38	2991.023	37.26	0.5	343.84	3155.36	24.49
6	0.160	204.50	2881.43	27.70	0.05	134.05	2748.98	8.64
7	0.0521	100.13	2682.56	21.35	0.0169	56.52	2586.90	5.58
8	0.0181	57.95	2535.43	16.17	0.0075	40.28	2482.15	0.093
	发电出力：300.19MW（1025t/h进汽）				发电出力：146.87MW（520t/h进汽）			

上述各工况技术出力的汇总情况见表 3-14。

表 3-14 300MW 热电机组最大、最小发电出力与 0.5MPa 供热抽汽的关系

供热抽汽量 (t/h)	机组最大技术出力 (MW)	机组最小技术出力 (MW)	机组最大出力变化幅度 (MW)
500	249.0	227.6	21.4
400	266.34	201.54	64.8
300	283.64	176.62	107.02
200	300.19	146.87	153.32

此外，本书还计算了 300MW 热电机组在供热抽汽压力 0.294MPa 时不同供热抽汽

量的最大、最小技术出力，计算结果见表 3-15。

表 3-15　　　300MW 热电机组最大、最小发电出力与 0.294MPa 供热抽汽关系

供热抽汽量（t/h）	最大技术出力（MW）	最小技术出力（MW）	最大出力变化幅度（MW）
500	272.26	241.56	30.70
400	288.12	213.92	74.20
300	300.82	185.94	114.88
200	310.67	152.11	158.56
100	318.36	118.41	199.95

（二）350MW 热电机组不同供热抽汽量下技术出力范围

对基准工况的汽水参数整理见表 3-16，其中 0 级号为主蒸汽，凝汽器压力为 4.9kPa。

表 3-16　　　　　350MW 热电机组基准工况（进汽量 1025t/h、
供热抽汽量 350t/h）汽水参数表

级号	抽汽压力（MPa）	抽汽温度（℃）	抽汽焓（kJ/kg）	加热器出口水焓（kJ/kg）	疏水焓（kJ/kg）	抽汽放热量（kJ/kg）	给水焓升（kJ/kg）	疏水焓升（kJ/kg）
0	24.2	566	3395.97	—	—	—	—	—
1	5.570	348.32	3052.15	1187.81	1090.93	1961.22	124.03	—
2	3.795	301.4	2973.05	1063.78	916.91	2056.14	172.47	174.03
3	1.911	462.9	3387.21	891.30	752.98	2634.22	178.29	163.92
4	0.805	341.8	3145.08	713.01	—	2525.29	93.23	133.21
5	0.500	283.9	3031.47	619.78	508.20	2523.27	135.35	
6	0.197	186.5	2843.25	484.42	370.31	2472.94	137.65	137.89
7	0.062	86.91	2645.09	346.77	267.73	2377.36	102.48	102.58
8	0.022	62.27	2499.33	244.28	163.85	2363.06	108.02	131.46

由基准工况，计算 350MW 热电机组在 500、400、300t/h 和 200t/供热抽汽量下的最大、最小技术出力热平衡，如图 3-46～图 3-53 所示。图 3-46～图 3-53 中，p 为压力，MPa；t 为温度，℃；h 为焓，kJ/kg；G 为流量，t/h；BFPT 为给水泵汽轮机；TV 为高压主汽门；IV 为中压调节门；RSV 为中压主汽门；STEAM CHEST 为进汽箱；L.P. 为低压缸；I.P. 为中压缸；H.P. 为高压缸；CONDENSER 为凝汽器；G.C 为汽封加热器；HTR1～HTR8 为回热加热器 1～8。⊗←为 x 蒸汽引出点；⊗→为 x 蒸汽引入点。

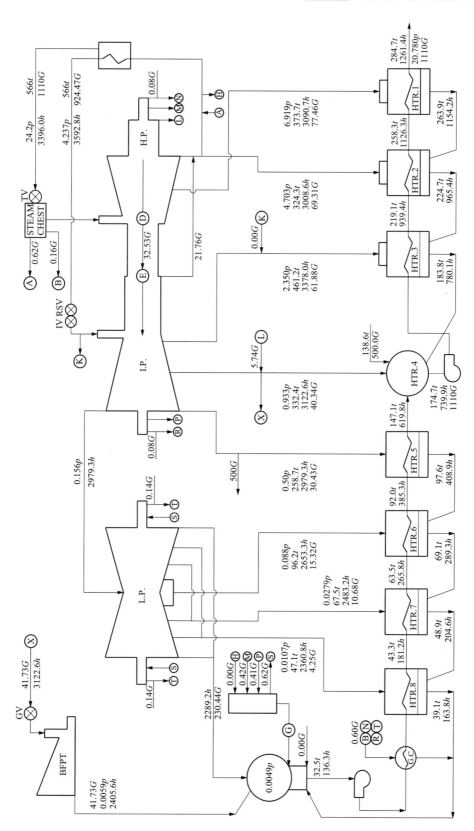

图 3-46 500t/h 供热抽汽工况最大技术出力热平衡图

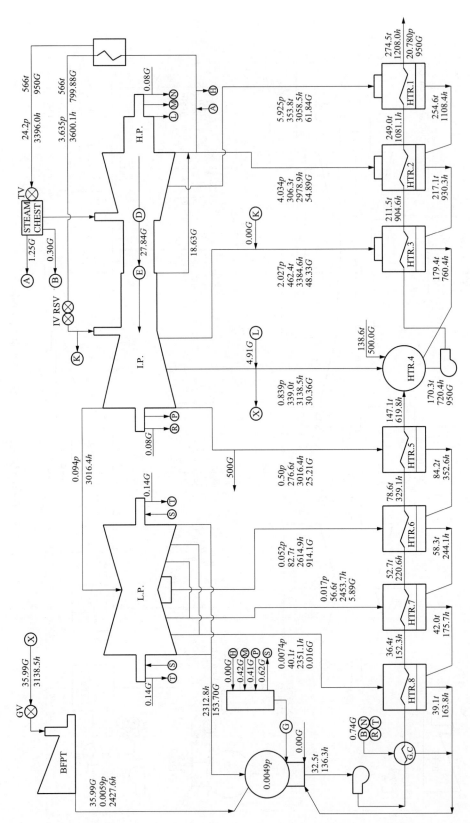

图 3-47 500t/h 供热抽汽工况下最小技术出力热平衡图

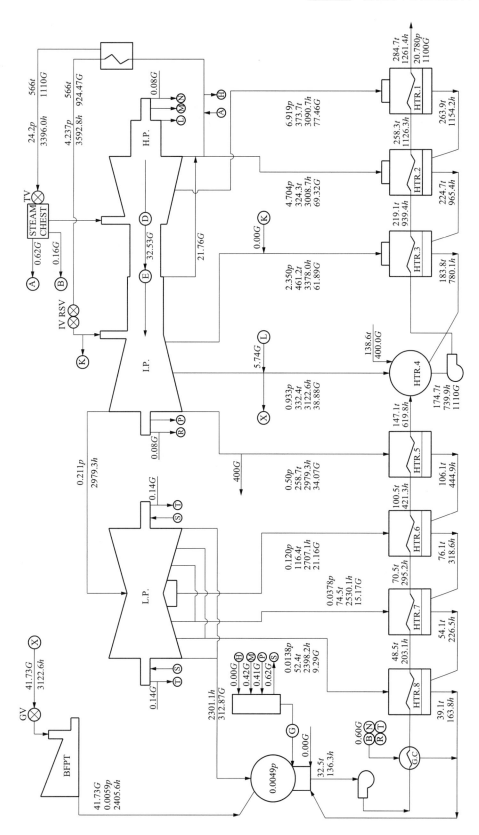

图 3-48 400t/h 供热抽汽工况最大技术出力热平衡图

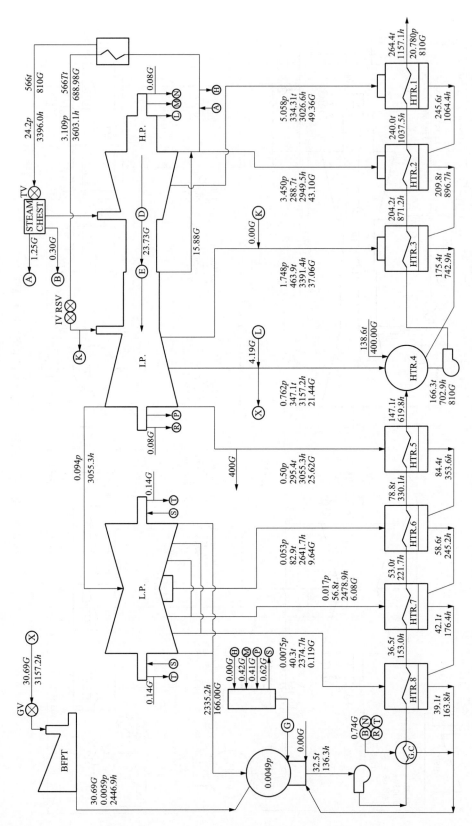

图 3-49 400t/h 供热抽汽工况下最小技术出力热平衡图

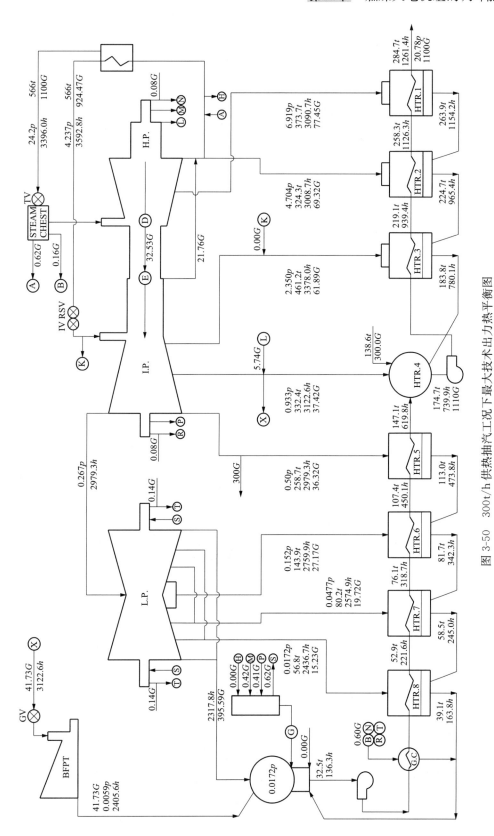

图 3-50　300t/h 供热抽汽工况下最大技术出力热平衡图

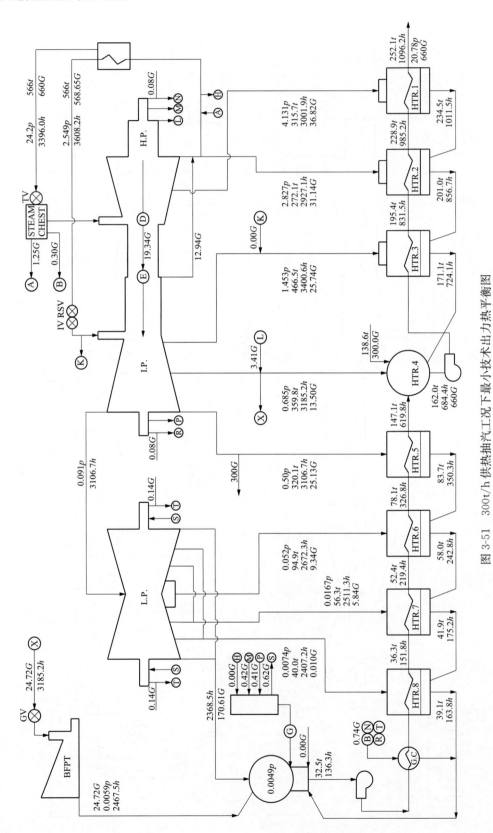

图 3-51　300t/h 供热抽汽工况下最小技术出力热平衡图

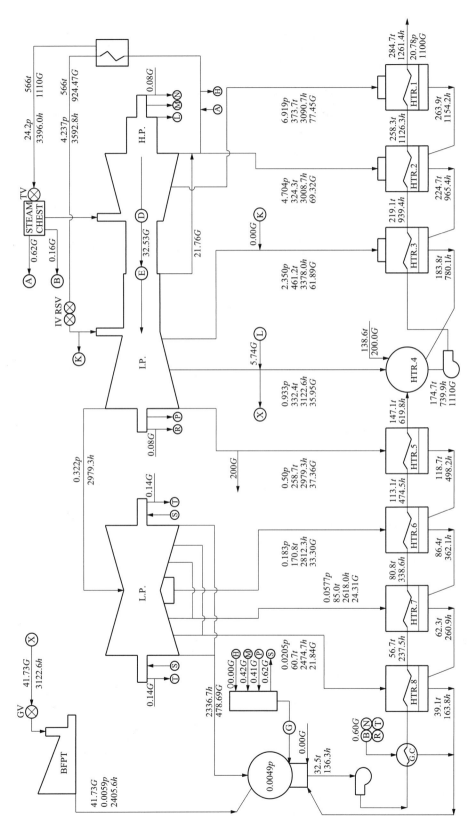

图 3-52　200t/h 供热抽汽工况下最大技术出力热平衡图

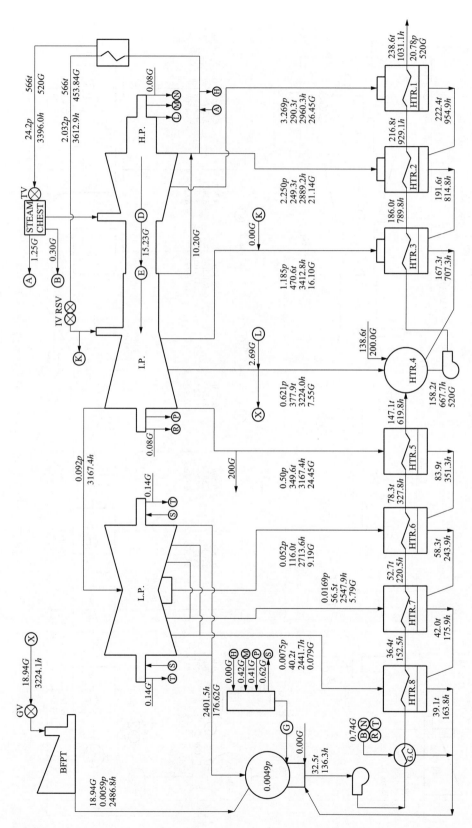

图 3-53 200t/h 供热抽汽工况下最小技术出力热平衡

上述各工况热平衡图下技术出力的计算结果见表 3-17。

表 3-17　　　350MW 热电机组最大、最小发电出力与 0.5MPa 供热抽汽关系

供热抽汽量 （t/h）	机组最大技术出力 （MW）	机组最小技术出力 （MW）	机组最大出力变化幅度 （MW）
500	308.28	256.42	51.86
400	324.02	228.63	95.39
300	338.55	195.57	142.98
200	351.82	164.458	187.362

此外，本书还对其他供热抽汽压力和工况进行了计算，见表 3-18。

表 3-18　　　350MW 热电机组最大、最小发电出力与 0.6MPa 供热抽汽关系

供热抽汽量 （t/h）	最大技术出力 （MW）	最小技术出力 （MW）	最大出力变化幅度 （MW）
500	291.63	250.65	40.98
400	298.65	213.02	85.63
300	313.85	174.68	139.17
200	329.05	136.67	192.38
100	344.17	98.45	245.72

（三）模型计算准确性分析和完善

1. 模型计算结果与制造厂提供汽轮机工况图的比较

以 300MW 亚临界热电机组供热抽汽压力 0.5MPa 计算结果为代表，根据哈尔滨汽轮机厂有限责任公司提供汽轮机工况图（如图 3-11 所示），分别找出计算的 500、400、300t/h 和 200t/h 供热抽汽工况对应的主蒸汽流量下的技术出力，并与热力系统计算结果进行对比。

热力系统计算法和汽轮机工况图法计算结果的对比见表 3-19。

表 3-19　　　　热力系统计算法和汽轮机工况图法计算结果的对比

供热 抽汽量 （t/h）	机组最大技术出力（MW）			机组最小技术出力（MW）		
	热力系统 计算法	汽轮机工 况图法	误差 （%）	热力系统 计算法	汽轮机工 况图法	误差 （%）
500	249.0	247.66	0.54	227.6	229.19	0.69
400	266.34	265.51	0.31	201.54	200.13	0.71
300	283.64	285.41	0.62	176.62	171.55	2.95
200	300.19	306.24	1.97	146.87	137.60	6.73

值得注意的是，由于计算时迭代发散的限制因素，上述最小技术出力计算结果中的凝汽量为接近（略高于）制造厂提供的最小凝汽（排汽）量限制线水平。

2. 模型的完善

为了将计算结果与工况图进行同口径比较，上述计算时未考虑系统汽水损失对技术

出力的影响。如考虑全厂汽水损失和排污损失，需建立汽水损失的计算模型。

以 300MW 热电机组（供热抽汽压力 0.5MPa、供热抽汽量 300t/h）为例，计算考虑汽水损失时的最大、最小技术出力，计算后与前面不考虑汽水损失时的最大、最小技术出力进行对比。其中，令全厂汽水损失率为 0.03，排污水率为 0.02，锅炉压力（18.6MPa）下排污饱和水的焓值为 1758.48kJ/kg，排污扩容器压力为 0.686MPa，扩容蒸汽的焓值为 2761.19kJ/kg，扩容饱和疏水焓值为 693.75kJ/kg，扩容器加热效率 0.98，则：

$$D_g = D_0/(1-0.03) = 1.031D_0 \tag{3-75}$$

$$D_{pw} = 0.02D_g = 0.021D_0 \tag{3-76}$$

$$D_{gw} = D_g + D_{pw} = 1.052D_0 \tag{3-77}$$

锅炉排污系统计算：

$$D_{pw} = D_p + D_{ps} \tag{3-78}$$

$$1758.48 \times 0.98 \times D_{pw} = 2761.19 \times D_p + 693.75 \times D_{ps} \tag{3-79}$$

$$D_p = 0.497988D_{pw} = 0.0104577D_0 \tag{3-80}$$

$$D_{ps} = D_{pw} - D_p = 0.0105423D_0 \tag{3-81}$$

补充水量计算：

$$D_{bs} = D_{ps} + D_g - D_0 \tag{3-82}$$

式（3-75）～式（3-83）中：

D_0——汽轮机进汽量，t/h；

D_g——锅炉蒸发量，t/h；

D_{gs}——锅炉给水量，t/h；

D_{bs}——锅炉补水量，t/h；

D_0——汽轮机主蒸汽流量，t/h；

D_{pw}——锅炉排污水量，t/h；

D_p——扩容蒸汽量，t/h；

D_{ps}——扩容器疏水量，t/h。

不考虑汽水损失与考虑汽水损失时，最大技术出力对比见表 3-20，其中两种情况下锅炉 BMCR 都为 1025t/h。

表 3-20　　　　　　不考虑与考虑汽水损失时的最大技术出力对比

级号 (号)	未考虑汽水损失计算结果				考虑汽水损失计算结果			
	压力 (MPa)	温度 (℃)	焓 (kJ/kg)	抽汽量 (t/h)	压力 (MPa)	温度 (℃)	焓 (kJ/kg)	抽汽量 (t/h)
1	6.759	397.64	3159.61	81.50	6.558	393.47	3152.54	82.11
2	4.173	330.40	3040.38	75.51	4.049	326.72	3034.01	76.82
3	1.886	434.18	3324.89	40.58	1.833	434.49	3326.30	40.74
4	0.859	327.39	3113.65	30.21	0.842	328.75	3116.88	20.99
5	0.5	264.37	2991.00	35.52	0.5	267.82	2998.16	37.95

级号 (号)	未考虑汽水损失计算结果				考虑汽水损失计算结果			
	压力 (MPa)	温度 (℃)	焓 (kJ/kg)	抽汽量 (t/h)	压力 (MPa)	温度 (℃)	焓 (kJ/kg)	抽汽量 (t/h)
6	0.129	169.02	2812.19	22.12	0.122	164.31	2803.22	22.73
7	0.0418	76.98	2628.21	16.81	0.0397	75.707	2621.12	17.22
8	0.0148	53.77	2488.87	10.38	0.0141	52.80	2483.28	10.09
	最大技术出力：283.64MW				最大技术出力：273.11MW			

不考虑汽水损失与考虑汽水损失两种情况时，最小技术出力对比见表 3-21，其中，两种情况下汽轮机的主蒸汽流量都为 670t/h。

表 3-21 不考虑与考虑汽水损失时最小技术出力对比

级号 (号)	未考虑汽水损失的计算结果				考虑汽水损失的计算结果			
	压力 (MPa)	温度 (℃)	焓 (kJ/kg)	抽汽量 (t/h)	压力 (MPa)	温度 (℃)	焓 (kJ/kg)	抽汽量 (t/h)
1	4.435	353.60	3094.08	44.39	4.435	353.60	3094.08	46.70
2	2.755	291.93	2982.21	40.56	2.755	291.93	2982.21	43.16
3	1.289	439.75	3345.06	18.24	1.289	439.75	3345.06	19.35
4	0.677	350.90	3166.62	13.16	0.677	350.90	3166.62	7.89
5	0.5	313.60	3092.86	25.59	0.5	313.60	3092.86	28.49
6	0.0514	113.75	2709.27	9.079	0.0514	113.75	2709.27	10.11
7	0.0172	56.88	2552.67	5.87	0.0172	56.88	2552.67	6.538
8	0.00756	40.46	2448.37	0.168	0.0076	40.46	2448.37	0.25
	最小技术出力：176.62MW				最小技术出力：174.23MW			

对上述两种情况计算结果差异的分析如下：

求解最大技术出力时，由于锅炉的最大连续蒸发量一定，考虑汽水损失时，进入汽轮机做功的主蒸汽量减少，技术出力降低；但在求解最小技术出力时，为保证凝汽流量接近，设定汽轮机主蒸汽流量一致（此时，锅炉蒸发量不一致），因此，技术出力降低不受主蒸汽流量的影响。

考虑汽水损失时，另外影响出力变化的因素是，相同主蒸汽流量下，加热器给水流量增多，影响各级回热抽汽量的分布，蒸汽在汽缸内的循环内功发生变化，但影响效果低于主蒸汽流量变化对技术出力的影响。

此外，本节模型计算过程中，均仅考虑了以汽轮机机位核心的热力系统，未考虑锅炉的限制因素，因此，计算结果显示，随供热抽汽量的增加，最小技术出力越来越大。如考虑锅炉最低稳燃负荷限制，最小技术出力就会出现本书第二节热电联产运行的最小技术出力与供热抽汽量的关系时的情况，即随着供热抽汽量增大，最小技术出力因锅炉稳燃负荷限制等因素先减少，然后再增大。

（四）由计算结果得出的一些结论

（1）随着供热抽汽量的减少，机组最大技术出力增加，最小技术出力降低，机组最大出力变化幅度增强。这个计算结论体现了本章第二节所述最大技术出力-供热抽汽量关系曲线 4 和最小技术出力-供热抽汽量关系曲线 2 的发电出力与抽汽量的关系。

（2）相同供热抽汽量下，供热抽汽压力较小时，机组最大、最小技术出力均较大，但最大出力变化幅度不一定更大。

（3）相同供热抽汽量下，同一制造厂生产的机组，随着容量的增加，机组最大出力变化幅度增加。不同制造商生产的机组，在相同供热抽汽量下机组最大出力变化幅度存在差别，这是由于机组结构设计和汽水参数设计不一致引起的。

第四节　燃煤火电机组的最大出力变化幅度调研

一、最大出力变化幅度调研分析方法

在理论分析和计算之外，为了解实际的燃煤火电机组的最大出力变化幅度，必须进行调研。调研的对象主要分为三类：

（1）燃煤火电厂。燃煤火电厂的运行人员最了解燃煤火电机组的实际运行情况，包括最大出力变化幅度、最大和最小技术出力附近运行时面临的实际问题等。但是，一般个人或组织调研燃煤火电厂的数量不可能太多，且燃煤火电厂之间的差异较大，其运行人员关于理论知识和内部参数了解不多，因此，只能对少数典型燃煤火电厂进行调研，调研获取的数据和结论只能对理论分析进行补充和验证。本书作者调研了天津某电厂和山东某电厂，相关调研成果已应用于本书部分章节。

（2）汽轮机厂。汽轮机厂则是最了解汽轮机细节的单位，调研汽轮机厂可以获取典型汽轮机机型的工况图、热力系统图，以及大量关于汽轮机结构和运行的理论知识和内部参数。但是，从汽轮机厂获取的知识偏重理论，且未考虑锅炉等重要影响因素。本书作者调研了国内三大动力之一的汽轮机厂家，相关调研成果是本书计算和理论分析的重要依据。

（3）政府文件。近年来，随着火电调峰需求越来越大，国家能源局华北监管局、国家能源局东北监管局等政府能源主管部门组织了成规模的调研工作，调研获取的燃煤纯凝机组最小运行方式、热电机组供热初末期和供热中期的最小运行方式、供热抽汽量与最大、最小技术出力的关系曲线全部以文件形式公布，因此，对相关政府文件进行调研整理，可以广泛地了解我国现役机组的最大出力变化幅度情况。

二、京津唐电网热电机组热电关系曲线

2012 年 2 月 6 日，国家电力监管委员会华北监管局（即原华北电监局，2013 年改制为国家能源局华北监管局）发布《关于对《京津唐电网直调热电机组热电关系曲线》公示的通知》（华北电监市价〔2012〕31 号）文件，该文件通过数据收集、分析整理、现场核查、技术报告编制四个阶段的工作，并经专家组终审，形成 16 家热电联产企业、41 台供热机组的热电关系曲线手册。

本书根据最大、最小技术出力与供热抽汽量的关系曲线特点为依据，对各火电厂进行分类，共分为11类，见表3-22。

表3-22 京津唐电网直调热电机组热电关系曲线分类

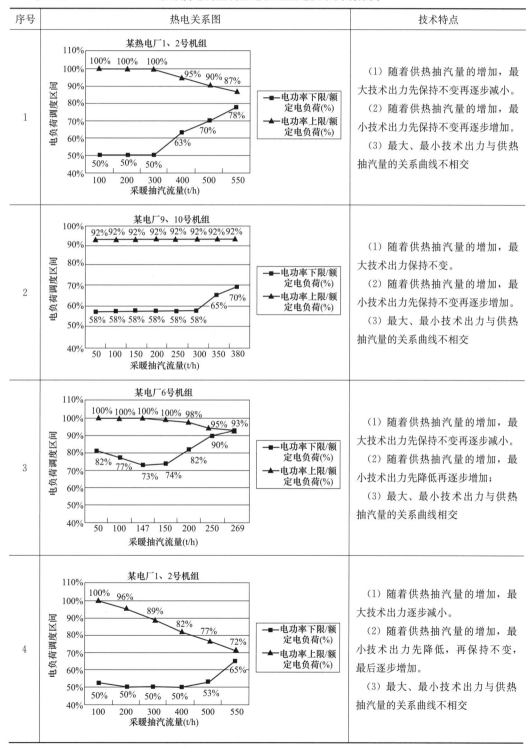

序号	热电关系图	技术特点
1	某热电厂1、2号机组	（1）随着供热抽汽量的增加，最大技术出力先保持不变再逐步减小。 （2）随着供热抽汽量的增加，最小技术出力先保持不变再逐步增加。 （3）最大、最小技术出力与供热抽汽量的关系曲线不相交
2	某电厂9、10号机组	（1）随着供热抽汽量的增加，最大技术出力保持不变。 （2）随着供热抽汽量的增加，最小技术出力先保持不变再逐步增加。 （3）最大、最小技术出力与供热抽汽量的关系曲线不相交
3	某电厂6号机组	（1）随着供热抽汽量的增加，最大技术出力先保持不变再逐步减小。 （2）随着供热抽汽量的增加，最小技术出力先降低再逐步增加； （3）最大、最小技术出力与供热抽汽量的关系曲线相交
4	某电厂1、2号机组	（1）随着供热抽汽量的增加，最大技术出力逐步减小。 （2）随着供热抽汽量的增加，最小技术出力先降低，再保持不变，最后逐步增加。 （3）最大、最小技术出力与供热抽汽量的关系曲线不相交

序号	热电关系图	技术特点
5	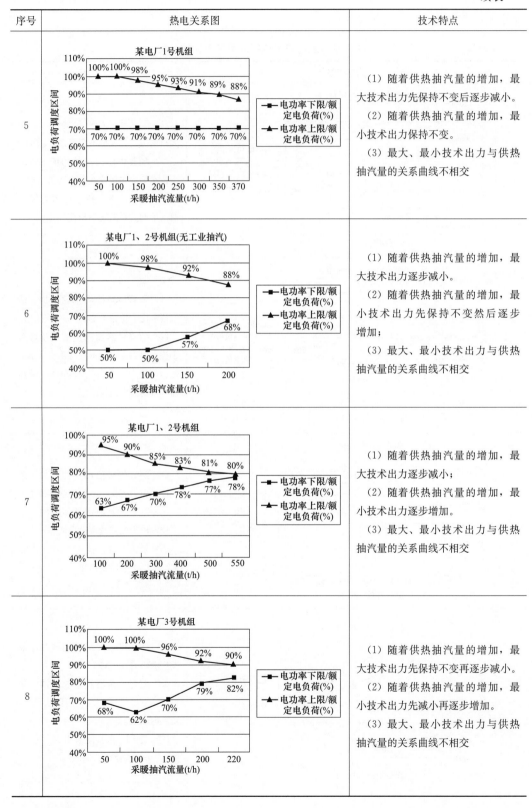	（1）随着供热抽汽量的增加，最大技术出力先保持不变后逐步减小。 （2）随着供热抽汽量的增加，最小技术出力保持不变。 （3）最大、最小技术出力与供热抽汽量的关系曲线不相交
6		（1）随着供热抽汽量的增加，最大技术出力逐步减小。 （2）随着供热抽汽量的增加，最小技术出力先保持不变然后逐步增加； （3）最大、最小技术出力与供热抽汽量的关系曲线不相交
7		（1）随着供热抽汽量的增加，最大技术出力逐步减小； （2）随着供热抽汽量的增加，最小技术出力逐步增加。 （3）最大、最小技术出力与供热抽汽量的关系曲线不相交
8		（1）随着供热抽汽量的增加，最大技术出力先保持不变再逐步减小。 （2）随着供热抽汽量的增加，最小技术出力先减小再逐步增加。 （3）最大、最小技术出力与供热抽汽量的关系曲线不相交

序号	热电关系图	技术特点
9	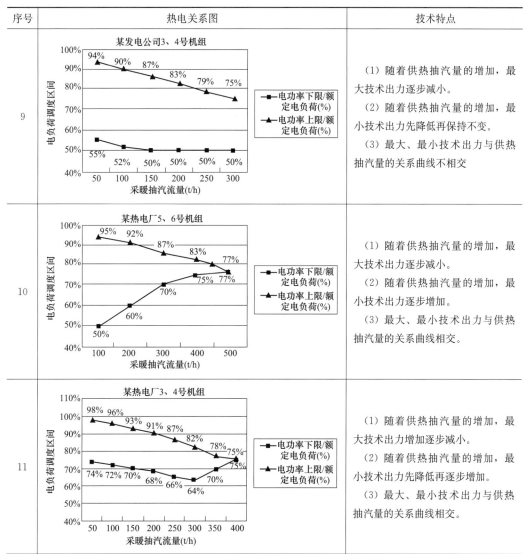	（1）随着供热抽汽量的增加，最大技术出力逐步减小。 （2）随着供热抽汽量的增加，最小技术出力先降低再保持不变。 （3）最大、最小技术出力与供热抽汽量的关系曲线不相交
10		（1）随着供热抽汽量的增加，最大技术出力逐步减小。 （2）随着供热抽汽量的增加，最小技术出力逐步增加。 （3）最大、最小技术出力与供热抽汽量的关系曲线相交。
11		（1）随着供热抽汽量的增加，最大技术出力增加逐步减小。 （2）随着供热抽汽量的增加，最小技术出力先降低再逐步增加。 （3）最大、最小技术出力与供热抽汽量的关系曲线相交。

由表 3-22 可得出以下结论：

（1）本章第二节中，曾分析了 50 种热电关系曲线的类型，表 3-22 中所列 11 种热电关系曲线类型验证了这一结论的部分内容。另外，也可以认为这 11 种热电关系曲线是理论分析所得 50 种热电关系曲线中较常见的曲线。

（2）从《关于对〈京津唐电网直调热电机组热电关系曲线〉公示的通知》（华北电监市价〔2012〕31 号）文件所列的 16 家热电联产企业、41 台供热机组的热电关系曲线看，极限最小技术出力率为 50%，这也验证了本章第二节中关于最小技术出力率取 50% 的论断。

（3）表 3-22 中所列图纵坐标均为电负荷调度区间（即发电出力率），《关于对〈京津唐电网直调热电机组热电关系曲线〉公示的通知》（华北电监市价〔2012〕31 号）文件还列出了纵坐标为电出力（MW）的对应图，从这些纵坐标为电出力（MW）的图中可看出，最大技术出力取值为机组额定电出力（相当于 BRL-TRL 工况，即 boiler rated load-turbine rated load 工况，锅炉额定负载—汽轮机额定负载工况。或 BRL-THA 工况，即 boiler rated load-turbine heat acceptance 工况，锅炉额定负载-汽轮机热耗保证工况），而不是最大出力（相当于 BMCR-VWO 工况，即 boiler maximum continue rate-valve wide open 工况，锅炉最大蒸发量-汽轮机阀门全开工况）。以额定 300MW（BRL-TRL 工况，即 boiler rated load-turbine rated load 工况，锅炉额定负载-汽轮机额定负载工况。或 BRL-THA 工况，即 boiler rated load-turbine heat acceptance 工况，锅炉额定负载-汽轮机热耗保证工况）的火电机组为例，根据制造厂商给出的热力特性书，机组最大技术出力约为 340MW（BMCR-VWO 工况，即 boiler maximum continue rate-valve wide open 工况，锅炉最大蒸发量-汽轮机阀门全开工况），但《关于对〈京津唐电网直调热电机组热电关系曲线〉公示的通知》（华北电监市价〔2012〕31 号）文件认定的最大技术出力为 300MW，说明调度部门按机组铭牌功率实施调度，本书仍以调峰模型计算的机组最大技术出力作为最终结果，在实际应用时可根据调度部门要求进行调整。

三、最小运行方式

2011 年，国家能源局东北监管局发布的文件《关于印发〈东北区域火电厂最小运行方式（2011）〉的通知》（东电监市价〔2011〕380 号），公告了东北地区火电厂的最小运行方式（包括最小开机方式和最小技术出力）。不少区域能监局后来都按此模式公告区域内火电厂的最小运行方式，像前文提到的《关于对〈京津唐电网直调热电机组热电关系曲线〉公示的通知》（华北电监市价〔2012〕31 号）文件那样直接公布热电关系曲线的情况较少。

本书主要介绍国家能源局华北监管局（京津唐电网和河北南部电网）、国家能源局东北监管局的最新版（相对于本书成书时）火电厂（机组）的最小运行方式。

1. 京津唐电网火电机组最小运行方式

2019 年 11 月 19 日，国家能源局华北监管局发布了《华北能源监管局关于印发京津唐电网火电机组最小运行方式（2019 版）的通知》（华北监能市场〔2019〕286 号）。

该文件附件 1 为"京津唐电网火电机组最小运行方式（2019 版）核定说明"，内容包括：

（1）火电机组最小运行方式是指火电机组在满足基本供热、供暖和设备防冻基础上，一般不需投入稳燃装置的情况下的最小开机方式和最小技术出力。

（2）对于实际燃烧煤种与设计煤种存在差异的问题、设备存在的一般缺陷问题由火电厂自行解决；对于电网约束问题由电力调度机构在安排调峰时予以考虑。

（3）本年度按供热首、中、末期和春节四个时期核定最小运行方式。供热首末期一般为火电机组按所在地法定供热期首日后 15 天和停止供热前 15 天；春节时期为法定春节假日期间，其他时间为供热中期。天津地区根据供热实际情况，增加供热首期之前 15 天和末期之后 16 天最小方式核定数据。

（4）非背压运行的供热机组核定下限暂定 50%BRL。后续工作中，视电网调峰实际需求逐步放开。

（5）最小运行方式执行不影响火电机组月度、年度计划电量及市场交易电量的执行。

（6）京津唐电网辅助服务市场启动试运行后，火电机组可结合自身灵活性改造和运行水平情况，以小于最小运行方式的负荷率进行调峰能力申报和运行。此种情况下，发电企业对机组运行可靠性与供热保障能力负责。

《华北能源监管局关于印发京津唐电网火电机组最小运行方式（2019版）的通知》（华北监能市场〔2019〕286号）文件中，包括"华北电网直调机组最小运行方式"（共21个电厂、69台机组）、"北京市直调火电机组最小运行方式"（共12个电厂、17台机组）、"天津市直调火电机组最小运行方式"（共9个电厂、20台机组）、"冀北直调火电机组最小运行方式"（共21个电厂、44台机组）等表格，限于篇幅，本书仅列出"华北电网直调机组最小运行方式"5个电厂的相关数据，见表3-23。

表3-23　　　　　　　　　部分华北电网直调机组最小运行方式

序号	电厂名称	机组	装机容量（MW）	2019年				备注
				供热首期（MW）	供热中期（MW）	2020年春节（MW）	供热末期（MW）	
1	天津国华盘山发电有限责任公司	1	530	1机：304	1机：367	1机：300	1机：300	均为供热改造机组，两厂共用一条供热管线
		2	530					
		全厂	1060					
2	天津大唐国际盘山发电有限责任公司	1	600	1机：300	1机：300	1机：300	1机：300	
		2	600					
		全厂	1200					
3	山西大唐国际神头发电有限责任公司	1	500	1机：300	1机：364	1机：347	1机：300	供热改造机组
		2	500					
		全厂	1000					
4	河北大唐国际王滩发电有限责任公司	1	600	1机：300	1机：300	1机：300	1机：300	供热改造机组
		2	600					
		全厂	1200					
5	京能（锡林郭勒）发电有限公司	1	660	—	—	—	—	非供热机组
		2	660					
		全厂	1320					

2. 河北南部电网火电机组最小运行方式

2019年12月18日，华北能源监管局发布了《华北能源监管局关于印发河北南部电网火电机组最小运行方式的通知》（华北监能市场〔2019〕322号）。

该通知附件1为"河北南部电网火电机组最小运行方式核定说明"，内容包括：

（1）火电机组最小运行方式是指火电机组在满足基本供热、供暖和设备防冻基础上，一般不需投入稳燃装置的情况下的最小开机方式和最小技术出力。

（2）对于实际燃烧煤种与设计煤种存在差异的问题、设备存在的一般缺陷问题由火电厂自行解决；对于电网约束问题由电力调度机构在安排调峰时予以考虑。

（3）锅炉最低工作出力以机组提供最新的锅炉最低稳燃试验报告结论为核定结果。未提供最近的锅炉最低稳燃试验报告的机组，按锅炉设计最低出力核定，对应电出力参考锅炉设计最低出力比例与汽轮机铭牌出力的相应值核定。上述资料均未提供的机组，参考相同锅炉厂、相近锅炉容量型号的其他机组中设计出力最小值，核定预测其最低工作出力。

（4）最小运行方式执行不影响火电机组月度、年度计划电量及市场交易电量的执行。

（5）河北南网辅助服务市场启动试运行后，火电机组可结合自身灵活性改造和运行水平提高的情况，以小于最小运行方式的负荷率进行调峰能力申报和运行。此种情况下，发电企业对机组运行可靠性与供热保障能力负责。

（6）对于在供热季因供热面积增加确需提高最低运行负荷的发电机组，或供热期实际供热抽汽量已达单机最大供热抽汽量的发电机组，发电企业应按照相关规程及时提交供热工作票，向调度机构申请增加出力或开机。

"河北南部电网火电机组最小运行方式核定汇总表"（共 24 个电厂、61 台机组），限于篇幅，本书仅列出其中 5 个电厂的相关数据，见表 3-24。

表 3-24　　　　部分河北南部电网火电机组最小运行方式核定汇总表

序号	所属发电集团	电厂名称	机组编号	装机容量	供热机组					纯凝机组	供热机组类型
					采暖供热季			非采暖供热季			
					供热首末期(11、3月)	供热中期(12、2月)	供热高峰期(1月)	工业供热	纯凝方式		
				(MW)	(MW)	(MW)	(MW)	(MW)	(MW)	(MW)	
1	北京国华电力有限责任公司	神华河北国华定洲发电有限责任公司	1	600	300	300	300		240		抽凝式
			2	600	300	300	300		240		
			3	660	300	300	300		260		
			4	660	300	300	300		260		
			合计	2520	1200	1200	1200		1000		
2	北京国华电力有限责任公司	河北国华沧东发电有限责任公司	1	600	300	300	300		240		抽凝式
			2	600	300	300	300		240		
			3	660	300	300	300		264		
			4	660	300	300	300		264		
			合计	2520	1200	1200	1200		1008		
3	中国大唐集团有限公司	大唐清苑热电有限公司	1	300	160	170	180	180			热泵抽凝式
			2	300	250	260	260	180			光轴高背
			全厂	600	410	430	440	360			

序号	所属发电集团	电厂名称	机组编号	装机容量	供热机组					纯凝机组	供热机组类型
					采暖供热季			非采暖供热季			
					供热首末期（11、3月）	供热中期（12、2月）	供热高峰期（1月）	工业供热	纯凝方式		
				(MW)	(MW)	(MW)	(MW)	(MW)	(MW)	(MW)	
4	中国大唐集团有限公司	大唐武安发电有限公司	1	300						150	
			2	300						150	
			全厂	600						300	
5	中国大唐集团有限公司	大唐河北发电有限公司马头热电分公司	1	300	165	160	160		150		抽凝式
			2	300	165	160	160		150		
			全厂	600	330	320	320		300		

3. 东北区域火电厂最小运行方式

2017 年 10 月 31 日，国家能源局东北监管局发布了《关于印发〈东北区域火电厂最小运行方式（2017）〉的通知》（东北监能市场〔2017〕192 号）。

该通知附件 1 为"《东北区域火电厂最小运行方式（2017）》说明"，内容包括：

（1）火电厂最小运行方式是指火电厂在满足基本供热、供暖和自身设备防冻基础上，一般不需要投入稳燃装置情况下的最小开机方式和最小技术出力。

（2）为明确企业管理责任，对于实际燃烧煤种与设计煤种存在差异的问题、设备存在的一般性缺陷问题由火电厂自行解决；对于电网约束问题由电力调度机构在具体调峰时予以考虑。

（3）由于东北区域供热期较长，最短 4.5 个月，最长 7 个月，最小开机方式和出力按非供热期、供热初末期和供热中期三个时期确定。供热初末期一般指火电厂所在地供热期首日后 30 天和停止日前 30 天的日期。

（4）非供热机组应具备全停条件；无重要工业用汽的供热机组，非供热期应具备全停条件。

（5）非供热机组和非供热期供热机组最小出力为其最低稳燃负荷，最低稳燃负荷的确认主要依据设备采购时的锅炉设计说明书、锅炉特性试验报告和设备运行记录。表 3-25 列出了典型非供热机组和非供热期供热机组的最小出力。

表 3-25　　　　　　　　典型非供热机组和非供热期供热机组最小出力

机组容量（MW）	最低稳燃负荷（MW）	可调峰范围（%）	备注
1000	450	0～55	
800	470	0～41.7	俄罗斯生产机组
600	280	0～53.3	空冷机组最小出力为 330MW，高寒地区空冷机组最小处理 370MW

续表

机组容量 （MW）	最低稳燃负荷 （MW）	可调峰范围 （%）	备注
500	290	0～42	俄罗斯生产机组
350	180	0～48	
320（330）	180	0～43.7	俄罗斯生产机组
300	165	0～45	
200（215）	120	0～40	
150	90	0～40	
135	80	0～40.7	配置循环流化床锅炉的机组最小技 术出力可低到50MW
125	75	0～40	
100	65	0～35	

（6）供热中期最小运行方式按最大供热日供暖负荷和工业供汽量，结合汽轮机热平衡图核算。

（7）厂用电源、辅助蒸汽等影响电厂机组启停安全的缺陷和供热网络缺陷，由火电厂自行解决，机组启停调峰的安全责任由火电厂承担。

（8）具有应急调峰能力的火电厂要做好应急调峰保基本供热预案，机组启停和调峰锅炉启用必须落实安全措施，并确保设备始终处于良好状态。

（9）该方式不影响火电厂月、年合约电量的执行。

（10）100MW以下火电机组及自备电厂的最小运行方式可按调度关系由网省电力公司根据电网调峰能力需要组织调用，报国家能源局东北监管局备案。

附件2为"东北电网直调火电厂最小运行方式"（共18个电厂、43台机组）、"辽宁省调直调火电厂最小运行方式"（共27个电厂、71台机组）、"吉林省调直调火电厂最小运行方式"（共19个电厂，55台机组），限于篇幅，本书仅列出"东北电网直调火电厂最小运行方式"5个电厂的相关数据，见表3-26。

表3-26　　　　　　部分东北电网直调火电厂最小运行方式

序号	电厂	机组	装机容量 （MW）	2017年最小出力（MW）			备注
				非供热期	供热初末期	供热中期	
1	国华绥中发电有限责任公司	1	880	1机：470	1机：470	1机：470	改供热
		2	880				
		全厂	1760				
2	国电投蒙东能源公司赤峰热电b厂	1	135	1机：120	2机：210	2机：220	采暖、工业供热抽汽，应急时可减出力90MW
		2	135				
		全厂	270				
3	京能（赤峰）能源发展有限公司	1	150	1机：100	2机：200	2机：230	采暖、工业供热抽汽
		2	150				
		全厂	300				

续表

序号	电厂	机组	装机容量（MW）	2017年最小出力（MW）			备注
				非供热期	供热初末期	供热中期	
4	元宝山发电有限责任公司	1	600	1机：280	1机：280	1机：280	凝汽
		2	600				
		3	600				
		全厂	1800				
5	通辽发电总厂有限责任公司	1	200	2小：140+120	3小1大：2×150+170+380	4小1大：3×150+170+420	改供暖、5号空冷机组、工业供热抽汽，应急时可减110MW
		2	200				
		3	200				
		4	200				
		5	600				
		全厂	1400				

4. 其他地区火电厂最小运行方式

广东省在运的各类燃煤火电机组最小技术出力综合统计表见表3-27。

表3-27　　广东省在运的各类燃煤火电机组最小技术出力综合统计表

单机容量（MW）	机组最小技术出力率（%）
1000	35～40
660（进口）	37～45
600	40～60
300/350	35～80
200、125～135	50～80

注　引自2011年广东省电力设计研究院《节能发电调度试点评估之广东省调研及初评报告》。

5. 关于最小运行方式的总结

分析前述各区域火电厂的最小运行方式数据，可以得出以下结论：

（1）政府文件更重视最小运行方式。一方面，目前我国很多地区火力发电处于整体过剩的状态，技术上可满足电力负荷高峰需求，火电企业也有意愿提高火电机组出力以获得更多的经济收益，因此火电机组的最大运行方式不是政府文件关注对象。另一方面，火电机组热电联产运行时需保障供热而一般不能停机，也难以超低负荷运行，火电机组压低出力运行有时本质上就是将其发电空间让给光伏、风电等新能源机组，火电低负荷运行效率也很低，火电企业往往不能、也不想以最小运行方式运行，故需出台政策文件进行规范。

（2）火电机组类型多样，最小运行方式情况复杂，但机组数量有限，利于给出各台机组的最小运行方式。但从前文所列政府文件看，火电机组装机容量多样，同一装机容量的机组有的差异也很大，面临的供热形势也很不相同，但各个区域的火电机组数量有限，在这种情况下，更合理的方式是给出各台机组的最小运行方式，并经常更新。

（3）政府文件给出的相关数据基本与本书前文的理论分析相符，并对理论分析的未及之处进行了补充。

第五节　增大燃煤火电机组最大出力变化幅度的运行方案

分析增大燃煤火电机组最大出力变化幅度的运行方案，一方面可供火电企业运行提供参考；另一方面，采取特殊运行方式能达到的最大出力变化幅度极限，本身也是火电机组最大出力变化幅度的体现，有利于读者更深刻地了解燃煤火电机组的调峰能力。

一、减少加热器的蒸汽流量或直接关停部分加热器

如前所述，大型燃煤火电厂从汽缸中抽取没有完全膨胀的、温度和压力较高的蒸汽到加热器中加热给水，常设置多级加热器，从低压级抽取较低温度和压力的蒸汽加热从冷凝器来的低温给水（一般只有30℃左右），给水不断被各级加热器加热而温度不断升高，各级回热抽汽温度也越来越高，在进入锅炉前，给水温度已经比较高（可达200～300℃）。减少加热器的蒸汽流量或直接关停部分加热器，一方面可以使得可供热抽汽量增加，另一方面，供热抽汽量不变时，最大技术出力增加，机组的可调幅度也增加。经过计算，对于哈尔滨汽轮机厂有限责任公司300MW供热抽汽机组额定工况，在3台高压加热器全停的情况下，机组负荷可以由300MW提高到320MW。

机组正常运行时，各级加热器需要全部投运，为提高最大出力变化幅度而减少各级加热器的蒸汽流量或直接关停部分加热器会带来一些问题。

首先，减少各级加热器的蒸汽流量或直接关停部分加热器会造成火电机组运行效率低下。回热抽汽的目的在于提高火电机组效率，用于回热的抽汽最终没有进入凝汽器冷凝，因而没有冷源损失，循环效率提高；另一方面，回热抽汽时各加热器加热温差小，给水温度提高使得给水在锅炉中的传热温差小，因此做功能力损失小。另一方面，投运回热加热器，给水温度提高使得回热循环吸热过程平均温度提高，理想循环热效率增加。国产各型燃煤火电机组凝汽运行时的回热级数与热效率相对增长之间的关系见表3-28。

表 3-28　　　　国产各型凝汽式机组回热级数与热效率相对增长关系

初参数		容量	回热级数	给水温度	热效率相对增长
p_0（MPa）	t_0/t_{rh}（℃/℃）	p_e（MW）	z	t_{fw}（℃）	$\Delta\eta_i = \dfrac{\eta_i - \eta_t^R}{\eta_t^R}$（%）
2.35	390	0.75，1.5，3.0	1～3	105	6～7
3.34	435	6，12，25	3～5	145～175	8～9
8.83	535	50，100	6～7	205～225	11～13
12.75	535/535	200	8	220～250	14～15
13.24	550/550	125	7	220～250	
16.18	535/535	300，600	8	250～280	15～16
24.22	538/566	600		280～290	

除影响火电机组效率外，减少加热器蒸汽流量或直接关停部分加热器还带来了安全和寿命问题：减少加热器蒸汽流量或直接关停部分加热器导致给水焓值降低，为达到额定蒸汽参数值，必然要增加水冷壁热负荷，这就可能增加水冷壁的高温腐蚀，造成结焦结渣、水冷壁超温等；对于直流锅炉水平管圈，还导致给水欠焓增加，因而水动力不稳定性增加。这些问题将加剧管子疲劳损伤，减少水冷壁使用寿命，严重时会造成传热恶化和壁温飞升，导致管子烧蚀等严重事故。

通过调研可知，电厂很少通过减少加热器蒸汽流量或直接关停部分加热器来提高最大出力变化幅度，一般仅在事故情况下才停运高压加热器，运行时通过关闭回热抽汽阀门停运高压加热器，大型电厂一般可停运 1~2 级高压加热器。

二、利用热网（供热建筑物）热惯性

当热电机组用于采暖供热时，所抽蒸汽的热量通过换热站最终由热水携带进入采暖建筑物，供热抽汽量的多少和供热抽汽参数影响建筑物供水温度，供水温度进而影响建筑物室内温度。采暖建筑热容较大，较多的进水温度变化只会引用较小的室温变化，传热过程也需要时间，室温变化滞后于供水温度变化。另外，室内温度升高，则向环境散热量增大，室内温度降低，向环境的散热量减少，也即室温具有自动补偿特性。这些因素宏观上体现的就是建筑物的热惯性。

秦冰、付林等[11]在 2003 年冬做了热网（供热建筑物）热惯性相关的实验。他们取热电厂供热范围内的一部分作为测试区域，分析了一级管网供水温度、一级管网回水温度、室内温度、室外温度之间的关系，实测供水温度不断变化时室内温度的情况如图3-54所示。

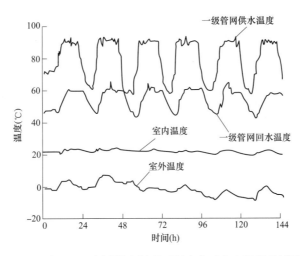

图 3-54 实测供水温度不断变化时室内温度的情况

供水温度的变化直接对应供热抽汽量或供热抽汽参数的变化，室内温度体现供暖质量，上述理论和事实证明，可以在变化供热抽汽量时保证供暖质量。因此，当热电机组带一定热负荷且发电出力已经较大时（同时假定锅炉尚有一定的蒸汽出力余量，汽轮机凝汽量大于最小凝汽量，但不足以直接完成调峰任务），如果电力调度部门需要热电机组大幅提高出力参与调峰，热电机组可以在执行调峰指令之前，先增加锅炉出力，同时增大供汽量一段时间（这段时间内保持发电出力不变），再大幅减少供热抽汽量同时增大电力出力满足调峰需求，电力调峰任务完成后，再恢复最大幅度供汽一段时间，然后恢复到最初的供热抽汽和发电状态；当机组带一定热负荷且发电出力已经较小时（同时假定锅炉尚有一定的蒸汽出力余量，汽轮机凝汽量大于最小凝汽量，但不足以直接完成调峰任务），如果电力调度部门需要大幅降低出力满足调峰需求，热电机组可以在执行调峰指令之前，先增加锅炉出力，同时增加供热抽汽量（时间段内保持发电出力不变），再大幅减少供热抽汽量同时减少电力出力满足调峰需求，电力调峰任务完成后，再恢复最大幅度供汽一段时间，然后恢复到最初的供热抽汽和发电状态。具体操作过程如图 3-55 所示。

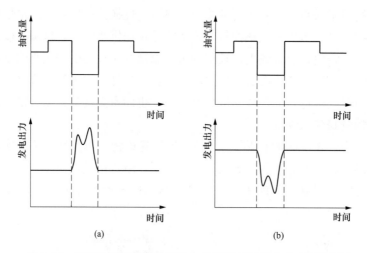

图 3-55　利用热网（供热建筑物）热惯性提高最大出力变化幅度
（a）需要升负荷调峰时的策略；（b）需要降负荷调峰时的策略

图 3-55 仅是示意图，如果要满足电力调峰需求，同时绝对保证供热质量，则需要预先了解大量数据并进行精密、复杂的计算，据此进行准确及时的热、电调控。好在采暖供热系统本身是比较粗糙的系统，人们对建筑室内温度变化的容忍度比较高，进行初步粗略计算、有经验的调控人员操作即可满足热、电两方面的要求。

通过调研了解了两个利用热网（供热建筑物）热惯性提高最大出力变化幅度的案例。

（1）黑龙江省双鸭山市某热电厂的 2×200MW 燃煤热电机组，不供热时常规变负荷调峰单台机组最低能降出力至 100MW，供热时如保证正常的供热量则最大出力变化幅度不大，但是因为与电厂直接相连的是一次供热管网，因此为电力调峰而短时间减少供热量时用户并不能感觉出来，因此该电厂曾有减少供热量降低 120MW 机组出力参与调峰的经历。

（2）辽宁省朝阳市某热电厂的 2×600MW 超临界空冷机组，预测晚间风电大发而调峰需求会较大后，电厂在白天提高供水温度，由 85℃提高到 90℃，然后在晚间将供热抽汽量由 500t/h 降低到 100t/h，持续约 5.5h，供水温度降低到 79~82℃，期间完成调峰动作，然后开始增加供热抽汽，至次日上午十点完全恢复正常。

由此可知，利用热网（供热建筑物）热惯性增大最大出力变化幅度的方法在工程实际中得到了较广泛的应用。

三、利用既有设施实现热电解耦

我国不少热电机组都配有供热调峰锅炉（供热调峰锅炉产权不一定属于热电厂），这源于我国热电联产的相关规定，例如：《关于发展热电联产的若干规定》（计交能〔1998〕第 220 号）第十二条规定，"在热电联产建设中应根据供热范围内的热负荷特性，选择合理的热化系数。以工业热负荷为主的热化系数宜控制在 0.7~0.8 之间；以采暖供热负荷为主的热化系数宜控制在 0.5~0.6 之间"。热化系数为热电厂供热能力与用户最大热负荷的比值，热化系数一般小于 1。《关于印发〈热电联产管理办法〉的通知》（发改能源〔2016〕617 号）第二十四条规定："积极推进热电联产机组与供热锅炉协调规划、联合运行。调峰锅炉供热能力可按供热区域最大热负荷的 25%~40% 考虑"。

这些供热调峰锅炉（用于调节应付热负荷高峰，而非本书主要论述的电力负荷高峰），可以充分利用起来增大热电机组的电力最大出力变化幅度。

在抽凝式热电机组需要参与调峰时，可大幅减少或停止热电机组供热抽汽，同时启动或增大供热调峰锅炉负荷以满足热负荷需求。热电机组供热抽汽减少，则最大出力变化幅度增加，调峰能力增强。背压式热电机组供热时，如果需要压减发电出力参与电力调峰，这种方法也有效，背压式热电机组压减发电出力时，供热量也减少，此时可以通过调峰锅炉弥补减少的供热量。

利用供热调峰锅炉实现热电解耦的前提是存在供热调峰锅炉，且该供热调峰锅炉的热力调峰能力较强。另外，由供热调峰锅炉充当供热主力，整个供热系统的热经济性必然变差，供热调峰锅炉可能需要频繁启停或变负荷，操作较复杂且对锅炉寿命有一定影响。

四、燃烧特殊煤种和锅炉精细化运行

燃煤火电机组在约 50% 负荷率以下时难以维持稳定燃烧，是影响机组最大出力变化幅度的重要因素。理论上，保证煤粉在低负荷条件下稳燃的运行措施主要为尽可能降低着火热、加强着火供热。实际操作中，主要采取燃烧特殊煤种和锅炉精细化运行等两个措施。

1. 燃烧特殊煤种

进入锅炉燃烧煤炭的特性对锅炉低负荷稳燃有重要影响。煤在受热时，除析出水分外，断裂的链状和环状烃挥发出来成为气态挥发物，如果外界温度足够高，又有一定量的氧气，那么挥发出来的气态烃就会首先达到着火条件而燃烧起来，煤的挥发分越高，一般越有利于锅炉稳燃。

此外，选择灰熔点高而不易结渣的煤种、容易被磨煤机研磨为更细和更均匀煤粉的煤种、热值略低煤种、可避免磨煤机在低负荷煤量过低发生振动的煤种等，也有利于提

高火电机组的最大出力变化幅度。

低负荷运行时改烧其他煤种可能涉及锅炉改造，例如需增加 1 台仓储式制粉系统，用于磨制调峰煤，并配合一次风机改造。

2. 锅炉精细化运行

（1）控制合适的风煤比，增大粉管内煤粉浓度。文献［12］认为，随着煤阶（煤化作用中能达到的成熟度的级别）的增加，最低着火温度对应的煤粉浓度逐步增加，如烟煤的最佳煤粉浓度约为 0.5kg/kg，贫煤、无烟煤为 1.0kg/kg 以上。然而，大部分锅炉实际运行过程中，粉管内平均煤粉浓度仅为 0.3～0.4kg/kg。因此，可通过降低一次风机出口压力、降低一次风速、调平各粉管一次风速偏差等措施，在确保不堵管的前提下，适当降低一次风速，增加粉管内煤粉浓度，降低最低着火温度。

（2）通过调整磨煤机降低煤粉细度。文献［13］发现，随着煤粉粒径的降低，煤粉着火温度明显降低，以晋城无烟煤为例，煤粉平均粒径从 90μm 降低至 60μm 后，其着火温度从 640℃左右降低至 570℃左右。在机组深度调峰期间，可通过调整磨煤机分离器挡板或转速，在保证磨煤机运行安全的前提下降低煤粉细度，从而利于挥发分的析出和颗粒的非均相着火。

（3）调整配风方式。配风方式对锅炉低负荷稳燃能力的影响与燃烧器的结构形式有关。针对四角切圆锅炉，低负荷下应适当关小周界风，降低煤粉着火热，同时投运燃烧器之间的辅助风开度应合适，过大或过小都不利于低负荷稳燃；针对前后墙对冲旋流燃烧器，低负荷下内二次风风量应适当关小，过大会增加煤粉的着火热。

（4）燃烧器旋流强度调整。对前后墙对冲燃烧锅炉，可通过调整燃烧器旋流强度改变燃烧器喷口一、二次风和高温烟气的流场分布，调节煤粉的着火距离[14]。在一定范围内，旋流强度越大，高温烟气回流量越大，煤粉着火越容易，着火距离越近，燃烧越稳定，但旋流强度过大会导致气流"飞边"现象，引起风粉分离，反而不利于低负荷稳燃。因此，低负荷下燃烧器应维持相对较强的旋流强度，同时确保二次风对煤粉有较好的"包裹"作用。

（5）运行氧量调整。合适的运行氧量有利于提高锅炉低负荷稳燃能力。运行氧量过大，总风量增加，会导致炉内平均温度降低，影响燃烧稳定性；反之，运行氧量过小，一、二次风混合变差，炉内煤粉颗粒燃烧不完全，也会威胁锅炉的燃烧稳定性。考虑到锅炉低负荷运行过程中，大多存在运行氧量偏大的情况，因此在确保炉内气体和固体可燃物充分燃尽的同时，适当降低运行氧量。

（6）磨煤机投运方式调整。磨煤机投运方式对锅炉低负荷稳燃能力的影响十分明显。相对于分散火嘴燃烧，集中火嘴燃烧稳定性更强，因此低负荷下应投运相邻的燃烧器。此外，适当减少磨煤机或给粉机的投运台数，粉管煤粉浓度会相应提高，热负荷会更加集中，锅炉低负荷稳燃能力也会增强。

（7）提高一次风温及磨煤机出口温度。可启动既有的暖风器或风道加热器等提高一次风温及磨煤机出口温度，降低着火热，保证低负荷下锅炉的稳燃。

此外，在低负荷工况下，如果有多台并列的风机和泵，可根据情况关停部分风机和泵，改善风机和泵在低负荷的运行特性，使其远离喘振、失速区域。

在原有设备和煤质条件下，通过锅炉精细化运行调整，一般可将不投油稳燃负荷进一步降低5%～10%。

第六节　燃煤火电机组的最大出力变化速率

一、影响燃煤火电机组最大出力变化速率的限制因素

了解燃煤火电机组最大出力变化速率的最直接方法是调研，但燃煤火电机组数量较多、类型多样，大量调研成本较高，政府文件也未公开发布大量燃煤火电机组的最大出力变化速率数据，因此本书主要进行最大出力变化速率的限制因素分析，结合文献提出最大出力变化速率数据，并将这些分析数据与调研获得的少量数据进行对比，验证分析结论的正确性。

与最大出力变化幅度一样，燃煤火电机组的最大出力变化速率的直接限制来源于电厂的操作规程和控制系统，操作规程和控制系统背后是对燃煤火电机组安全、寿命的考量。燃煤火电机组由多种设备有机地构成系统，它们都存在安全、寿命、经济性的问题，因而都有自己的最大出力变化速率，根据短板效应，最大出力变化速率最小的那个"瓶颈"设备将决定整个燃煤火电机组的最大出力变化速率。

三大主机中，锅炉和汽轮机是热机，受热惯性、热应力等因素的约束，而发电机仅受到机械力、电磁力的作用，与锅炉、汽轮机的时间尺度不一致，一般而言，锅炉和汽轮机的变化要比发电机的变化要缓慢得多，它们是燃煤火电机组出力变化速率不能过大的主要限制因素，本书主要关注锅炉和汽轮机。

二、燃煤火电机组锅炉的最大出力变化速率分析

当出力变化速率过快时，可能会大幅降低锅炉各运行部件的使用寿命，甚至直接产生破坏酿成事故，因此，锅炉只能以较低的出力变化速率运行。

对汽包锅炉而言，出力变化速率影响最大的是厚壁金属件，特别是汽包。汽包的体积较大，内径和壁厚的比值大，因此汽包内介质压力引起的切向应力较大；汽包壁较厚，且下层是水，上层是蒸汽，水和蒸汽的换热系数差别较大，因而出力变化导致温度发生变化时汽包会产生更大的热应力，热应力不能超过限制值反过来限制了出力变化速率的最大值。此外，汽包水位变化、水循环安全性、过热蒸汽超温等因素也限制了汽包锅炉的最大出力变化速率。

在各个变工况出力阶段，汽包锅炉的最大出力变化速率各不相同。

1. 喷嘴调节定压运行的高负荷率阶段

在高负荷率阶段，当机组需要增加出力，会开大调速汽门，此时锅炉汽包的排汽量会瞬时增加，而燃料量来不及调节和响应，因此汽包的汽空间内蒸汽存量减少，导致汽包压力降低，此时，一部分锅水因过饱和而汽化，汽包、水冷壁等厚壁金属件也通过降低温度而释放出物理显热用于产汽（这两部分蒸汽量称为附加蒸发量），能够缓解汽包压力的变动，使得汽包内压力不会迅速降低，但是恢复汽包压力最终靠增加燃料量，因为开关调速汽门和增减燃料量不可能完全协调一致，实际上在汽包中仍然有压力的变动。同时，锅水因过饱和汽化虽然会引起汽包水位下降，但闪蒸蒸汽混在锅水中反而会造成锅水突然涨起，造成"虚假水位"。当机组需要降低出力时，减少负荷的过程反之。

由此可知，虽然是定压运行，但汽包中仍然存在压力变化的瞬态过程，压力的变动伴随着温度的变动，会产生热应力。出力变化速率越大，可能产生的热应力就越大，会加重汽包的疲劳损伤，减少其寿命，如应力超过汽包的允许应力，会直接造成材料失效而导致事故。

调节过程造成的汽包水位变化也是锅炉出力变化速率的限制因素。见图 3-56 所示为突然开大和关小阀门对水位的影响，反映了开闭阀门造成的"虚假水位"的机理和过程。负荷变化越快，虚假水位越高（低），可能造成汽包的水位过高（或过低），带来汽轮机内严重的水冲击（或水冷壁管超温过热）等安全问题。

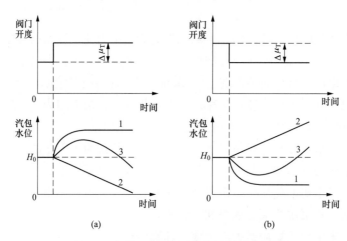

图 3-56 突然开大和关小阀门对水位的影响

（a）调节阀开大；（b）调节阀关小

1—只考虑蒸发面下蒸汽容积的响应曲线；2—只考虑物质不平衡的响应曲线；3—实际的水位响应曲线

值得指出的是，定压降出力调峰时，因锅炉蒸汽参数与 1kg 蒸汽吸热量不变，过热蒸汽不易超温，过热器管壁温度受降出力过程影响小。

由以上分析可知，不论是汽包压力还是水位的波动，都有一定的补偿机制（例如开大调节阀蒸汽压力下降，但闪蒸过程迅速恢复压力），且过热蒸汽不易超温，因此，在喷嘴调节定压运行的高负荷率阶段，锅炉对调节速率的限制并不明显，这也是燃煤火电机组在高负荷区可以参与调频的重要原因。一般地，在喷嘴调节定压运行的高负荷率阶段，汽包锅炉负荷的变化率一般可达到 5% BRL/min 左右。某电厂 WGZ.410 锅炉（额定 410t/h，对应出力 100MW）调峰试验表明，定压运行时最大出力变化率小于或等于 5%BRL/min。

2. 滑压调节运行的中间负荷率阶段

滑压运行降出力时，调速汽门一般保持位置不变，减少锅炉燃料量，使得汽包压力和主蒸汽压力下降，以达到降负荷的目的。升负荷的情况和降负荷情况相反。

滑压运行时限制机组出力变化速率的因素主要有三个：热应力限制、水循环安全性限制和过热蒸汽超温限制。

（1）热应力限制。滑压运行时，机组出力变化伴随着汽包压力的变化，汽包压力变化使得饱和温度变化，汽包壁热阻等因素导致了汽包内、外壁温度差，蒸汽和炉水的放热系数不同导致了汽包的上、下壁温差，内外壁温差和上下壁温差均产生热应力，负荷变化越快，热应力越大，造成的材料疲劳损伤越大；负荷变化过快，甚至可能超过材料许用应力，直接造成材料失效。因此，滑压运行时，热应力限制导致了汽包温度变化率的限制（同时也限制了汽包压力变化率），而汽包温度变化率的限制导致锅炉出力变化率的限制。

国内机组一般要求汽包内饱和温度的变化速率小于90℃/h（即1.5℃/min）（根据作者调研可知，天津某电厂锅炉规程要求汽包内饱和温度的最大变化速率为1～2℃/min），汽包上下壁温差一般不超过42℃（国外有机组规定不超过90℃）。

不同的机组，锅炉汽包的温度变化率和汽包上下壁温差对应的锅炉出力变化率不同。

典型660MW机组变压运行时汽包温度变化率与负荷变化率的对应关系见表3-29。由表3-29可知，对于此型机组，当汽包内饱和温度的变化速率为90℃/h（即1.5℃/min）时，对应的锅炉出力变化速率为1.55% BRL/min。

表3-29　典型660MW机组变压运行时汽包温度变化率与出力变化率的对应关系[10]

出力变化率（%/min）	1	2	3	4	5
汽包温度变化率（℃/h）	58.2	116	176	233	291
汽包温度变化率（℃/min）	0.97	1.93	2.93	3.88	4.85

根据作者对天津某电厂、山东某电厂的调研，300MW级机组在滑压运行阶段出力变化速率允许达到3% TRL/min（从本书下文表3-32可知，对应锅炉出力变化率为3% BRL/min）。

从国产200MW燃煤火电机组调峰试验表明，机组出力变化率控制在2% TRL/min左右时（对应锅炉出力变化率为2% BRL/min），汽包饱和温度变化率只有1℃/min左右，如徐州某电厂8号炉（DG 670/13.7.8）三阀门滑压运行以1.5% TRL/min降出力时（对应锅炉出力变化率为1.5% BRL/min），其饱和温度变化率为1.5℃/min，此时汽包上下壁温差均小于40℃，内外壁温差均在允许范围内。该机组出力在50%～100%范围内变化时，只要温度变化不大于3℃/min，按照30年服役期间机组滑压运行6000次进行计算，其寿命损耗小于规定值，对汽包寿命影响很小。该电厂WGZ.410锅炉（额定410t/h，对应出力100MW）调峰试验表明，变压运行时出力变化率小于或等于2.5% BRL/min，汽包内饱和温度变化率小于或等于2.5℃/min。

（2）水循环安全性限制。滑压运行时，循环流速变化不会太大，但滑压运行要注意压力变化速率和最低极限压力对水循环的影响较大。如果降压太快，很容易引起汽包水位猛增，以及工质进入下降管的入口处产生抽空现象；如果升压过快，则汽包水位下降很厉害，同样影响水循环的安全性。

（3）过热蒸汽超温限制

滑压运行时（特别是增加出力时），由于风煤比例失调等原因，往往供热量超过其所需吸热量，容易引起过热蒸汽超温。试验证明，当出力变化率大于 3％ TRL/min（对应 3％ BRL/min）时，过热蒸汽可能超温。

三个因素中，热应力限制对机组最大出力变化速率的影响最大，水循环安全性限制、过热蒸汽超温限制不是主要限制因素。

3. 节流调节定压运行的低负荷率阶段

类似于高负荷率阶段采用定压喷嘴调节，低负荷率阶段采用节流调节定压运行时，汽包内蒸汽的温度和压力基本保持不变。但低负荷率时，炉膛内火焰燃烧的稳定性较差，过热蒸汽温度和再热蒸汽温度也不能维持额定值，故锅炉负荷变化不能过快，一般调节速率不会快于 2％/min。

综上所述，汽包锅炉在高、中、低负荷区最大出力变化速率情况见表 3-30。

表 3-30 　　　　　汽包锅炉在高、中、低负荷区最大出力变化速率情况

负荷分区	高负荷区	中间负荷区	低负荷区
大约出力范围（％BRL）	100～70	70～30	<30
h调节运行方法	定压喷嘴调节	滑压调节	定压节流调节
锅炉最大出力变化速率（％BRL/min）	约5	1.5～3	<2

注　不同机组关于高负荷区、中间负荷区、低负荷区的划分有所不同，具体见本书第二章表2-8。

直流锅炉在亚临界状态下一般也采用"定-滑-定"方式运行，在超临界状态，若不参加电网调频，采用"滑-定"的复合调节方式。锅炉出力变化时，直流锅炉受热面保护主要体现在对分离器和水冷壁的保护，壁厚相比汽包小很多，即使在滑压调节阶段，锅炉出力变化速率也很快。例如采用螺旋管形管圈直流锅炉和复合循环锅炉可以提高锅炉出力变化速率[9]，锅炉最大出力变化速率可达 5％～8％BRL/min。

三、燃煤火电机组汽轮机的最大出力变化速率分析

限制汽轮机出力调制速率的主要因素也是运行安全和寿命，依然受机组运行方式的影响。

1. 喷嘴调节定压运行的高负荷率阶段

如前所述，定压运行时实际上也是有压力波动的，这会对汽轮机产生疲劳损伤。定压运行主要通过调节流量变负荷，流量变动时转子轴向推力、叶片弯曲应力、承压部件（调速汽门、喷嘴室、汽缸）受力等都会产生变动，也会对汽轮机产生疲劳损伤。

在高负荷区定压运行能够保持锅炉过热器和再热器的出口蒸汽温度为额定蒸汽温度，进入高压缸和中压缸的蒸汽温度不变，但定压运行时，汽轮机高压缸和中压缸各级级后蒸汽温度降低较多。300MW级汽轮机定压运行和滑压运行时调节级后、高压缸抽汽口及高压缸排汽温度随着主蒸汽流量的变化曲线见图 3-57 所示。由图 3-57 中可以看出，主蒸汽流量降低时（对应负荷的降低），滑压运行时汽轮机调节级后、高压缸抽汽

口及高压缸排汽温度下降不是很明显，甚至略有上升，而定压运行时三个位置的温度却随着主蒸汽的流量下降而下降。

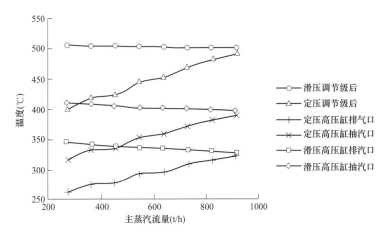

图 3-57 300MW 级汽轮机定压运行和滑压运行时调节级后、
高压缸抽汽口及高压缸排汽温度随着主蒸汽流量的变化曲线

因此，负荷变化越快则汽轮机各级汽温变化越快，热应力越大，造成疲劳损伤。另外，汽轮机金属部件温度变化率过快还造成汽缸的膨胀量与相对应的转子膨胀量有差别（即相对胀差），降负荷时，蒸汽温度低于金属温度，转子冷却较汽缸快，容易产生负胀差；升负荷时，则容易产生正胀差。温度变化率过快则动静叶间隙消失，可能引起动静叶间摩擦，导致汽轮机振动，汽轮机振动如不处理将会使动静叶间摩擦加剧，进一步造成更剧烈的汽轮机振动，最终可能导致叶片断裂。

2. 滑压调节运行的中间负荷率阶段

滑压运行时，进入高压缸和中压缸的蒸汽压力随着负荷变化而变化，转子轴向推力、叶片弯曲应力、承压部件（调速汽门、喷嘴室、汽缸）受力等也发生变化，机组出力调节速率越大，造成的疲劳损伤越大。

滑压运行时，不仅进入高压缸和中压缸的蒸汽温度保持额定，而且由于进入高压缸和中压缸的容积流量变化不大，各级叶片温度及中压缸的出口温度变化不大（由图 3-57 可知），因此相应的热应力和热变形不大。

3. 节流调节定压运行的低负荷率阶段

低负荷节流调节时和高负荷喷嘴调节类似，有压力波动和流量变动造成的疲劳损伤，负荷变动越大，积累的疲劳损伤越大。

低负荷运行变负荷时，主要考虑蒸汽温度变化带来的问题，国内不少锅炉出力低到约 50% 以下时，已经很难维持过热器和再热器的出口温度，调节级后、高压缸抽汽口及高压缸排汽温度也有大幅降低，这时对机组出力变化的控制将更为严格，否则容易产生热应变过大、胀差过大而导致汽轮机振动等问题。

我国三大汽轮机厂生产的汽轮机没有按照复合滑压运行各阶段来区分其出力变化速率，有文献调研认为，在 100%～50%TRL 的高负荷区间，最大的负荷变化速率可达

5％TRL/min；在 50％～30％TRL 的中间负荷区，最大的负荷变化速率可达 3％TRL/min；在 30％TRL 以下的低负荷区间，最大的负荷变化速率可达 2％TRL/min[15]。

与直流锅炉相配的汽轮机，超临界机组所配汽轮机与汽包锅炉所配汽轮机相差不大。

汽轮机在高、中、低负荷区最大出力变化速率情况见表 3-31。

表 3-31　　　　　　汽轮机在高、中、低负荷区最大出力变化速率情况

负荷分区	高负荷区	中间负荷区	低负荷区
大约出力范围（％TRL）	100～50	50～30	<30
汽轮机最大出力变化速率（％TRL/min）（我国三大汽轮机厂数据）	5	3	2

四、燃煤火电机组最大出力变化速率

综合对比汽轮机和锅炉在各阶段的最大出力变化速率，取"短板"作为机组的最大出力变化速率。但严格地说，锅炉出力变化速率单位为％BRL/min，汽轮机出力变化速率为％TRL/min，只有汽轮机出力才约等于机组的出力（考虑发电机效率），故不能将两者简单地进行对比，需对比变工况条件下锅炉出力率与汽轮机出力率的关系。

设备制造厂提供了 THA 工况和部分出力工况的热平衡图，据此可统计不同主蒸汽流量不同抽汽量下，汽轮机出力变化百分比与对应锅炉出力变化百分比的比值，见表 3-32。

表 3-32　　　　　　变工况条件下锅炉出力率和汽轮机出力率关系

工况	锅炉出力（t/h）	锅炉出力率（％）	汽轮机出力（MW）	汽轮机出力率（％）
THA 工况	882.59	100.0	300.009	100.0
75％THA（定压）	646.35	73.2	225.009	75.0
50％THA（定压）	439.14	49.8	150.007	50.0
40％THA（定压）	363.68	41.2	120.009	40.0
30％THA（定压）	286.81	32.5	90.062	30.0
75％THA（滑压）	650.23	73.7	225.006	75.0
50％THA（滑压）	439.26	49.8	150.068	50.0
40％THA（滑压）	361.42	40.9	120.001	40.0
30％THA（滑压）	281.98	31.9	90.02	30.0

数据来源：哈尔滨汽轮机厂，C261/N300-16.7/537/537 型汽轮机热力特性 2011。

由表 3-32 可知，锅炉的出力率和汽轮机的出力率基本是同步的，因此，锅炉的出力率与汽轮机出力率可以直接进行比较。

综合考虑锅炉和汽轮机的最大出力变化速率，取"短板"得出机组最大出力变化速率，见表 3-33。

表 3-33　　　　锅炉、汽轮机及整个机组在机组运行各阶段时的速率限制

汽包锅炉			
负荷分区	高负荷区	中间负荷区	低负荷区
出力范围（%BRL）	100～70	70～30	＜30
锅炉最大出力变化速率（%BRL/min）	约5	1.5～3	＜2
汽轮机			
出力范围（%TRL）	100～50	50～30	＜30
汽轮机最大出力变化速率（%TRL/min）	5	3	2
机组			
出力范围（%TRL）	100～70	70～30	＜30
机组最大出力变化速率（%TRL/min）	5（常限为3%）	1.5～3	＜2
出力变化速率限制的决定性主机设备	汽轮机	锅炉	锅炉
调研了解的天津某电厂实际最大出力变化速率（%TRL/min）	3.04～4.57（10～15MW/min）	2.44～3.04（8～10MW/min）	（两电厂均很少在50%出力下运行）
调研了解的天津某电厂规程规定最大出力变化速率（%TRL/min）	0.9～1.52（3～5MW/min）	0.9～1.52（3～5MW/min）	
调研了解的山东济南某电厂实际最大出力变化速率（%TRL/min）	1.5［投入自动发电控制（automatic generation control，AGC）运行］		

以上分析的主要针对汽包锅炉，直流锅炉最大出力变化速率较大，汽轮机最大出力变化速率可作为与其构成机组的最大出力变化速率，即在高、中、低三个负荷区间分别为5%、3%、2% TRL/min。目前已存在采用螺旋管形管圈直流锅炉、窄法兰、焊接转子和大容量旁路系统等设备构成的机组，其最大出力变化速率可达5%～8% TRL/min。

值得注意的是，本节的分析中未考虑热电机组抽汽运行的情况，一般认为，热电联产对机组最大出力变化速率的影响不大。

第七节　燃煤火电机组的启停时间

燃煤火电机组启动和停机过程涉及大量设备、零部件的操作和控制，各设备、零部件除了由于机械力作用产生的应力、变形外，还将产生由于温差引起的各种热应力、热变形、热膨胀等，温度、压力参数和受力状态发生剧烈变化。全面分析燃煤火电机组启动和停机的设备操作、热力学和力学性能，涉及篇幅很大，技术很复杂，也无必要。本节围绕调峰相关的启停时间进行深入论述，着力分析与启停时间相关的因素、给出大量启停时间数据和相关数据，并介绍缩短燃煤火电机组启停时间的方法。

一、燃煤火电机组启动时间

为了消除并网前等待电网侧指令等因素对机组启动时间的影响，一般定义燃煤火电机组启动时间为：起始时刻以机组发启动指令为准；其中机组定速后、并网前等待电网侧指令的时间不计入启动时间，机组升负荷过程中非机组原因（如因电网调度要求等原

因）造成的在某负荷点的停留时间不计入启动时间；启动过程终止时刻以机组负荷达到额定值或电力调度部门给定值为准。

1. 燃煤火电机组启动时间的分解

由本书第二章第一节可知，燃煤火电机组的启动类型可分为冷态启动、温态启动、热态启动、极热态启动，还可分为额定参数启动和滑参数启动（包括真空法和压力法）。本节主要关注压力法滑参数启动，包括它的冷态启动、温态启动、热态启动、极热态启动。

典型燃煤火电机组启动曲线如图 3-58～图 3-60 所示。

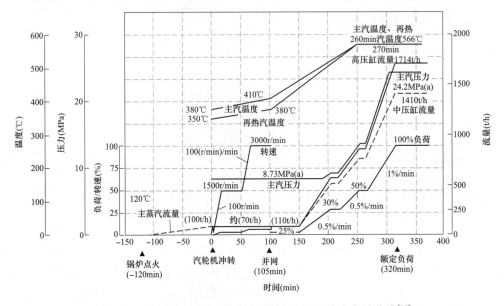

图 3-58　某电厂 600MW 超临界燃煤火电机组冷态启动曲线[16]

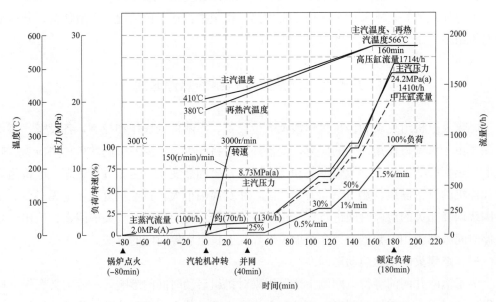

图 3-59　某电厂 600MW 超临界燃煤火电机组温态启动曲线[16]

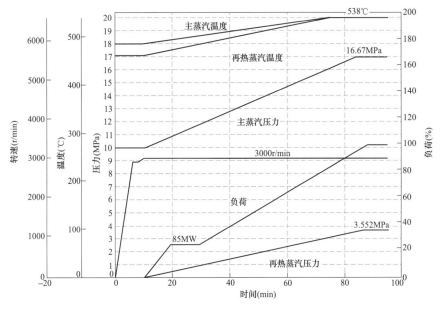

图 3-60　某电厂 350MW 亚临界燃煤火电机组热态启动曲线[17]

由图 3-58~图 3-60 可知，燃煤火电机组的启动过程比较复杂，可以将启动过程分解为多个环节，分析各环节的时间，综合得出总时间。总体上锅炉和汽轮机并列运行，很多环节平行进行，相互之间相互影响，冷态启动、温态启动、热态启动、极热态启动的环节也不尽相同，为方便分析，本节选取几乎串联的几个环节对启动过程进行分解：锅炉点火前的准备阶段、锅炉点火到汽轮机开始冲转、从冲转到带初负荷、从带初负荷到满负荷。其中，从冲转到带初负荷主要包括升速和暖机过程；从带初负荷到满负荷，除升负荷外，也包含暖机过程，本书将升速期间的暖机和升负荷期间的暖机统一论述。

2. 锅炉点火前的准备阶段

一般来说，燃煤火电机组启动时间是指从锅炉点火到机组并网成功的时间[1]，但锅炉点火前的准备阶段的时间同样重要，因为毕竟它是实际总启动时间的一部分。

冷态启动时，锅炉点火前的准备阶段工作较多，耗时相对较长，尤其是锅炉方面，包括检查、投入监测控制保护设备、锅炉上水、清洗、汽包开始承压、烟风系统启动和炉膛吹扫等工作。热态启动因启动前锅炉和汽轮机的状态不同，可省略若干步骤，热态启动时点火前准备工作约 20min[18]。

3. 从锅炉点火到汽轮机开始冲转阶段

3.1　冲转参数选择

压力法滑参数启动（即在锅炉启动前将汽轮机电动主汽门关闭，锅炉点火产生一定压力和温度的蒸汽时，对汽轮机送汽冲转）时，冲转发生在锅炉蒸汽参数未达额定参数前，汽轮机冲转凸显为燃煤火电机组启动的最重要时间节点之一，冲转参数选择对燃煤火电机组的启动时间有重要影响。

冲转参数主要包括冲转温度和压力，其中，冲转温度的选择刚性约束更强。

3.1.1 主蒸汽温度的选择

冲转蒸汽温度的选择原则是主蒸汽温度与汽缸金属温度的良好匹配。选择冲转主蒸汽温度时，首先根据公式"冲转前高压调节级后金属温度＋金属与蒸汽温差＝高压调节级后蒸汽温度"确定高压调节级后蒸汽温度，再根据冲转初期蒸汽压力下主蒸汽温度与调节级后蒸汽温度的关系曲线确定主蒸汽温度[19]。

关于冲转前当时高压调节级后金属温度，如前文所述，它定义了冷态启动、温态启动、热态启动、极热态启动。冷态启动时，最常见的冲转前当时高压调节级后金属温度为150℃。

高压调节级处蒸汽与金属的温差合理取值由高压调节级处金属热应力决定，不同的结构、材料的热应力产生和可承受的应力上限值不同，造成高压调节级处蒸汽与金属允许的温差不同，文献指出，原则上要求调节级后蒸汽温度应比调节级后金属温度高30~50℃[19]。

冲转初期蒸汽压力下，主蒸汽温度与调节级后蒸汽温度的关系曲线如图3-61所示，根据该曲线可由主蒸汽压力和调节级后蒸汽温度确定主蒸汽温度。

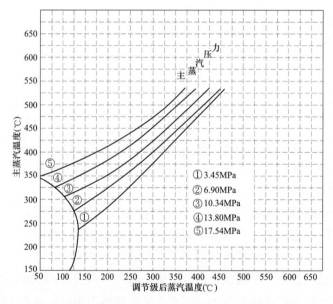

图 3-61　冲转初期蒸汽压力下，主蒸汽温度与调节级后蒸汽温度的关系曲线

不同机型的主蒸汽参数与调节级后蒸汽参数见表3-34。

表 3-34　　　　不同机型的主蒸汽参数与调节级后蒸汽参数的关系[20]

机组类型	主蒸汽参数		调节级后蒸汽参数	
	压力（10^5Pa）	温度（℃）	压力（10^5Pa）	温度（℃）
国产 200MW 汽轮机	13.5	240	约0.5	125
国产 300MW 汽轮机	14.0	300	约0.5	170

续表

机组类型	主蒸汽参数		调节级后蒸汽参数	
	压力（10^5 Pa）	温度（℃）	压力（10^5 Pa）	温度（℃）
元宝山法国 300MW 汽轮机	50.0	350	约 0.5	160
大港意大利 320MW 汽轮机	35.0	350	约 0.5	181
陡河日立 250MW 汽轮机	40.0	350	约 0.5	175
宝钢三菱 350MW 汽轮机	60.0	360	约 0.5	153

　注　表中"元宝山法国 300MW 机组"指内蒙古赤峰元宝山发电有限责任公司引进的法国阿尔斯通公司（即法国 Alstom 公司）300MW 机组；"大港意大利 320MW 机组"指天津大港电厂引进的意大利 320MW 机组；"陡河日立 250MW 机组"指河北唐山陡河电厂引进的日本日立公司（即日本 HITACHI 公司）250MW 机组；"宝钢三菱 350MW 机组"指宝钢自备电厂引进的日本三菱重工公司（即日本 Mitsubishi 公司）的 350MW 机组。

　　此外，也可以直接从运行经验得出主蒸汽温度。例如有文献指出，从运行经验表明，热态启动时，主蒸汽温度选择一般以比汽缸温度高 80～100℃[21]，此时，主蒸汽温度与金属温度匹配较好。

　　3.1.2　再热蒸汽温度的选择

　　再热蒸汽温度根据冲转前中压缸第一级后金属温度确定：首先确定中压缸第一级后金属温度，然后保证该处蒸汽温度比金属温度允许值高 90℃（极限值为 150℃），再根据中压第一级温降（约为 37℃）来确定再热蒸汽温度[21]。

　　此外，也可以直接从运行经验得出再热蒸汽温度。

　　3.1.3　具体冲转参数

　　根据相关文献，部分燃煤火电机组具体冲转参数见表 3-35。

表 3-35　　　　　　　　　部分燃煤火电机组的冲转参数[20]

启动状态	参数指标	元宝山法国 300MW 机组	姚孟法国 300MW 机组	大港意大利 320MW 机组	陡河日立 250MW 机组	宝钢三菱 350MW 机组	国产 200MW 机组	国产 300MW 机组
冷态启动	主蒸汽温度（℃）	350	410	350	350	360	234～250	270～320
	主蒸汽压力（MPa）	5.0	7.0	3.5	4.0	6.0	1.2～1.5	1.2～1.6
	再热蒸汽温度（℃）	335	380	—	—	—	>120	>180
	再热蒸汽压力（MPa）	1.0	1.5	—	—	—		
缸温 200～300℃	主蒸汽温度（℃）	400	420	360	360	360	350	350
	主蒸汽压力（MPa）	5.1	7.1	4.0	4.0	8.0	2.5	3.0
	再热蒸汽温度（℃）	370	380	—	—	—	*	
	再热蒸汽压力（MPa）	0.816	1.53	—	—	—		
缸温 300～400℃	主蒸汽温度（℃）	430	435	425	430	450	425	430
	主蒸汽压力（MPa）	6.5	8.1	4.5	5.0	12.0	4.0	3.0
	再热蒸汽温度（℃）	410	420	—	—	—	*	
	再热蒸汽压力（MPa）	1.02	1.53	—	—	—		

启动状态	参数指标	元宝山法国 300MW 机组	姚孟法国 300MW 机组	大港意大利 320MW 机组	陡河日立 250MW 机组	宝钢三菱 350MW 机组	国产 200MW 机组	国产 300MW 机组
缸温 400~450℃	主蒸汽温度（℃）	460	480	480	480	480	470	476
	主蒸汽压力（MPa）	8.1	8.1	8.0	8.0	14.0	5.5	3.5
	再热蒸汽温度（℃）	435	465	—	—	—	*	—
	再热蒸汽压力（MPa）	1.02	1.53	—	—	—	—	—
缸温 450~480℃	主蒸汽温度（℃）	470	490	490	490	490	485	490
	主蒸汽压力（MPa）	8.1	8.1	8.0	8.0	14.0	8.0	3.5
	再热蒸汽温度（℃）	—	—	—	—	—	*	—
	再热蒸汽压力（MPa）	1.02	1.53	—	—	—	—	～

注　1. ＊均为"比中压缸内壁高50℃，过热度50℃以上"。

　　2. 表中"元宝山法国300MW机组"指内蒙古赤峰元宝山发电有限责任公司引进的法国阿尔斯通公司（即法国 Alstom 公司）300MW 机组；"姚孟法国300MW机组"指河南平顶山姚孟电力工程有限责任公司引进的法国阿尔斯通公司（即法国 Alstom 公司）300MW 机组；"大港意大利320MW机组"指天津大港电厂引进的意大利320MW机组；"陡河日立250MW机组"指河北唐山陡河电厂引进的日本日立公司（即日本 HITACHI 公司）250MW 机组；"宝钢三菱350MW机组"指宝钢自备电厂引进的日本三菱重工公司（即日本 Mitsubishi 公司）的 350MW 机组。

其他文献也公开了一些燃煤火电机组的冲转参数，例如，200MW 级燃煤火电机组热态冲转压力为 4.9MPa，温度为 480℃[18]；300MW 级燃煤火电机组冷态启动推荐的冷态冲转参数：主蒸汽压力为 3.45~3.6MPa，主蒸汽温度为 300~320℃，再热蒸汽压力为 0.686~0.8MPa，再热蒸汽温度为 250~280℃[21]；125MW 燃煤火电机组冷态启动冲转时主蒸汽压力 1.5MPa，主蒸汽温度 286℃/292℃（左/右进汽管），再热温度 259℃/258℃（左/右进汽管）[22]。

3.2　锅炉从点火状态到冲转参数状态的过程

从锅炉点火到蒸汽达到冲转参数状态的时间段内，涉及锅炉升温和升压、汽轮机汽封启动、盘车预暖等过程，其中汽轮机汽封启动的时间一般都较短，且可以与锅炉升温和升压同步进行，因此不是限制燃煤火电机组启动时间的主要因素。冷态启动也可能涉及汽轮机盘车预暖，并且经历相当长的时间，如果该过程比锅炉蒸汽参数达到冲转参数的时间还要长，可能成为影响燃煤火电机组启动时间的重要因素，汽轮机盘车预暖的相关内容见本节下文。本部分主要关注锅炉升温、升压达到冲转参数过程消耗的时间，它是影响燃煤火电机组启动时间的最重要因素之一。

锅炉升温、升压速率根本上受汽包及其他厚壁金属件（省煤器、水冷壁管、过热器联箱）的寿命限制（本质上是经济性限制），为保证启动过程的寿命消耗在一定数值范围内，需限制汽包及其他厚壁金属件的热应力，直观上，就是要限制蒸汽的温度、压力的上升率，导致必不可少的时间消耗。

文献［23］介绍了 400t/h 锅炉的冷态和热态启动过程中，锅炉蒸汽压力随时间的变化曲线（也即锅炉的启动曲线），如图 3-62 所示。根据该曲线接合冲转参数的取值可以确定从锅炉点火到冲转的时间。

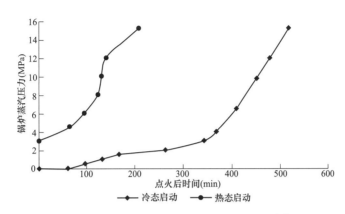

图 3-62　锅炉蒸汽压力随时间的变化曲线[23]

超（超）临界参数锅炉一般采用直流型式（亚临界燃煤火电机组也可以使用直流锅炉，但其经济性不如自然循环锅炉）。相比于汽包锅炉，直流锅炉冷态、热态启动速度提高，冷态启动时间可缩短一半左右[24]。

3.3　冲转时间

典型燃煤火电机组从锅炉点火到冲转的时间见表 3-36。

表 3-36　　　　　　　　　　　从锅炉点火到冲转的时间[20]

启动状态	元宝山法国300MW机组	姚孟法国300MW机组	大港意大利320MW机组	陡河日立250MW机组	宝钢三菱350MW机组	国产200MW机组	国产300MW机组
冷态启动	100	120	180	180	170	150	150
缸温 200～300℃	80	105	155	155	150	135	135
缸温 300～400℃	62	90	130	130	120	120	120
缸温 400～450℃	53	75	120	120	120	120	110
缸温 450～480℃	44	60	115	115	120	120	110

注　表中"元宝山法国300MW机组"指内蒙古赤峰元宝山发电有限责任公司引进的法国阿尔斯通公司（即法国 Alstom 公司）300MW 机组；"姚孟法国300MW机组"指河南平顶山姚孟电力工程有限责任公司引进的法国阿尔斯通公司（即法国 Alstom 公司）300MW 机组；"大港意大利320MW机组"指天津大港电厂引进的意大利320MW机组；"陡河日立250MW机组"指河北唐山陡河电厂引进的日本日立公司（即日本 HITACHI 公司）250MW 机组；"宝钢三菱350MW机组"指宝钢自备电厂引进的日本三菱重工公司（即日本 Mitsubishi 公司）的 350MW 机组。

由本书前文图 3-58 和图 3-59 可知,某电厂 600MW 超临界燃煤火电机组冷态启动时从锅炉点火到冲转的时间为 120min,温态启动时从锅炉点火到冲转的时间为 80min。

4. 从冲转到带初负荷阶段的升速和摩擦检查阶段

4.1 升速时间

转子的升速率受汽轮机热应力的限制,文献指出转子的升速率见表 3-37。

表 3-37   典型燃煤火电机组不同状态时的升速率

状态	某电厂 1 号 600MW 汽轮机[19][(r/min)/min]	某电厂 2 号 600MW 汽轮机[19][(r/min)/min]	某电厂 600MW 超临界机组[16][(r/min)/min]	300MW 机组 [(r/min)/min]
冷态	100	100	100	100[25]
温态	150	250	150	
热态	300	250/300		200~300[26]
极热态	300	300		

由升速率的数据可知,冷态启动时,转子以升速率 100(r/min)/min 由 0 升速到 3000r/min,因此纯升速时间为 30min;热态启动时转子以升速率 150~300(r/min)/min 由 0 升速到 3000r/min,因此纯升速时间为 10~20min。

4.2 升速过程的摩擦检查时间

无论冷态启动还是热态启动,一般都需要进行摩擦检查。

汽轮机开始冲转后,按一定速率 [100~300(r/min)/min] 升速到较低的转速(一般为 500r/min),打闸让转子惰走,检查人员仔细倾听汽缸内部轴封等处有无摩擦声等不正常异音,正常时再进行升速,摩擦检查工作应迅速进行,不应使转子静止。

摩擦检查体现在启动曲线的转速曲线上,即转速曲线先随时间按固定斜率 [即固定的转速变化率,例如 (100r/min)/min] 上行,然后突然折向下,接着再按固定的转速变化率折向上,如图 3-58 和图 3-59 所示。

燃煤火电机组进行摩擦检查时,若无摩擦声等不正常异音,停留时间不超过 5min[25]。

5. 从带初负荷到满负荷的升负荷阶段

燃煤火电机组并网开始带负荷时,有可能从零负荷开始逐步升负荷(见图 3-60),但也可能突然阶跃先带一个比较大的负荷,暖机一段时间后再逐步升负荷(见图 3-58 和图 3-59)。

启动升负荷的过程与本书第三章第六节的变负荷调峰的逻辑类似,升负荷不能过快,相比变负荷调峰,燃煤火电机组启动过程的风险要更多一些,因而升负荷的速率一般更小一些。

典型燃煤火电机组各种启动状态下的升负荷速率的数据见表 3-38。

表 3-38　　　　　　　典型燃煤火电机组各种启动状态下的升负荷速率

启动方式	某 600MW 机[19]	某 600MW 亚临界机组[27]	某 660MW 机组[28]	某 300MW 级机组[21]	某 350MW 亚临界机组[29]	某 600MW 超临界机组[16]
冷态启动	3MW/min（0.5％TRL/min）					0.5％TRL/min（25％～50％ TRL 区间），1％（50％～100％ TRL 区间）
温态启动	3～6MW/min（0.5％TRL/min～1％TRL/min）	6MW/min（1％TRL/min）	5％TRL/min			0.5％/min（25％～30％TRL 区间），1％TRL/min（30％～50％ TRL 区间），1.5％TRL/min（50％～100％TRL 区间）
热态启动	3～12MW/min（0.5％TRL/min～2％TRL/min）			3％TRL/min～5％TRL/min	2％/min（15％～100％ TRL 区间）	
极热态启动	3～18MW/min（％TRL/min/min）					

由表 3-38 分析可知，冷态启动时，汽轮机升负荷速率在 0.5％TRL/min～1.5％ TRL/min 之间，热态启动时，升负荷速率最高可达 3％TRL/min～5％TRL/min 之间。

6. 暖机

汽轮机启动（特别是冷态启动）的核心是暖机，暖机的目的在于使转子、静子部件的温度逐渐升高，防止材料脆性破坏、降低汽轮机部件的热应力。汽轮机升速（或升负荷）时都可能需要保持某个转速（或某个负荷率）一段时间进行暖机，广义上讲，单纯升转速和升负荷的过程也是暖机的过程。

汽轮机暖机时维持不变的转速可称为"暖机转速"（相应地，维持某升负荷不变暖机，可以称为"暖机负荷"），维持某速率（某负荷）进行暖机的时间可称为暖机时间。合理地选择暖机转速（暖机负荷）和暖机时间，对于缩短启动时间、延长设备寿命、防止转子发生永久弯曲非常重要。暖机转速接近转子临界转速、汽缸共振转速和叶片共振转速时，会导致各部件在大交变应力下加速疲劳破坏，所以选择暖机转速时应清楚了解汽轮机的临界转速、汽缸共振转速和叶片共振区并有意避开它们，不要随意选择某转速长时间暖机。另一方面，暖机时间过短达不到暖机的目的，暖机时间过长不仅没有必要还浪费蒸汽，在相对胀差满足要求的前提条件下，暖机时间不宜超过 40min[30]。

汽轮机暖机可分为盘车预暖、低速暖机、中速暖机、高速暖机，额定转速暖机、带负荷暖机，各暖机过程具有不同目的和特点。

（1）盘车预暖。盘车预暖发生在汽机冲转前，此时转子基本不受离心力、弯曲振动等力作用，即使发生动静碰摩（汽轮机运转过程中其运动部件与静止部件之间的摩擦碰撞），摩擦发热功率也极低，因此转子应力水平很低，有利于延长汽轮机寿命；通过盘车预暖将转子温度提高到其金属材料脆性转变温度（fracture appearance transition temperature，FATT。即金属材料冲击试验时，断口形貌中脆性和韧性断裂面积各占 50% 的试验温度）以上，有利于降低启动过程中汽轮机转子脆性失效的风险；此外，盘车预暖时间段与锅炉升温、升压时间段部分重叠，有利于缩短汽轮机启动时间。因此，盘车预暖是一种理想的暖机方式。

（2）低速暖机。低速暖机指转子转速为 1000r/min 以下的某个固定转速，并持续一段时间的暖机。和盘车预暖的目的和原理相同，低速暖机在低应力水平下提高转子的抗脆性失效能力。低速暖机的优点是受热均匀，其风险在于摩擦热弯曲的积累，低转速时不易通过振动发现动静碰摩，当转子快速通过一阶临界转速区时，由于摩擦热弯曲积累的存在，动静碰摩引起的振动远大于不进行低速暖机的方式。但采用美国西屋电气公司（即美国 Westinghouse 公司）技术的汽轮机一般不进行低速暖机，采用德国西门子股份公司（即德国 Siemens 公司）技术的汽轮机在极低的转速暖机。

（3）中速暖机。中速暖机指转子转速为 1000～2000r/min 之间的某个固定转速，并持续一段时间的暖机。相对于低速暖机，转子应力略有提高，但暖机效率更高，且转子运行稳定，弯曲变形小，其缺点是摩擦发热产生的局部热应力较大，振动较大而严重影响动静碰摩。采用日本日立公司（即日本 HITACHI 公司）、日本东芝公司（即日本 Toshiba 公司）技术的汽轮机采用中速暖机的方式。中速暖机的风险和低速暖机基本相同。

（4）高速暖机。高速暖机指转子转速为 2000～3000r/min 之间的某个固定转速，并持续一段时间的暖机。高速暖机具有更高的暖机效率，且转子转速高于一阶临界转速，动静碰摩不会引起强烈振动，汽封效果也较好；高速暖机的缺点是进汽量大、热流密度大、汽缸温升率不可控制、转子应力分布不均。采用美国西屋电气公司（Westinghouse）技术的汽轮机采用长时间的高速暖机方式。

（5）额定转速暖机。额定转速暖机指发电机并网前转速为 3000r/min 时维持一段时间的暖机。额定转速暖机目的在于提高汽轮机温度，与（6）中的带负荷暖机配合，降低汽轮机温度差带来的热应力。

（6）带负荷暖机。带负荷暖机指发电机并网后，负荷率维持为某固定值（带初负荷）一段时间进行的暖机。转子温度上升率最大发生在发电机并网后的一段时间，伴随较大的热应力，为了降低转子热应力对汽轮机寿命的消耗，各汽轮机厂普遍采用带初负荷暖机，负荷率控制在 5%TRL 以下；此外，这一阶段是动静碰摩的又一高发期，带初负荷暖机的关键是严格控制汽轮机调节级金属温度上升速度。少数燃煤火电机组也设置了在 30%、50%TRL 时暖机。

各型汽轮机可能采取迥异的暖机方案，见表 3-39。

热态启动（冲转时高压内缸内下壁温度超过 150℃），高中压转子的中心孔温度已达脆性转变温度以上，各部分金属温度及膨胀已达到或超过空负荷全速时的水平，故高压内缸内下壁温度在 150℃以上不需要暖机[34]。

表 3-39　典型机型的暖机方案

机型	盘车预暖时间 (min)（调节级金属温度达到值）	低速暖机 时间 (min)（转速，r/min）	中速暖机 时间 (min)（转速，r/min）	高速暖机 时间 (min)（转速，r/min）	额定转速暖机 时间 (min)（转速 3000r/min）	初负荷暖机时间 (min)（功率）	启动类型和暖机特点
超临界参数 600MW 汽轮机（东汽生产、日立技术）[31]	360（≥150℃）	—	240 (1500r/min)	—	90	60 (15MW)	冷态启动，长时间中速暖机
云南某公司 6×600MW 亚临界汽轮机（东汽生产、日立技术）[32]	360（≥150℃）	—	240 (1500r/min)	—	40	60 (30MW)	冷态启动，长时间中速暖机
哈尔滨某超超临界参数 600MW 汽轮机（西屋技术）[31]	（文献未说明是否需要盘车预暖）	—	—	150 (2000r/min)	（文献未说明暖机时间）	30 (30MW)	冷态启动，在 2000r/min 附近长时间暖机
哈尔滨某超超临界参数 1000MW 汽轮机（东芝技术）[31]	（未说明盘车预暖时间）（≥150℃）	30 (700r/min)	120 (1500r/min)	—	30	58 (20MW)，50 (50MW)	冷态启动，长时间中速暖机
上海某超超临界参数 600MW 汽轮机（西门子技术）[31]	（文献未说明是否需要盘车预暖）	—	—	—	（文献未说明暖机时间）	15 (30MW)	冷态启动，有钢材技术优势，不在额定转速以下进行定转速暖机
上海某超超临界参数 1000MW 汽轮机（西门子技术）[31]	（文献未说明是否需要盘车预暖）	60 (360r/min)	—	—	60	10 (50MW)	冷态启动，在 360r/min 超低速暖机与盘车预暖速相似
北重某亚临界参数 330MW 汽轮机（阿尔斯通技术）[31]	（文献未说明是否需要盘车预暖）	—	30 (1000r/min)	—	（文献未说明暖机时间）	20 (50MW)	冷态启动，升速阶段只进行 1000r/min 的中速暖机
哈尔滨汽轮机厂 C150/N220-12.75/535/535 型汽轮机[33]	（文献未说明是否需要盘车预暖）	—	60 (1000r/min)	—	—	（按规程要求根据缸温情况进行暖机）	冷态启动

续表

机型	盘车预暖时间(min)(调节级)金属温度达到值	低速暖机时间(min)(转速、r/min)	中速暖机时间(min)(转速、r/min)	高速暖机时间(min)(转速、r/min)	额定转速暖机时间(min)(转速3000r/min)	初负荷暖机时间(min)(功率)	启动类型和暖机特点
某发电厂600MW汽轮机(东芝)技术[19]	(文献未说明是否需要盘车预暖)	10~90 (800r/min)	—	—	25~60	40~60 (25%TRL、50%TRL)	高中压缸联合启动、冷态启动
某发电厂600MW汽轮机(东芝)技术[31]	—	0~60 (800r/min)	—	—	10~60	15~50 (25%TRL、50%TRL)	高中压缸联合启动、温态启动
某发电厂600MW汽轮机(东芝)技术[31]	—	0~30 (800r/min)	—	—	5~30	0~30 (25%TRL、50%TRL)	高中压缸联合启动、热态启动
某电厂600MW超临界机组[16]	(文献未说明是否需要盘车预暖)	—	35 (1500r/min)	—	35	50min(25%TRL)、15min(30%TRL)、10min(50%TRL)	冷态启动
某电厂600MW超临界机组[16]	—	—	—	—	15	15min(25%TRL)、10min(30%TRL)、5min(50%TRL)	温态启动
某300MW机组[25]	(文献未说明是否需要盘车预暖)	5min摩擦检查 (500r/min)	30 (1200r/min)	60 (2000r/min)	30	30	中压缸启动、冷态启动

注　表中"东汽"指东方汽轮机有限公司，"日立"指日本日立公司（即日本HITACHI公司），"西屋"指美国西屋电气公司（即美国Westinghouse公司），"东芝"指日本东芝公司（即日本Toshiba公司），"西门子"指德国西门子股份公司（即德国Siemens公司），"阿尔斯通"指法国阿尔斯通公司（即法国Alstom公司）。

综合考虑升速、升负荷、冲转后暖机的时间，典型燃煤火电机组从汽轮机冲转到满负荷的时间见表 3-40。

表 3-40　　　　　　　　从冲转到带满负荷的时间[20]　　　　　　（min）

启动状态	元宝山法国 300MW 机组	姚孟法国 300MW 机组	大港意大利 320MW 机组	陡河日立 250MW 机组	宝钢三菱 350MW 机组	国产 200MW 机组	国产 300MW 机组
缸温≤200℃	236	200	306	288	420	505	440
缸温 200～300℃	192	160	224	206	170	345	320
缸温 300～400℃	153	70	184	170	94	291	264
缸温 400～450℃	150	51	160	148	88	240	220
缸温 450～480℃	142	48	136	136	88	146	170

注　1. 启动状态指启动前汽缸的温度状态，表中"缸温"指高压内缸内下壁温度。

2. 表中"元宝山法国 300MW 机组"指内蒙古赤峰元宝山发电有限责任公司引进的法国 300MW 机组；"姚孟法国 300MW 机组"指河南平顶山姚孟电力工程有限责任公司引进的 300MW 法国机组；"大港意大利 320MW 机组"指天津大港电厂引进的意大利 320MW 机组；"陡河日立 250MW 机组"指河北唐山陡河电厂引进的日本日立公司（即日本 HITACHI 公司）250MW 机组；"宝钢三菱 350MW 机组"指宝钢自备电厂引进的日本三菱重工公司（即日本 Mitsubishi 公司）的 350MW 机组。

7. 燃煤火电机组启动的总时间

考虑前文表 3-36 和表 3-40，则从锅炉点火到满负荷的启动时间见表 3-41。

表 3-41　　　　　　　　从锅炉点火到满负荷的启动时间[20]　　　　　　（min）

启动状态	元宝山法国 300MW	姚孟法国 300MW	大港意大利 320MW	陡河日立 250MW	宝钢三菱 350MW	国产 200MW	国产 300MW	北仑发电厂 600MW 机组
冷态启动	336	320	486	468	590	655	590	300
缸温 200～300℃	272	265	379	361	320	480	455	140
缸温 300～400℃	215	160	314	300	214	411	384	140
缸温 400～450℃	203	126	280	268	208	360	330	60
缸温 450～480℃	186	108	251	251	208	266	280	50

注　1. 启动状态指启动前汽缸的温度状态，表中"缸温"指高压内缸内下壁温度。

2. 表中"元宝山法国 300MW 机组"指内蒙古赤峰元宝山发电有限责任公司引进的法国阿尔斯通公司（即法国 Alstom 公司）300MW 机组；"姚孟法国 300MW 机组"指河南平顶山姚孟电力工程有限责任公司引进的法国阿尔斯通公司（即法国 Alstom 公司）300MW 机组；"大港意大利 320MW 机组"指天津大港电厂引进的意大利 320MW 机组；"陡河日立 250MW 机组"指河北唐山陡河电厂引进的日本日立公司（即日本 HITACHI 公司）250MW 机组；"宝钢三菱 350MW 机组"指宝钢自备电厂引进的日本三菱重工公司（即日本 Mitsubishi 公司）的 350MW 机组。

还有文献直接按冷态、温态、热态、极热态统计了启动时间，见表 3-42。

表 3-42   冷态、温态、热态、极热态的启动时间[1]   （min）

启动状态	SG-2080/25.4	SG-2028/17.5	B&WB-1025/17.5	DG-1025/17.4
冷态启动	9~13	7~8	8~9	8~9
温态启动	4~6	4~5	5~6	5~6
热态启动	2~3	2~3	2~3	2~3
极热态启动	1	1	1	1

注 第二列表头 SG-2080/25.4 表示锅炉型号，"SG"为锅炉厂家，"2080"为额定蒸发量，单位为 t/h，一般配套 600MW 级锅炉，"25.4"为额定压力，单位为 MPa，表示为超临界锅炉。其他 3 列表头的意义类似。

表 3-42 中，在冷态启动状态下，配置了 SG-2080/25.4 锅炉的超临界燃煤火电机组相比其他类型的亚临界燃煤火电机组启动时间长 2~3h，主要有以下原因：①超临界燃煤火电机组主蒸汽温度高、主蒸汽压力大，要满足启动条件，燃煤火电机组需要吸收更多的热量，故所需要的时间也相应长些；②超临界燃煤火电机组与亚临界燃煤火电机组最大的区别在于超临界燃煤火电机组采用了直流锅炉，因此超临界燃煤火电机组有一个转直流运行的过程。随燃烧率和负荷的增加，进入汽水分离器的汽水混合物的干度也逐渐提高，在锅炉负荷提高到本生点以上后，进入汽水分离器的将全部是蒸汽，锅炉进入直流运行模式，这也会延长超临界燃煤火电机组的启动时间。

二、燃煤火电机组停机时间

由本书第二章第一节可知，燃煤火电机组的停机包括正常停机、故障停机、紧急停机。本节介绍火电机组的调峰能力，因而主要关注正常停机。正常停机包括滑参数停机（又称维修停机）、额定参数停机（又称调峰停机）。

停机过程包括两段：从额定负荷开始减载到转速开始下降、从转速开始下降到完全停机。从调峰的目的出发，停机时只需要出力降到 0 即可，所以本书更关心降负荷的这一段时间。

1. 额定参数停机

如果停机后较短时间就需要启动运行，可考虑采用额定参数停机方式，通过关小汽轮机调节阀门逐渐降负荷，主蒸汽阀门前的蒸汽参数保持不变，使进入汽轮机的蒸汽流量减小，以比较快的速度降负荷。300MW 燃煤火电机组负荷降低的平均速率一般为 3MW/min，300MW 到降至 0 负荷，以 3MW/min 的速度逐步进行，大约要 100min，如将辅机的操作考虑在内，则完成停机的整个过程需要 2~2.5h[35]。在高负荷率区间可以提高负荷降低速率，300MW 燃煤火电机组负荷在 300MW 到 180MW 之间时，降负荷速率可提高至 4MW/min 速度减负荷，完成一次停机过程可能压缩到 2h[26]。

额定参数停机后汽缸温度能保持在较高的水平，利于停机较短时间后热启动。但在大容量再热燃煤火电机组降负荷过程中，锅炉始终维持额定参数，会给运行调整带来很大困难，同时也造成燃料浪费[19]。

2. 滑参数停机

滑参数停机时，汽轮机调节阀门控制在一定开度位置并保持开度不变，通过锅炉燃烧调整滑降主蒸汽温度和主蒸汽压力来降低负荷至停机。滑参数停机由于采用全周进汽，汽轮机金属冷却均匀，汽水损失、能量损失、厂用电率较小[19]。

滑参数停机时的热应力比额定参数停机方式大，为避免产生过高的热应力，需控制好高、中压缸金属温度下降速率。停机过程中产生的拉应力更容易造成汽缸的裂纹或损坏，停机过程中降负荷速度应小于启动过程中加负荷速度[19]。滑参数停机时，一般高压燃煤火电机组新蒸汽的平均降压速度为 0.02～0.03MPa/min，平均降温速度为 1.2～1.5℃/min。调节级后汽温变化率小于 1.0℃/min[19]。较高参数时，降温、降压速度可以较快一些；在较低参数时，降温、降压速度需要慢一些。滑参数停机过程中，新蒸汽温度应始终保持 50℃ 的过热度，以保证蒸汽不带水。一般当蒸汽温度低于高压内缸上缸内壁金属温度 30～40℃ 时，要停止降温[36]。

200MW 燃煤火电机组滑参数停机时，从满负荷降到 0 负荷，共耗时 110min[37]。某厂 600MW 超临界燃煤火电机组从 600MW 额定负荷开始以 15MW/min 的速率滑压降负荷，在降低到 50% 负荷时，稳定 15min 后以 9MW/min 的速率滑压降负荷[16]。该燃煤火电机组滑参数停机的过程如图 3-63 所示。

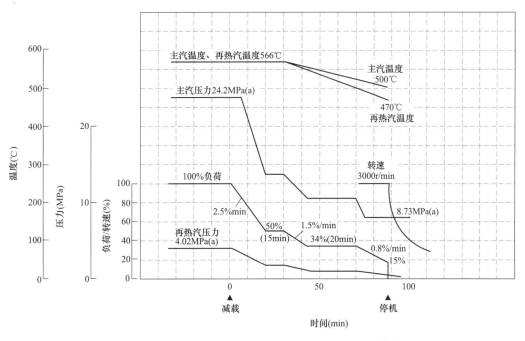

图 3-63　某电厂 600MW 超临界机组正常停机曲线[16]

三、缩短燃煤火电机组启停时间的措施

1. 采取热态启动和额定参数停机的方式启停

如本节前文所述，热态启动比冷态启动消耗的时间更短，额定参数停机比滑参数停机消耗的时间更短，因此，采用热态启动和额定参数停机即可缩短启停时间。

燃煤火电机组在正常运行时可自主选择额定参数停机，但能否实现热态启动则受限于启动前燃煤火电机组的状态。为顺利实现热态启动，一般需要采用额定参数停机，停机后要常采用闷炉、闷缸等保温措施，且停机时间不能过长。

2. 基于热应力和寿命分析计算优化启动曲线和停机曲线（采用精确的热应力在线监控和寿命管理技术）

实践证明[17, 23]，一方面，为保证燃煤火电机组运行安全和设备设计寿命，电厂的技术规程往往偏于保守，可能存在进一步的优化空间；另一方面，燃煤火电机组设计和制造时可能未定位于启停调峰机组，项目投运后，因种种原因而需要参与启停调峰，因此需要对启停过程进行优化。对启停过程的优化，体现在对启动曲线、停机曲线的优化。

优化燃煤火电机组的启动曲线和停机曲线一般基于热应力和寿命分析计算，利用模拟、在线监测、理论计算等技术手段。启动曲线和停机曲线的优化计算和分析的主要思路是：①选择应力集中、容易超限的"短板"设备或部件，计算其温度场，根据温度场及温度场的变化计算热应力，建立应力-温度-寿命的数量关系；②将启动过程分成 n 个阶段，设每阶段的升压速度及升温速度都为常数，每阶段所经历的时间步长为 $\Delta t_i (i = 1, 2, \cdots, n)$，以时间步长为优化参数，以降低疲劳寿命损耗和缩短启动时间为双目标，建立优化模型，即可得出优化的启动曲线和停机曲线。

3. 增大蒸汽旁路系统容量

汽轮机旁路系统是与汽轮机并联的蒸汽减温减压系统，有两种旁路系统：一种是将锅炉产生的蒸汽直接引入冷凝器，这种旁路系统称为大旁路系统。另一种是由高、低压两级旁路系统组成，其中，与汽轮机的高压缸并联运行，可将蒸汽从锅炉引入再热器的旁路称为高压旁路；与汽轮机的中、低压缸并联运行，可将蒸汽从再热器出口引入冷凝器的旁路称为低压旁路。

大型燃煤火电机组一般均为单元制，这就要求锅炉的产汽量与汽轮机的耗汽量保持平衡，机组启动时，锅炉产汽和汽轮机耗汽经常是不平衡的，且蒸汽压力和蒸汽温度耦合度高导致不易达到冲转参数要求，主蒸汽和再热蒸汽的蒸汽温度也难以协调，容量足够大的旁路系统可有效化解这些问题，实现快速启动。机组停机时，可通过旁路直接将蒸汽引入凝汽器，因此汽轮机不必等待锅炉出力慢慢下降，可以更迅速地下降出力，甚至可以直接甩去负荷，从而缩短了停机时间。

实际运行中的汽轮机几乎都设置有旁路系统，大多数机组的旁路系统容量足够，但某些汽轮机的旁路系统容量不足，制约了旁路系统对缩短燃煤火电机组启停时间的效果，例如，原国产 200MW 燃煤火电机组配套国产 670t/h 锅炉，其高、低压旁路阀门通过流量仅 15%～30%额定流量[38]，经常导致热态启动时间过长，需将旁路系统容量由 15%～30%改造至 30%～50%额定容量[26]。

4. 采取中压缸启动模式

目前燃煤火电机组启动分为高中压缸联合启动、高压缸启动、中压缸启动 3 种方式。

最传统的启动方式是高中压缸联合启动，启动时蒸汽同时经过高、中压缸冲转，而中低压缸直接连通，所以低压缸也同时进汽，蒸汽就在高、中、低压三个缸内同时做功，为维持一定的转速或负荷所需要的蒸汽流量就较小。由于蒸汽流量小，造成：①转子往往不能得到有效的加热，转子的温度不能很快加热到转子的脆性转变温度以上，影响启动速度；②高、中压缸不易得到有效的加热，高、中压缸的胀差过大。尤其是中压缸，由于再热蒸汽温度低，它的加热速度更为缓慢，膨胀得不到正常释放，使胀差超限，且不易控制，为等待胀差恢复，使启动时间延长；③燃煤火电机组在小流量下运行，摩擦鼓风损失较多，而小流量的蒸汽所能带走的热量却较小，在某些特殊的工况下，由于等待时间过长，高、低压缸的排汽温度都有可能升得过高。

高压缸启动指启动时蒸汽不经过中压缸，主蒸汽直接进入汽轮机高压缸冲转的启动方式。采用高压缸启动方式时，燃煤火电机组启动前再热器处于干烧状态，汽轮机冲转高压缸排汽止回门打开后，再热器才有蒸汽流量。另外，高压缸启动暖机时间较长启动过程较慢，同时汽水损失较大。

中压缸启动指启动时蒸汽不流经高压缸，再热蒸汽直接进入汽轮机中压缸推动汽轮机转子，将汽轮机冲转。转子转速较低时，为保证高压缸温度水平，采用通风阀门或高压缸倒暖的方式。当转速升到一定值或并网带一定负荷（如 10％负荷）后再切换到高压缸进汽的启动方式。

中压缸启动的优点包括：①中压缸启动对冲转参数要求相对较宽[25]，主蒸汽温度和再热蒸汽温度与汽轮机转子、汽缸的温度容易匹配，燃煤火电机组各部件加热均匀，温升合理，可以减少启动过程中汽缸和转子的热应力，同时也减少对高压缸调节级热冲击，可延长燃煤火电机组寿命；②中压缸启动在同等的条件下启动速度快，尤其是热态、极热态启动时更迅速、稳定，在较短的时间内就能带满负荷，适应电网调峰的需要；③中压缸启动还有可有效防止锅炉再热器干烧、因进汽量大而能及时带走低压缸鼓风效应产生的热量、因高压缸不进汽避免高压缸的鼓风加热、整体经济性好、因中压缸启动胀差容易控制而有利燃煤火电机组的热膨胀等优点。中压缸启动的缺点包括：①中压缸启动的燃煤火电机组对旁路配置和操作控制要求高；②中压缸启动燃煤火电机组需配置高压缸排汽通风系统及高压缸预暖系统，系统复杂，相对投资大；③中压缸启动操作程序上与高压缸启动或高中压缸联合启动相比略显复杂；④采用中压缸启动的燃煤火电机组主机保护项目中增加了高压缸保护内容，对热工控制要求较高。

国内大型汽轮机设备厂的启动方式如下：哈尔滨汽轮机厂有限责任公司多采用高压缸启动及高中压缸联合启动方式；东方汽轮机厂可以选择高中压缸联合启动及中压缸启动方式；北京北重汽轮电机有限责任公司多采用中压缸启动方式；上海电气集团股份有限公司可以选用高压缸、中压缸及高中压缸联合启动方式。

5. 其他缩短启停时间的方法

5.1　汽轮机冲转前利用轴封蒸汽等对汽轮机预热

有部分燃煤火电厂利用轴封蒸汽或者其他方式在汽轮机冲转前对汽轮机进行预热（盘车预暖）[39]，由于轴封投运时间较早（冷态启动冲转前 10～15min 投入轴封供汽[33]），可缩短了暖机时间，对减少胀差也有一定的作用。

5.2　采用降低汽包热应力影响的技术

降低汽包热应力影响的技术指在汽包内装设环形夹套，使汽水混合物从汽包顶部进入并沿环形夹套向下流动，保证了汽包上、下壁温同步上升，启动时的饱和水温度变化允许值将大大提高，从而缩短启动时间。

5.3 借用其他蒸汽源供汽

如果需启动的燃煤火电机组旁还有其他正在运行的蒸汽源（另一台燃煤火电机组、相邻锅炉、启动锅炉等），可以引接其蒸汽，减温减压满足冲转参数要求后用于冲转，从而节约启动锅炉蒸汽的加温、加压、除氧时间，待需启动机组的锅炉蒸汽参数达到汽轮机的进汽要求后，再切换为需启动机组的锅炉供汽，由此大幅缩短燃煤火电机组的启动时间，并保障燃煤火电机组的安全性和经济性。

另外，在锅炉的水冷壁下集箱、顶部过热器入口联箱和汽包内部等地方设置邻炉蒸汽加热装置，以便这些部件在锅炉的冷态启动初期能够获得外部蒸汽所带的温度，能够较好地适应热膨胀，缩短启动时间。

5.4 采用结构上更适宜启停的汽轮机

大型现代燃煤火电机组采用高、中压合缸，高温进汽设在汽缸中部，且高、中压合缸为双层缸，高温部分的内外缸夹层通以冷却蒸汽，可以采用较薄的缸壁，热应力较小。启动时，内外缸夹层中的蒸汽可使内外缸尽可能迅速同步加热，有利于缩短启动时间。

高、中压内外缸的法兰螺栓靠近缸壁中心线，使缸壁与法兰厚度相差不大，这样就使得汽缸、法兰、螺栓都易于加热，从而改善了螺栓的受力条件，同时取消法兰螺栓加热装置，简化了系统和启动操作程序，为燃煤火电机组的快速启动创造了良好的条件。

高、中、低压转子都采用整锻结构，使得转子在正常工作时能得到冷却，而在启动过程中又可使转子得到迅速加热，以提高启动速度，缩短启动时间。

汽轮机动静间隙的大小是制约燃煤火电机组快速启停的重要因素，汽轮机设计制造时适当增加动静间隙（一般增大 3~5mm），能够适应燃煤火电机组的快速启停。

此外，加固气缸的保温层结构，改善疏水系统并提高相应疏水操作、研发更好的末级叶片材料等也可以缩短启停时间。

5.5 更有效的自动控制系统

采用更有效的自动控制系统，利用锅炉启停监测及寿命管理装置实现自动化监测，可以缩短启停时间，同时保证了安全性和经济性。

第四章

燃气火电机组的调峰能力

第一节　燃气火电机组的最大出力变化幅度限制因素分析

一、燃气火电机组最大出力变化幅度分析方法

燃气火电机组类型多样、构成灵活，各种类型之间差异较大，本书按三类燃气火电机组和运行方式进行介绍：单循环燃气火电机组、燃气-蒸汽联合循环机组凝汽运行、燃气-蒸汽联合循环机组热电联产。

与燃煤火电机组的情况类似，燃气火电机组凝汽运行时，其最大出力变化幅度受限于电厂操作规程和控制系统，操作规程和控制系统的背后是若干限制因素，本章将着力分析这些限制因素，据此判断燃气火电机组凝汽运行最大出力变化幅度真正的极限值，同时为本书下文机组优化运行和灵活性改造提供理论基础。

与燃煤火电机组的情况类似，燃气火电机组最大出力变化幅度等于最大技术出力与最小技术出力的差值，分析最大出力变化幅度需分别分析最大技术出力和最小技术出力。燃气火电机组一般由燃气轮机、余热锅炉、汽轮机和发电机等主机构成，燃气轮机、余热锅炉、汽轮机是燃气火电机组出力的最主要限制因素，本节主要从安全、效率、寿命、污染等角度分析燃气轮机、余热锅炉和汽轮机的最大技术出力和最小技术出力，提出燃气火电机组凝汽运行的最大出力变化幅度。

二、单循环燃气火电机组最大出力变化幅度分析

单循环燃气火电机组的最大出力变化幅度约为所配置燃气轮机的最大出力变化幅度。单循环燃气火电机组的最大出力变化幅度仍然定义为最大技术出力和最小技术出力的差值。

1. 燃气轮机最大技术出力

如第二章第二节所述，燃气轮机出力受大气温度、压力、湿度、洁净度的影响，不同环境条件下，比如冬季和夏季，燃气轮机的最大技术出力差异很大，从而影响了燃气轮机的最大出力变化幅度。

另一方面，对于一台给定的燃气轮机，其进气能力有限，但空燃比（混合气中空气与燃料之间的质量比例，一般用每克燃料燃烧时所消耗的空气的克数来表示）等可调整的空间比较大，可以调整提高透平（turbine）前燃烧温度提高勃雷登循环效率，从而提高燃气轮机的最大出力。但燃气轮机的最大技术出力主要受热通道部件耐受温度的

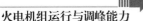

限制。

  热通道部件是燃气火电机组最昂贵和脆弱的部件，因为这些部件（如端盖、燃料喷嘴组件、导流衬套、联焰管、过渡段、透平静叶、静叶护环、透平动叶、透平转子）直接工作在650～1600℃的高温区域（E级透平进口约1200℃，F级透平进口温度约为1400℃，G级透平进口温度约1500℃，目前最先进的H/J级透平进口温度达到1550～1600℃）。例如，美国通用电气公司（即美国GE公司）的PG9351FA型F级燃气轮机从燃烧室进入透平的燃气温度高达1327℃，排气温度为609℃[40]；而该公司研制开发的耐高温合金材料只能承受900℃左右的高温氧化腐蚀作用，因此，这些热通道部件采用了特殊的冶金铸造技术使其成为高强度的空心部件，冷却空气从这些部件内部的迷宫通道向外流动形成一层冷却气膜，降低部件的表面温度，同时，热通道部件上还涂有特殊的陶瓷热障涂层材料，进一步提高了合金材料在高温下的抗氧化能力。但是由于燃气轮机热通道运行工况恶劣，这些热通道部件经过长期的高温运行以后，其热障涂层会磨损、开裂甚至脱落，合金材料也会因为热周疲劳和应力作用出现变形、裂纹和缺损，直接影响机组的安全运行。因此，燃气轮机经过一定的运行周期以后其热通道部件就必须回厂返修或报废更换才能使机组继续正常使用下去。

  燃气轮机机组检修费用中，约60％为备件购买费、30％为返厂修理费、10％为检修人工费，备件购买费中，80％为热通道部件费，20％为其他备件费，故热通道部件费占总检修费用的50％左右。返厂修理费主要也是用于热通道部件的返厂修理，即总检修费用中约80％为热通道备件有关费用[41]。在检修需要用的备件中，热通道部件的数量却只占10％左右，由此可见热通道部件的单价非常高。

  美国通用电气公司（即美国GE公司）提供的部分热通道部件的价格见表4-1，这些部件都是燃气轮机中修时就必须更换的主要部件。

表4-1 美国通用电气公司（即美国GE公司）提供的部分热通道部件的价格[42]

序号	部件名称	数量（套）	价格（万元）
1	一级喷嘴	1	2435
2	一级动叶	1	2030
3	一级护环	1	1000
4	二级喷嘴	1	2003
5	二级动叶	1	1826
6	二级护环	1	500
7	三级喷嘴	1	2041
8	三级动叶	1	1970
9	三级护环	1	200
10	IGV	1	383
11	燃烧室喷嘴组件	1	2600

由此可知，燃气轮机不能随意通过提高透平前温度提高燃气轮机出力，否则容易引起热通道部件的损坏或降低其寿命，带来高昂的维修费用。

根据热通道部件温度限制的不同标准，可将燃气轮机最大出力区分为基本出力和尖峰出力，基本出力为燃气轮机透平叶片材料所决定燃气轮机连续运行所能承受最高燃烧温度（按燃气轮机温控线运行）对应的最高负载；尖峰出力为燃气轮机在相当长的一段时间（而非长期连续）里，燃气轮机透平叶片等热部件所能承受的最大出力。如第二章第二节所述，相比基本出力（燃气轮机长期运行时的最大技术出力），尖峰出力（燃气轮机短期运行时的最大技术出力）增大 3%～10%。

2. 燃气轮机最小技术出力

理论上，燃气轮机没有最低出力的限制，可实现 0%～100% 出力下的可靠运行。而实际运行中燃气轮机最小出力会受到经济性、安全性和机组寿命、污染物排放、燃烧震荡和燃气轮机振动等因素的影响。

（1）经济性下降的限制。燃气轮机热力循环可以理想化为勃雷登循环。勃雷登循环是由绝热压缩、等压加热、绝热膨胀和等压冷却 4 个过程组成的热力循环，透平前燃气初温 T_3^* 越高，燃气轮机效率就越高，由于材料的限制，T_3^* 只能达到某个数值。实际情况中，压缩过程和膨胀做功过程都是不等熵过程，在此情况下，一定存在最佳压缩比，使得实际循环效率最高。实际循环效率与压缩比 π（p_2/p_1，p_1、p_2 是压缩机压缩前后的压力）及温度比 τ（T_3^*/T_1，T_1 为大气温度）的关系如图 4-1 所示。此外，压气机和透平的效率对燃气轮机效率也有影响，压气机的效率越高，透平的效率越高，循环的实际效率越高。

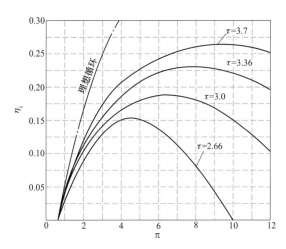

图 4-1 燃气轮机实际循环效率 η_i 与压缩比 π 及温度比 τ 的关系

生产实践中存在的一般规律是透平前初温 T_3^* 每提高 100K，机组的实际循环的热效率增大 2%～5%；大气温度 T_1 温度每降低 10K，实际循环的热效率增大 1%～2%。对于压气机和透平的效率而言，压气机的效率越高，透平的效率越高，循环的实际效率越高。

对于单循环的燃气轮机而言，降低负荷调峰时，一般先采用的是减少燃料量的供给来实现降负荷，这种情况下，透平前初温 T_3^* 就会随着负荷降低而变小，温度比 τ（T_3^*/T_1，T_1 为大气温度）变小，造成机组效率下降。

同时，降低燃料量的同时需要减少压气机进气量，但此时由于压气机的进气量减少，根据压气机的流量特性曲线中的压气机的实际运行曲线，压缩比 π（p_2/p_1）减少，透平的效率减少，此时机组的效率也会由于压比的降低而变小。但燃气轮机出力率在 $80\%\sim100\%$ 区间运行时，可以通过关小压气机入口导叶的角度，改变进入机组的空气质量流量和入口速度方向，以保持透平前的燃气初温度恒定不变或降低得比较少（实际上直接控制的是透平排气温度），从而保持较高的效率。

实际设计选择的压缩比一般比最高效率处的最优压缩比 $\pi_{\eta max}$ 要低一些。在低于 80% 出力率的条件下，继续降负荷运行时，压缩比 π 随进气量较慢下降，最优压缩比 $\pi_{\eta max}$ 同时随着 T_3^* 的快速下降而快速下降，在负荷下降的一定范围内，机组压缩比 π 先逐渐靠近 T_3^* 对应状态的最优压缩比 $\pi_{\eta max}$，这有利于提高机组效率，可以补偿因为燃烧初温 T_3^* 快速下降而造成的机组效率的直线下降，使得最终机组效率下降较平缓；但当负载减少到 50% 额定负荷以下时，燃烧初温 T_3 下降较多，而压缩比 π 也远离了最优压缩比 $\pi_{\eta max}$，两者的共同作用，使得机组效率以非常大的下降速率快速下降。一般来说，出力率在 50% 以下运行时，机组的循环热效率尚能达到设计值的 $75\%\sim80\%$，负荷继续下降时，热效率会大幅度下降。

机组效率下降的另一个重要因素是火焰燃烧模式切换。燃气轮机有两种基本燃烧模式：扩散燃烧和预混燃烧。扩散燃烧最大的优点是稳定，不容易熄火，但有燃烧效率低、燃烧筒内温度场布置不均匀、火焰温度较高（导致 NO_x 的生产）等缺点；预混燃烧能保证燃料高效燃烧，火焰温度较低且形成的温度场均匀，但燃气轮机出力较低时对应的预混火焰不稳定，容易发生熄火等事故，因此一般在较高燃气轮机出力时采用预混火焰燃烧模式，在低负荷运行时采用扩散火焰燃烧模式，在两者之间还有一个过渡段，即既有扩散燃烧，又有预混燃烧。因为预混燃烧燃烧效率比扩散燃烧高，因而降低燃气轮机出力时，燃烧器开始从预混燃烧过渡到扩散燃烧，此后机组效率迅速下降。我国近年引进的 4 型燃气轮机燃烧器的情况见表 4-2。由表 4-2 可知，燃气轮机一般在其 50% 出力率以下开始由预混燃烧转到扩散燃烧。

表 4-2   我国近年引进的 4 型燃气轮机燃烧器的情况

项目	PG9351FA	M701F	V94.3 A	PG9171E
燃烧器名称	DLN2.0＋	DLN 燃烧器	混合型 DLN 燃烧器	DLN1.0
结构特点	每个燃烧器五组喷嘴，各喷嘴中心 D5 为扩散燃烧，四周 PM1 或 PM4 为预混燃烧	外围 8 喷嘴形成主火焰，中心 1 喷嘴形成值班火焰，过渡段装旁通阀门	环形燃烧室，中心为值班火焰，周向为预混火焰	两级串联式的预混稀释态燃烧室，第 1 级周向布置 6 个燃烧空间，第二级在中心，喷嘴比第一级突出很多

项目	PG9351FA	M701F	V94.3 A	PG9171E
纯预混火焰对应的负荷率区间	50%～100%	值班燃料比例在出力率为 0 时约为 40%，随着出力的增长不断下降，在出力率为 70%时完全切换为预混火焰	50%～100%	40%～100%（非纯粹预混，有约 2%燃料在第 2 级中心形成值班扩散火焰）
预混＋扩散火焰对应的负荷率区间	10%～50%		20%～50%	20%～40%
纯扩散火焰对应的负荷率区间	<10%		<20%	<20%

典型 F 级燃气轮机的效率随负荷变化曲线如图 4-2 所示。

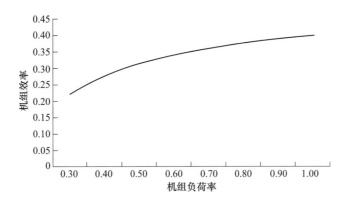

图 4-2　典型 F 级燃气轮机的效率随负荷变化曲线

综上所述，燃气轮机降低出力过程中，80%～100%出力率范围内，因为入口导叶的调节作用发电效率可以基本保持不变；在 50%～80%出力率范围内，透平前温度虽然降低，但都是预混燃烧（不同类型燃气轮机可能不相同，如 M701F 在 70%时开始切换燃烧模式，PG9171E 在 40%时开始切换），燃气轮机效率虽有下降，但下降不多，在 50%出力率点处仍然可以保持额定效率的 75%～80%；出力低于 50%以后，扩散燃烧的比例逐渐增加，燃气轮机、汽轮机因偏离设计工况太多，气动效率也下降很多，整体效率迅速下降。

（2）频繁调峰对燃气轮机寿命和安全的影响。燃气轮机的安全和寿命密切相关，较大的损伤可能直接造成安全事故，细微的损伤导致寿命折减，形成安全风险，寿命折减的积累最终也可能造成安全事故。

机组处于较高负荷率区间时，采用低 NO_x 贫燃预混燃烧取代，贫燃技术由于其当量比过低接近熄火极限，燃烧的稳定性容易受到当量比微小变化以及燃料组分变化的影响。

燃气轮机负荷率压低至 80%以后，将不能通过进口可转导叶维持透平前温度为恒定值，此时燃气轮机出力的变化就伴随着较大的通流部件温度变化，容易造成叶片等部件的疲劳损伤，缩短机组寿命，造成安全风险，严重时直接产生安全事故。

燃气轮机负荷率压低至 40%～50% 时，燃烧器燃烧模式将由预混燃烧逐步切换为扩散燃烧，燃烧模式切换带来很多问题，包括：①扩散燃烧的温度较高（也即前述 NO_x 生成量增加的原因），预混燃烧的温度较低，扩散燃烧和预混燃烧来回切换，或扩散燃烧燃料量与预混燃烧燃料量比例不断变化，燃烧筒的温度就不断变化，这种忽冷忽热的温度变化造成材料应力的消长最容易损伤燃烧筒的隔热涂层，造成涂层龟裂脱落，造成燃烧筒本体的进一步破坏，涂层脱落碎片还可能随高速汽流进入透平中，造成二次破坏，燃烧筒的温度变化还可能造成燃烧筒变形、燃烧筒联焰管泄漏等危害；②出力越低扩散燃烧燃料量的比例越大，扩散燃烧温度高，因而出力越低燃烧温度越高，容易导致材料高温蠕变，可能直接导致导流衬套鼓包明显、涂层脱落、甚至直接将燃烧筒烧穿；③燃烧模式切换过程中，燃烧室压力波会发生变化，可能引起超过允许值的压力波动，甚至直接造成机组的振动。我国不少装备了"一拖一"燃气-蒸汽联合循环机组的燃气电厂实行启停两班制调峰，常涉及预混燃烧和层流燃烧方面的切换，常在较低负荷下采用扩散燃烧运行，因而常造成燃烧筒等热通道部件的寿命损伤甚至直接损坏。

由于燃气轮机机组热通道运行工况恶劣，设备系统间相互关联复杂多变，对于热力参数的监控要求已经远远超出运行人员的决策判断能力，美国通用电气公司（即美国 GE 公司）设计的控制系统实现了控制功能的高度自动化和精确性。但是，先进程控技术的实现也依赖于现场各种子系统设备的可靠动作，一旦这些设备出现问题，就会因蝴蝶效应的放大作用导致整个程控程序的中断。为了确保设备的安全，保护程序会立即启动减负荷甚至跳闸的功能，因此燃气轮机发生跳闸的概率远高于常规火电机组。如果机组能够长期在稳定负荷状态下运行，子系统设备发生缺陷的概率将明显减少，从而因子设备缺陷导致跳机的概率将大大降低。如果采用调峰方式运行，机组子系统设备动作频度将成倍提高、燃烧方式将频繁进行切换，导致设备热周疲劳加剧、磨损过度、密封件老化、螺栓松动，各子系统设备动作可靠性降低，最终由于部分设备的缺陷导致机组的跳机或无法正常启动，对机组和工作人员的安全都构成了潜在的威胁，对电网的稳定安全运行构成威胁。发生事故之后，必须停机更换设备，增加了机组的维护成本，缩短了机组的运行时间，对经济性造成巨大的影响。

为度量参与调峰时变工况和启停运行对寿命的影响，需要引入等效运行时间的概念，燃气轮机的总寿命按运行小时数来计量，额定工况运行 1h 等效运行时间为 1h，低负荷运行、启停等情况时，运行时间都要乘以一定的系数作为等效运行时间（equivalent operating hours，EOH）。

例如，某机组尖峰负荷运行 1h 的 EOH 为 6h，跳机 1 次的 EOH 为 8h，快速加载 1 次的 EOH 为 2h，紧急启动 1 次的 EOH 为 20h。北京某燃气轮机变负荷运行 1h 的 EOH 为 3h；江苏苏州某燃气发电厂（S109FA 机组）的运行人员则认为如机组负荷低于 230MW（约 60% 负荷率）运行 1h 的 EOH 为 5h。燃气轮机运行一段时间后，根据相应的 EOH 则应该安排小修（对燃烧喷嘴组件、火焰筒、过渡段等燃烧系统部件进行修理）、中修（对高温烟气通道进行检查和修理）、大修（燃气轮机整体维修），因此，深度调峰、频繁启停等均造成电厂运行经济性的下降。各种燃气轮机检修周期对比情况见表 4-3。

表 4-3　　　　　　　　　　　　各种燃气轮机检修周期对比[43]

制造商	机型	检修周期（以等效运行时间 EOH 为标准）(h)		
		燃烧系统部件修理（小修）	高温烟气通道修理（中修）	整机维修（大修）
德国西门子股份公司（即德国 Siemens 公司）	V84.3/94.3A	8000	25000	50000
美国通用电气公司（即美国 GE 公司）	PG7F/9F	8000	24000	48000
日本三菱重工公司（即日本 Mitsubishi 公司）	M701F*	8000/300	24000/900	48000/1800

*　M701F 机型"/"后为启动次数，例如 800/300 表示 EOH=800h，或启动 300 次即需要小修。

如果燃气轮机采用调峰方式运行的话，将导致设备使用寿命的迅速缩短，燃气轮机检修大大提前，机组维护成本成倍增长。而由于燃气轮机技术的限制，国外燃气轮机供应商垄断着燃气轮机的维修及备用零部件，所以我国燃气轮机的维修时间长且成本昂贵。因此，寿命和安全的问题最终也与经济性相关。

（3）污染物排放的限制。燃气轮机排放污染物主要是 NO_x 和 CO，尤其是 NO_x。燃气轮机燃烧室所用燃料主要为天然气，一般不会产生燃料型 NO_x，其主要产生热力型 NO_x。

污染物排放水平和燃气轮机燃烧室的燃烧情况密切相关，燃气轮机高负荷情况下采用预混燃烧模式，其特点是火焰体积大，温度分布均匀且低，热力型 NO_x 排放量低，但可燃混合物的天然气/空气当量比低，火焰稳定性差，易发生低频振荡熄火。燃气轮机均采用了低氮燃烧器来降低 NO_x 的排放，通过燃烧器结构特点实现高负荷时增加进入燃烧室的空气和燃料的混合比，预先混合成为均相的、稀释的可燃混合物，然后使之以湍流火焰传播燃烧方法通过火焰面进行燃烧。低氮燃烧器通过对燃料与空气实时掺混比的数值控制，实现贫气燃烧，使火焰面的温度低于 1650℃，从而控制"热力型 NO_x"的产生，从燃烧机制上减少烟气中的 NO_x 排放。例如，标准状态下，F 级燃气轮机一般能在不喷水时将 NO_x 降至 $51.25mg/m^3$（即 25ppm）。因燃烧比较充分，CO 的排放量也小。

当机组负荷下降至 50%～60% 时，燃烧温度也会因为燃料量的减少而降低，燃烧温度降低对低氮贫气燃烧的火焰稳定不利，因此，燃气轮机的燃烧方式就需要进行切换为同时有预混合、扩散燃烧模式；机组负荷下降至 10%～20% 时，将切换为纯扩散燃烧。扩散燃烧虽然火焰稳定性好，但燃烧温度高，故 NO_x 污染物的生成量大增；因燃烧不充分，CO 污染物的生成量大增。

本书以美国通用电气公司（即美国 GE 公司）E 级燃气轮机采用的 DLN-1 燃烧器（即干低 NO_x 的 1 型燃烧器。dry low NO_x，DLN）作为典型燃气轮机燃烧器，介绍燃气轮机机组在不同出力率下对应的污染物排放量，如图 4-3 所示（该型燃烧器在 40％出力率点处开始由预混燃烧切换为部分扩散燃烧）。

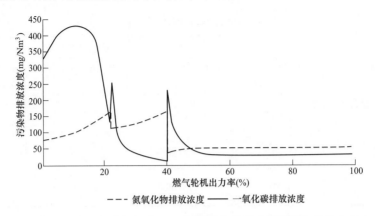

图 4-3　PG9171E 型燃气轮机 DLN-1 燃烧器在机组不同燃气轮机出力率
下对应的污染物排放量[4]

参与调峰压低负荷时造成的 NO_x 和 CO 生产量增加，会加剧设备高温腐蚀。此外，可能机组排放超标则可能不满足当地环保要求，加装脱硝装置会增加投资和运行成本，不加装则会污染环境并可能遭到罚款。

三、燃气-蒸汽联合循环机组凝汽运行的最大出力变化幅度分析

燃气-蒸汽联合循环机组有"一拖一""二拖一"等多种类型，首先分析"一拖一"的最大出力变化幅度，然后分析"二拖一"等其他类型的最大出力变化幅度。

1. "一拖一"燃气-蒸汽联合循环机组凝汽运行的最大技术出力限制

燃气-蒸汽联合循环机组中余热锅炉利用燃气轮机排烟的热量产生蒸汽，驱动配套汽轮机发电，汽轮机发电能力完全取决于燃气轮机排烟的热量，燃气轮机、余热锅炉和汽轮机耦合程度较高，尤其是不补燃的燃气-蒸汽联合循环热电机组。当燃气轮机出力超过尖峰出力，或长期在基本出力和尖峰出力之间的状态时，不仅燃气轮机热通道部件可能损坏或缩短寿命，因燃气轮机排气量增大，余热锅炉和汽轮机也将超过额定出力运行。随着燃气-蒸汽联合循环机组出力的增长，主蒸汽温度通过减温水的方法保持恒定，但主蒸汽压力仍然线性增加，此时进一步增大出力，余热锅炉和汽轮机可能出现常规燃煤火电机组类似的问题：材料高温蠕变加剧；汽轮机轴向动、静间隙缩小乃至消失，动静叶之间将产生摩擦，导致机组振动；承压元件受力增大导致塑性变形，连续的塑性形变最终将导致压力容器泄露，动力元件（如叶片）变形将使得效率下降，甚至动力元件直接断裂等。

因此，一定的环境条件下，燃气-蒸汽联合循环机组的最大技术出力为燃气轮机基本出力或尖峰出力对应的燃气-蒸汽联合循环机组出力。

2. "一拖一"燃气-蒸汽联合循环机组凝汽运行的最小技术出力限制

目前先进的燃气轮机采取了可转导叶防喘振、燃烧模式切换防熄火等措施，其出力均能从 0％～100％调节而不产生直接设备破坏和生产事故，但降负荷过程中将面临机组效率下降、排放污染物上升、设备寿命降低等问题。燃气轮机与余热锅炉、汽轮机构成燃气-蒸汽联合循环机组后，低负荷工况下，燃气-蒸汽联合循环机组最小出力除了受到燃气轮机最小出力的限制外，循环系统中的余热锅炉、汽轮机系统也会对燃气-蒸汽联合循环机组的最小出力产生影响。

（1）压低出力运行导致机组效率下降。燃气-蒸汽联合循环机组在低负荷条件下运行时，虽然燃气轮机效率下降，因为余热锅炉的存在，燃气轮机排放的余热还有机会进行利用，所以机组效率下降的细节变化会稍有不同，但是整体的变化趋势是相近的。

一般地，在 $80\%\sim100\%$ 燃气轮机负荷区间，负荷下降过程中，压气机吸入的空气流量减少，压比下降，造成了在同样的透平进气温度下，排烟温度提高。此时，为了保证余热锅炉过热器与再热器安全，需要进行喷水减温，保持高压过热蒸汽与再热蒸汽温度不变，因此换热温差增大，且减温水量随着负荷降低而增加，汽轮机系统效率略微下降，但是，排烟温度 T_4 也会随着透平燃烧初温 T_3^* 的下降而下降。故而当燃气轮机负荷在 $70\%\sim80\%$ 区间时，随着负荷的降低，透平排气温度降低，并且由于喷减温水，主蒸汽温度与再热蒸汽温度保持不变，换热温差逐渐降低，且减温水量随着负荷降低而降低，汽轮机系统效率稍微有所提高或者保持不变；当燃气轮机负荷在 $30\%\sim70\%$ 区间时，由于透平排气温度持续降低，导致此负荷区间余热锅炉效率随着入口烟温降低而降低，此外由于主蒸汽温度与主蒸汽流量偏离设计值较大，汽轮机系统的效率大幅度降低，故而整个循环的热效率都加速降低。

相比于单循环的燃气轮机，燃气-蒸汽联合循环机组的效率变化速率要缓慢一些，而且对应工况下，燃气-蒸汽联合循环机组的总效率值要高出单机的效率值很多，但是当负荷下降到 50% 之后，两者的效率变化速率都增大，迅速下降。单循环和燃气-蒸汽联合循环机组的效率随负荷变化曲线如图 4-4 所示。

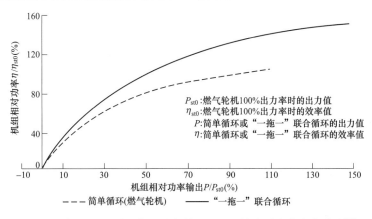

图 4-4　单循环和燃气-蒸汽联合循环机组的效率随负荷变化曲线[4]

一般来说，燃气-蒸汽联合循环机组出力率在 50% 以下运行时，其循环热效率尚能达到设计值的 $75\%\sim80\%$，负荷继续下降时，热效率都会大幅度下降。例如美国通用电气公司（即美国 GE 公司）生产的 S109FA 型燃气-蒸汽联合循环机组出力率在 100% 时热效率 56.7%；出力率在 50% 时效率降为 46.7%；出力率在 20% 时效率降为 32.4%；出力率在 10% 时效率为 21.1%。

另外，从全厂范围看，燃气轮机和汽轮机出力降低时，配套的给水泵、凝结泵、供气加热系统等设备的功耗并不成比例地降低，因而一般出力越低，燃气电厂厂用电率越高。

江苏苏州某燃气电厂 S109FA 机组气耗率与出力率关系图如图 4-5 所示，由图 4-5中可以看出该机组出力变化对其效率的影响。

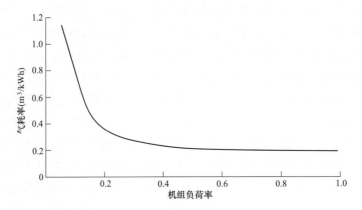

图 4-5 燃气-蒸汽联合循环机组气耗率与出力率关系图

实际工程中，机组超低负荷运行时，余热锅炉产生的主蒸汽已经无法满足汽轮机要求时（一般要求蒸汽过热度需要在 50℃以上），如需要进一步保持机组运行，必须切换辅助锅炉供汽［特别是没有同步自换挡（synchro-self shifting，3S）离合器的单轴机组，汽轮机不能正常运行时燃气轮机也必须停机］，对应燃气-蒸汽联合循环机组负荷率大约为 30%。

燃气-蒸汽联合循环机组辅助锅炉的燃料一般为天然气，虽然辅助锅炉效率可以达到 90%以上，但相比燃气轮机利用天然气的方式损失了大量的做功能力，显然不太经济，实际运行中一般绝不允许采用这种方法进行调峰。

（2）出力过低影响设备寿命，增大机组运行的安全风险。低负荷条件下运行对燃气轮机的影响如本节前文所述。

低负荷运行时对余热锅炉和汽轮机的影响与燃煤火电机组类似，但燃气-蒸汽联合循环机组也有自己的一些特性。

余热锅炉入口烟气温度较低（一般低于 600℃），相比燃煤锅炉炉膛及烟道入口处上千摄氏度的高温要低得多，且不补燃余热锅炉一般要求有一定时间的抗干烧能力。例如某型余热锅炉设计时要求当干烧温度不高于 475℃时，每次耐干烧的最长持续时间应达到 240h，因此低负荷运行时余热锅炉承受的烧蚀、爆管等风险比燃煤锅炉要小很多。因为燃气轮机烧烧燃气或油料，飞灰量很少，因此基本上也不会发生堵灰现象，但机组如果经常处于低负荷运行状态，减温水量较大，减温器后的温降较大，易造成减温器后蒸汽局部带水，冷热交变应力作用下管道与下联箱连接处出现裂纹。

燃气轮机烟气进入余热锅炉后，在其尾部温度较低，设计时一般会保证余热锅炉尾部烟气温度高于酸性气体的露点温度 10℃左右，但参与调峰处于较低负荷率时，燃气轮机的排烟温度会下降，造成余热锅炉尾部温度下降，将加剧余热锅炉的低温腐蚀。

汽轮机方面，与燃煤火电机组的汽轮机一样，低负荷运行会加剧燃气-蒸汽联合循环机组的汽轮机末级叶片水蚀。燃气-蒸汽联合循环机组处于低负荷状态下时，一般维持滑压运行，能使得汽轮机的排汽温度基本保持不变，蒸汽湿度不至于过大。为了保证小流量时蒸汽的品质，防止余热锅炉因压力过低而蒸汽中带有水滴，在40%～50%燃气-蒸汽联合循环机组出力率以下采用定压方式，一般压力取为2MPa左右（见图2-14），此时汽轮机主蒸汽温度随着出力降低一直线性降低，因此出力低于40%～50%后末级叶片湿度会增加，水蚀会加重。在更低燃气-蒸汽联合循环机组出力率下，汽轮机可能也会有长叶片颤振及鼓风摩擦等问题。余热锅炉中压、低压蒸汽引入汽轮机低压级，增大蒸汽量流量，有利于缓解末几级叶片发生流动分离。但如果燃气-蒸汽联合循环机组出力过低，将出现流动分离及回流现象，从而加剧水蚀，产生长叶片颤振。另外，容积流量太小也会带来鼓风摩擦问题，造成超温事故。

（3）污染物排放的限制。燃气轮机、余热锅炉和汽轮机三者中，产生污染物的主要是燃气轮机（补燃型余热锅炉也会产生污染），因此，燃气-蒸汽联合循环机组最小出力受污染物排放的限制原理与单循环燃气轮机情况相同，此处不再赘述。

由上分析可知，"一拖一"燃气-蒸汽联合循环机组出力率可以安全压低到30%，其较经济、污染较小的出力率区间在50%～100%，效率基本不变的负荷区间则在80%～100%。参照燃煤火电机组的表述方法，可给出"一拖一"燃气-蒸汽联合循环机组的关键运行出力点和关键运行出力区域的情况，如图4-6所示。

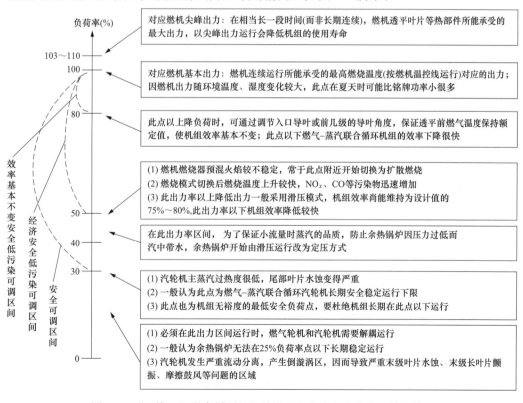

图4-6 "一拖一"联合循环机组关键运行出力点和出力区域的情况

图 4-6 所示主要是目前比较主流的 F 级燃气轮机构成"一拖一"燃气-蒸汽联合循环机组的情况，一些老旧的燃气-蒸汽联合循环机组最小技术出力很高。例如，深圳某 3×180MW 燃气-蒸汽联合循环机组原来燃油，改烧天然气后，调峰能力更差，最低运行到 90% 负荷。

3. 多台并列"一拖一"及"多拖一"燃气-蒸汽联合循环机组的最大出力变化幅度

电力调度部门以一个燃气火电厂为调度对象下达调度指令，需要从满负荷大幅压降低燃气-蒸汽联合循环机组出力至极低负荷时，

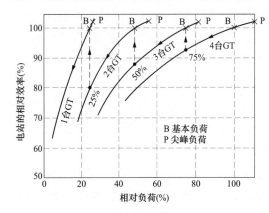

图 4-7 配置 4 台燃气轮机的燃气-蒸汽联合循环机组降出力运行时的出力效率[4]

如该燃气火电厂配置有多台并列"一拖一"燃气-蒸汽联合循环机组，则其合理的运行策略并非是无差别地一起降低出力，而是有自己独特的降低出力过程：所有的燃气轮机一起动作平行地减小出力，当多台燃气轮机减小的总出力等于 1 台燃气轮机的总出力时（例如 4 台机平行地减少出力至 75% 时，3 台机平行地减少出力至 66.6% 时，依此类推），停运 1 台燃气轮机，剩余燃气轮机同时开至满出力，再进一步平行地降低出力，剩余多台燃气轮机总出力下降量等于 1 台燃气轮机出力时再停 1 台燃气轮机，

如此一直到只剩 1 台燃气轮机，则作为"一拖一"机组继续降出力，这种运行方式可以保证机组一直有较高的效率。有 4 台燃气轮机的燃气-蒸汽联合循环机组降出力时的部分出力效率曲线如图 4-7 所示。

图 4-7 中提到的 4 台并列运行的机组，假定每台机组为 100MW，则最高出力为 400MW；最低出力为停 3 台机第 4 台机降低出力到 30%，即单台的 30MW，最大出力变化幅度可达到 92.5%。

"多拖一"燃气-蒸汽联合循环机组压低出力时，可以采用并列"一拖一"机组类似的策略以保证机组一直有较高的效率，即先同步降低燃气轮机出力，然后关停 1 台燃气轮机，同时提高其余燃气轮机出力至满负荷。但是，"多拖一"机组中多台燃气轮机共用 1 台汽轮机，汽轮机出力率不能低于 30% 的下限，因此"多拖一"型燃气-蒸汽联合循环机组变负荷调峰时，其出力率只能降低到约 30% 处，最大出力变化幅度与"一拖一"燃气-蒸汽联合循环机组相似。

四、燃气-蒸汽联合循环机组热电联产的最大出力变化幅度分析

燃气火电机组组合方式多样，简单循环不产生蒸汽，无法供热。燃气轮机＋余热锅炉形式（加装减温减压器），如果没有旁路系统，类似于背压机无法参与调峰；如果有旁路系统，则多余蒸汽需要通过旁路系统直接排掉，经济性很差，实际工程中几乎不会出现这种组合，更不用说用于调峰。本书主要关注燃气火电厂的"一拖一"、多台并列"一拖一"及"多拖一"的情况。

1. "一拖一"燃气-蒸汽联合循环机组供热量与最大出力变化幅度

燃气轮机既有相当于锅炉炉膛的燃烧室，又能通过透平做功输出功率，同时燃气轮机本身并不直接对外供热，因此，分析燃气-蒸汽联合循环机组供热与调峰能力之间的关系应以燃气-蒸汽联合循环机组的汽轮机为核心。

参考第三章第二节图 3-9 的汽轮机工况图，如已知某抽汽量（D_e，不为 0），可以根据汽轮机工况图中抽汽量为 D_e 的等抽汽量线读出最大进汽量（D_{0max}）、最小进汽量（D_{0min}），以及对应的最大技术出力（$p_{st\text{-}max}$）、最小技术出力（$p_{st\text{-}min}$）。基于汽轮机工况图中抽汽量为 0 的等抽汽量线，可读出汽轮机不抽汽条件下，进汽量为 D_{0max}、D_{0min} 时的技术出力 $p^*_{st\text{-}max}$、$p^*_{st\text{-}min}$。第二章第二节表 2-17 所示为凝汽运行条件下，燃气-蒸汽联合循环机组变工况运行时燃气轮机出力和汽轮机出力之间的关系，故由表 2-17 可以得出汽轮机技术出力 $p^*_{st\text{-}max}$、$p^*_{st\text{-}min}$ 对应的燃气轮机技术出力 $p_{gt\text{-}max}$、$p_{gt\text{-}min}$，于是，在某抽汽量（D_e）下，燃气-蒸汽联合循环机组的最大技术出力为 $p_{st\text{-}max}$ + $p_{gt\text{-}max}$，最小技术出力为 $p_{st\text{-}min}$ + $p_{gt\text{-}min}$。

实际工程的情况比这个更复杂，与燃煤火电机组不同，燃气-蒸汽联合循环机组的余热锅炉常常是双压、三压锅炉，汽轮机也涉及中压、低压补汽，余热锅炉的中压、低压蒸汽还可以直接供热，因此上述分析与实际过程有一定差异，为了解实际燃气-蒸汽联合循环机组在某个抽汽量条件下比较准确的最大、最小技术出力，还需要建模进行理论计算。

2. 多台并列"一拖一"及"多拖一"供热量与最大出力变化幅度

多台并列"一拖一"燃气-蒸汽联合循环机组热电联产运行时，一定抽汽量下的最大技术出力即是所有燃气轮机满负荷运行时的机组出力。如接收调度指令需要压低出力时，可以采取多台并列"一拖一"燃气-蒸汽联合循环机组凝汽运行的策略，即先同步降低燃气轮机出力，然后关停 1 台燃气轮机同时恢复其他燃气轮机至最大技术出力，然后再同步降低燃气轮机出力。但因为机组有供热量的限制，不能关停太多燃气轮机。

"多拖一"燃气-蒸汽联合循环机组供热并参与调峰，以最大技术出力运行时，燃气轮机必定全开且都满负荷运行，汽轮机以最大进汽量进汽；以最小技术出力运行时，为提高机组效率，可停部分燃气轮机，剩余燃气轮机还可以将自身出力压很低。因此，燃气-蒸汽联合循环机组最小技术出力完全取决于汽轮机的最小技术出力。

第二节 燃气-蒸汽联合循环热电机组最大出力变化幅度数据模型构建与计算

一、基本分析模型构建

与燃煤火电厂相比，燃气火电厂主要不同的热力设备是燃气轮机和余热锅炉，汽轮机本体与燃煤火电厂的汽轮机区别不大。局部系统主要为主蒸汽系统、再热蒸汽系统、给水系统、主凝结水系统、回热系统、供热系统、抽空气系统和冷却水系统等。

典型 9F 级多轴、三压、再热联合循环机组热力系统如图 4-8 所示，系统采用一拖

一、多轴布置，余热锅炉为三压、再热、卧式、无补燃、自然循环、全封闭式余热锅炉，高、中、低3个压力级的自然循环相对独立，各有1个汽包布置于炉顶钢架上，低压汽包抽出部分蒸汽供给除氧器，冷段再热器的蒸汽与中压锅炉的过热蒸汽合并后进入再热器。

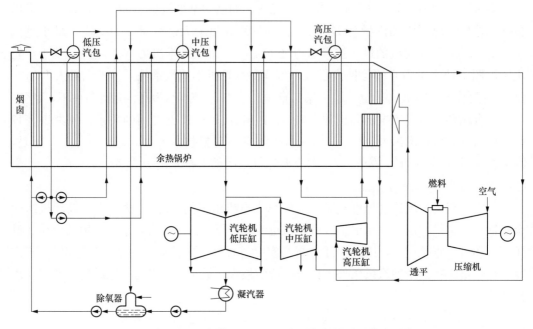

图 4-8 典型 9F 级多轴、三压、再热联合循环机组热力系统图

　　燃气-蒸汽联合循环机组的汽轮机建模与燃煤火电机组类似，这里不再赘述。下面对燃气轮机和余热锅炉进行模型分析。

　　1. 燃气轮机模型

　　燃气轮机系统是一个多输入多输出复杂非线性连续系统，主要通过压气机进口导叶（inlet guide vanes，IGV）角度来控制空气流量。空气首先进入压气机，经压缩机压缩后，与燃料在燃烧室中混合燃烧，产生的高温高压燃气在透平中膨胀做功后排出，一般进入余热锅炉利用其余热。燃气轮机压气机、透平、发电机的转子在一根轴上，输出的轴功一部分用于带动发电机发电，另一部分用于平衡压气机的耗功以及机械损失。

　　本书采用模块化建模的思想，通过模块的合理划分和模型的封装，得到的模块具有通用性和可连接性。燃气轮机模块化示意图如图 4-9、图 4-11 所示，按燃气轮机结构及流程分为压气机、燃烧室和透平三大部件模块，图 4-9、图 4-11 中各个模块的外围清楚地标示出了输入输出的参数，这些参数的求解方法将在下文进行详细论述，模块内部参量为各个部件求解的过渡参数。本书采用机理分析的方法，按照质量、能量、动量守恒原理和热力学、传热学、流体力学等基本关系式，对每个部件的热动力学特性进行详细分析，得到表示部件特性的重要参数和方程，然后建立燃气轮机部件的仿真模块，最后组装成整体系统仿真模型，其中过渡参数的求解是解决燃气轮机变工况模型的关键。

（1）压气机模块。压气机模块如图 4-9 所示。

对于压气机，入口空气参数已知，出口温度和压力是主要计算参数。

压气机设计出口温度 T_{2D}：

$$T_{2D} = T_{1D} \left\{ 1 + \frac{1}{\eta_{AC}} \left[\left(\frac{p_{2D}}{p_{1D}} \right)^{\left(1 - \frac{1}{\gamma_{air}}\right)} - 1 \right] \right\} \tag{4-1}$$

式中　T_{1D}——压气机设计进口温度，K；

　　　η_{AC}——压气机效率，在压气机特性曲线上查得；

　p_{1D}、p_{2D}——压气机设计进、出口压力，Pa；

　　　γ_{air}——空气比热比。

压气机出口压力 p_{2D}：

$$p_{2D} = \pi p_{1D} \tag{4-2}$$

式中　π——压气机压比。

压气机耗功 P_{AC}：

$$P_{AC} = F_{air,D} C_{p,air} (T_{1D} - T_{2D}) \tag{4-3}$$

式中　$F_{air,D}$——压气机设计进口空气流量，kg/s；

　　　$C_{p,air}$——空气等压比热容，kJ/(kg·K)。

（2）燃烧室模块。压气机模块如图 4-10 所示。

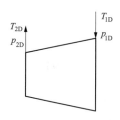

图 4-9　压气机模块

T_{1D}、T_{2D}—压气机设计进口、出口温度；

p_{1D}、p_{2D}—压气机设计进、出口压力

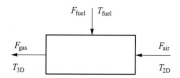

图 4-10　燃烧室模块

T_{2D}、T_{3D}—燃烧室进、出口温度，

K；T_{fuel}—燃料温度，K；

$F_{air,D}$、$F_{fuel,D}$、$F_{gas,D}$—设计空气、

燃料、烟气流量，kg/s

燃烧室中遵循能量守恒：

$$F_{air,D} C_{p,air} (T_{2D} - T_{ref}) + F_{fuel,D} C_{p,fuel} (T_{fuel,D} - T_{ref}) + F_{fuel,D} \cdot LHV \cdot \eta_{CC}$$
$$= F_{gas,D} C_{p,gas} (T_{3D} - T_{ref}) \tag{4-4}$$

$$F_{gas,D} = F_{air,D} + F_{fuel,D} \tag{4-5}$$

式中　$F_{air,D}$、$F_{fuel,D}$、$F_{gas,D}$——设计空气、燃料、烟气流量，kg/s；

　　　$C_{p,air}$、$C_{p,fuel}$、$C_{p,gas}$——空气、燃料、烟气的定压比热容，kJ/(kg·K)；

　　　　　　　LHV——燃料低热值，kJ/kg；

　　　　　　　η_{CC}——燃烧室效率；

　　　　T_{2D}、T_{3D}——燃烧室进、出口温度，K；

T_{fuel}——燃料温度，K；

T_{ref}——参考温度，K。

燃烧室中存在压力损失：

$$p_{3D} = (1-\varepsilon)p_{2D} \qquad (4-6)$$

式中 ε——燃烧室的压力损失系数。

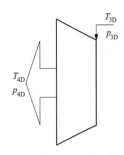

图 4-11 透平模块

T_{3D}、T_{4D}—透平进口、出口
烟气温度，K；p_{3D}、p_{4D}—透平设计进、
出口压力，Pa，透平进口压力即是
燃烧室出口压力，透平出口压力为设计值

(3) 透平模块。透平模块如图 4-11 所示。

透平的排气温度是燃气-蒸汽联合循环机组的重要参数，透平的设计排气温度 T_{4D}：

$$T_{4D} = T_{3D}\left\{1 + \frac{1}{\eta_{PT}}\left[\left(\frac{p_{4D}}{p_{3D}}\right)^{\left(1-\frac{1}{\gamma_{gas}}\right)} - 1\right]\right\} \qquad (4-7)$$

式中 T_{3D}——透平进口烟气温度，K；

η_{PT}——透平效率，在透平特性曲线上查得；

p_{3D}、p_{4D}——透平设计进、出口压力，透平进口压力即是燃烧室出口压力，透平出口压力为设计值，Pa；

γ_{gas}——烟气比热比。

透平做功 P_{PT}（kW）：

$$P_{PT} = F_{gas,D}C_{p,gas}(T_{3D} - T_{4D}) \qquad (4-8)$$

则燃气轮机出力 P（kW）：

$$P = P_{AC} + P_{PT} \qquad (4-9)$$

(4) 变工况计算。燃气轮机变工况运行，主要是通过调整燃料量和压气机导叶开度来实现。在本书中，燃气轮机变工况运行的计算主要在设计工况计算的基础上对压气机进口空气流量和压气机效率进行修正。

变工况下的压气机进口空气量 $F_{air,OD}$：

$$F_{air,OD} = F_{air,D}\frac{p_{1,OD}}{p_{1,D}}\frac{T_{1,D}}{T_{1,OD}}(1 - IGV \cdot VFC)\left(1 + TFC \cdot \frac{T_{1,OD} - T_{1,D}}{T_{1,D}}\right) \qquad (4-10)$$

式中 $F_{air,D}$——压气机设计进口空气量，kg/s；

$p_{1,D}$、$p_{1,OD}$——压气机设计工况和变工况下的进口压力，Pa；

$T_{1,D}$、$T_{1,OD}$——压气机设计工况和变工况下的进口温度，K；

IGV——压气机进口导叶开度；

VFC——关于导叶的流量修正系数；

TFC——关于温度的流量修正系数。

变工况下的压气机效率 $\eta_{AC,OD}$ 可以采用查特性曲线得到，粗略计算时也可以采用系列公式进行修正

$$\eta_{AC,OD} = \eta_{AC,D}\left(1 - \left|\frac{F_{air,D} - F_{air,OD}}{F_{air,D}}\right| \cdot FC\right)\left(1 + \left|\frac{CS_D - CS_{OD}}{CS_D}\right| \cdot SEC\right) \qquad (4-11)$$

式中　$\eta_{AC,D}$ ——设计工况下压气机效率；

$F_{air,D}$、$F_{air,OD}$ ——设计工况和变工况下压气机进口的空气流量，kg/s；

FC ——关于流量的效率修正系数；

CS_D、CS_{OD} ——设计工况和变工况下压气机转速，r/min；

SEC ——关于压气机转速的效率修正系数。

由于无论在设计工况下，还是在变工况下，透平的第一级的流动都处于滞止状态，因此，透平处的折合流量保持恒定：

$$\left(\frac{F_{gas,D}\sqrt{T_{3,D}}}{p_{3,D}}\right)=\text{constant}=\left(\frac{F_{gas,OD}\sqrt{T_{3,OD}}}{p_{3,OD}}\right) \tag{4-12}$$

2. 余热锅炉模型

余热锅炉从介质工作原理可分自然循环型和强制循环型两大类，从介质工作压力系统分有单压型、双压型和三压型余热锅炉，本书选取常见的自然循环、三压型余热锅炉进行计算。但为便于说明，下面以单压余热锅炉为例来说明本书余热锅炉计算原理。

单压余热锅炉温度-热量图（T-Q 图）如图 4-12 所示。

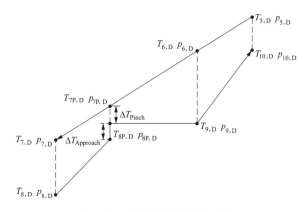

图 4-12　单压余热锅炉 T-Q 图

$T_{5,D}$、$p_{5,D}$—进口烟气温度、压力；$T_{6,D}$、$p_{6,D}$—余热锅炉蒸发器出口处烟气的温度、压力；$T_{7,D}$、$p_{7,D}$—省煤器出口烟气温度、压力；$T_{7P,D}$、$p_{7P,D}$—余热锅炉蒸发器进口处的烟气温度、压力；$T_{8,D}$、$p_{8,D}$—给水温度、压力；$T_{9,D}$、$p_{9,D}$—余热锅炉蒸发器出口处蒸汽（水）温度、压力；$T_{10,D}$、$p_{10,D}$—余热锅炉出口蒸汽温度、压力；$T_{8P,D}$、$p_{8P,D}$—余热锅炉蒸发器进口水的温度、压力；$\Delta T_{Approach}$—接近点温差，即余热锅炉蒸发器进口水的温度与蒸发压力下饱和蒸汽的温度之差；ΔT_{Pinch}—节点温差，即余热锅炉蒸发器进口的烟气温度与饱和蒸汽的温度之差

（1）设计工况计算。对于余热锅炉，烟气侧已知进口温度 $T_{5,D}$；水-蒸汽侧已知给水温度 $T_{8,D}$、出口水蒸气温度 $T_{10,D}$、压力 $p_{8,D}$，且 $p_{8,D}=p_{8P,D}=p_{9,D}=p_{10,D}$。余热锅炉计算最主要的目的是求得出口烟气温度 $T_{7,D}$ 和水-蒸汽流量 $F_{WatSte,D}$。

首先从蒸发器开始计算。由压力 $p_{9,D}$ 可查得相应的饱和温度 $T_{9,D}$，则

$$T_{8P,D}=T_{9,D}-\Delta T_{Approach} \tag{4-13}$$

$$T_{7P,D}=T_{9,D}+\Delta T_{Pinch} \tag{4-14}$$

式中　$\Delta T_{Approach}$、ΔT_{Pinch}—接近点温差和节点温差，都为设计值，K。

在蒸发器、过热器段，烟气释放热量 $\dot{Q}_{\text{EvaSup, gas, D}}$：

$$\dot{Q}_{\text{EvaSup,gas,D}} = F_{\text{gas,D}} C_{\text{p,gas}} (T_{5,\text{D}} - T_{7,\text{D}}) \tag{4-15}$$

式中　$F_{\text{gas, D}}$——余热锅炉设计烟气流量，kg/s；

　　　$C_{\text{p, gas}}$——烟气定压比热容，kJ/（kg·K）。

在蒸发器、过热器段，水-蒸汽吸收热量 $\dot{Q}_{\text{EvaSup, WatSte, D}}$（kJ）：

$$\dot{Q}_{\text{EvaSup,WatSte,D}} = \varepsilon \dot{Q}_{\text{EvaSup,gas,D}} \tag{4-16}$$

式中　ε——蒸发器、过热器段的传热效率，可通过特性曲线查询。

则水-蒸汽流量 $F_{\text{WatSte, D}}$（kg/s）：

$$F_{\text{WatSte,D}} = \frac{\dot{Q}_{\text{EvaSup,WatSte,D}}}{h(T_{10,\text{D}}, p_{10,\text{D}}) - h(T_{8\text{P,D}}, p_{8\text{P,D}})} \tag{4-17}$$

式中　h——水-蒸汽焓值，kJ/kg。

对于省煤器段，水吸收的热量 $\dot{Q}_{\text{Eco, WatSte, D}}$（kJ）：

$$\dot{Q}_{\text{Eco,WatSte,D}} = F_{\text{WatSte,D}}(h(T_{8\text{P,D}}, p_{8\text{P,D}}) - h(T_{8,\text{D}}, p_{8,\text{D}})) \tag{4-18}$$

省煤器段烟气放热量 $\dot{Q}_{\text{Eco, gas, D}}$（kJ）：

$$\dot{Q}_{\text{Eco,gas,D}} = \frac{\dot{Q}_{\text{Eco,WatSte,D}}}{\varepsilon} \tag{4-19}$$

省煤器烟气出口温度 $T_{7, \text{D}}$（K）：

$$T_{7,\text{D}} = T_{7\text{P,D}} - \frac{\dot{Q}_{\text{Eco,gas,D}}}{F_{\text{gas,D}} C_{\text{p,gas}}} \tag{4-20}$$

（2）变工况计算。在变工况情况下，引入余热锅炉总传热系数 U。换热器交换热量与总传热系数有如下关系：

$$\dot{Q} = UAT_{\text{LMTD}} \tag{4-21}$$

式中　A——换热面积，m²；

　　　T_{LMTD}——对数平均温差，K。

对于省煤器、蒸发器、过热器及整个余热锅炉，对数平均温差分别定义为：

$$T_{\text{LMTD,Eco}} = \left(\frac{(T_{7\text{P}} - T_{8\text{P}}) - (T_7 - T_8)}{\ln\left[\dfrac{(T_{7\text{P}} - T_{8\text{P}})}{(T_{7\text{P}} - T_{8\text{P}})}\right]} \right) \tag{4-22}$$

$$T_{\text{LMTD,Eva}} = \left(\frac{(T_6 - T_9) - (T_{7\text{P}} - T_{8\text{P}})}{\ln\left[\dfrac{(T_6 - T_9)}{(T_{7\text{P}} - T_{8\text{P}})}\right]} \right) \tag{4-23}$$

$$T_{\text{LMTD,Sup}} = \left(\frac{(T_5 - T_{10}) - (T_6 - T_9)}{\ln\left[\dfrac{(T_5 - T_{10})}{(T_6 - T_9)}\right]} \right) \tag{4-24}$$

$$T_{\text{LMTD,HRSG}} = \left(\frac{(T_5 - T_{10}) - (T_7 - T_8)}{\ln\left[\dfrac{(T_5 - T_{10})}{(T_7 - T_8)}\right]} \right) \tag{4-25}$$

在变工况情况下，余热锅炉传热系数与换热面积的乘积 $(UA)_{OD}$：

$$(UA)_{OD} = (UA)_D \frac{(F_{gas,OD})^{0.6}}{(F_{gas,D})^{0.6}} \frac{\left[\frac{(k)^{0.7}(C_{p,gas})^{0.3}}{(\mu)^{0.3}}\right]_{OD}}{\left[\frac{(k)^{0.7}(C_{p,gas})^{0.3}}{(\mu)^{0.3}}\right]_D} \qquad (4\text{-}26)$$

其中：k、μ 可以查表得到。

二、燃气-蒸汽联合循环机组调峰能力计算

以典型 9F 级多轴、三压、再热燃气-蒸汽联合循环机组为例，燃气轮机为 M701F 型重型燃气轮机，系统非供热情况下的铭牌出力 390MW。利用计算模型，计算燃气火电机组抽汽供热的技术出力特性。

在汽轮机中、低压缸之间的连通管抽汽，额定抽汽压力 0.45MPa，抽汽温度 265.7℃，排汽压力 4.9kPa，余热锅炉-汽轮机采用滑压运行。凝汽工况下，燃气-蒸汽联合循环机组最大技术出力为 389.6MW，最小技术出力为 118.3MW。

经模型计算后，不同供热量条件下燃气-蒸汽联合循环机组出力特性见表 4-4。

表 4-4　　　9F 级燃气-蒸汽联合循环机组抽汽供热技术出力特性

供热量（GJ/h）	最大技术出力（MW）	最小技术出力（MW）	最大出力变化幅度（MW）
0	389.6	118.3	271.3
50	386.2	115.0	271.2
100	382.8	111.7	271.1
150	379.4	108.7	270.7
200	376.0	106.8	269.3
250	372.7	131.5	241.1
300	369.3	156.3	213.0
350	365.9	180.6	185.4
400	362.6	203.2	159.4
450	359.3	225.3	134.0
500	355.9	245.2	110.7
550	352.4	263.9	88.6
600	348.7	281.5	67.2
650	345.4	299.0	46.3
700	342.1	315.2	26.9
750	338.9	330.2	8.8

将上述数据绘制在图线上，如图 4-13 所示。

由计算结果可知，对于 9F 级燃气-蒸汽联合循环机组，采用中、低压缸之间的连通管抽汽供热，凝汽运行机组最大出力变化幅度为 271.3MW，随着供热量的增加，机组

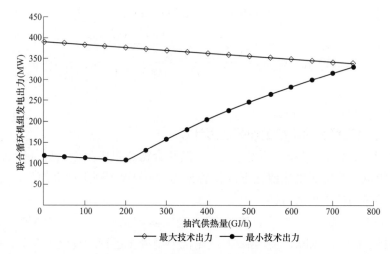

图 4-13　9F 级燃气-蒸汽联合循环机组抽汽供热技术出力特性

最大出力变化幅度几乎保持不变。当供热量达到 198GJ/h 时，机组最大出力变化幅度为 270.3MW，此后汽轮机抽汽口后最小安全流量决定燃气-蒸汽联合循环机组的最小技术出力，随着供热量的增加，机组最大出力变化幅度开始迅速减小。

第三节　燃气火电机组的最大出力变化幅度调研

一、最大出力变化幅度调研分析方法

与燃煤火电机组类似，在理论分析和计算之外，为了解燃气火电机组实际的最大出力变化幅度，须进行调研。调研的对象主要分为两类：

（1）燃气火电厂。燃气火电厂运行人员最了解燃气火电机组的实际运行情况，包括最大出力变化幅度、最大和最小技术出力附近运行时面临的实际问题等。但是，一般个人或组织调研燃气火电厂的数量不可能太多，而燃气火电厂之间的差异较大，且其运行人员关于理论知识和内部参数了解不多，因此，只能对少数典型燃气火电厂进行调研，调研数据和结论只能对理论分析进行补充和验证。本书作者调研了北京某燃气电厂、广东深圳某燃气电厂，部分相关调研成果已应用于本书部分章节，本节进行集中论述。

（2）政府文件。近年来，随着火电调峰需求越来越大，国家能源局华北监管局等政府能源主管部门组织了一定规模的调研工作，调研获取的燃气热电机组供热初末期和供热中期的最小运行方式以文件形式公布，因此，对相关政府文件进行调研整理，可以广泛地了解我国现役机组的最大出力变化幅度情况。本节就对政府文件中关于燃气火电机组最大出力变化幅度的数据进行整理和分析。

二、燃气火电厂最大出力变化幅度调研

1. 北京某燃气热电联产电厂参与调峰典型案例

北京某燃气火电厂配置"二拖一"燃气-蒸汽联合循环机组，机组结构为 2×（1 台燃气轮机＋1 台余热锅炉＋1 台发电机）＋1 台汽轮机＋1 台发电机，燃气轮机为美国通

用电气公司（即美国 GE 公司）生产的 PG9351FA，汽轮机为哈尔滨汽轮机厂有限责任公司生产的 LN275/CC154 11.49/0.613/0.276/566/566，其余参数详见表 2-13。

（1）不供热条件下的调峰。该燃气火电机组实际参与调峰时的出力变化情况如图 4-14 所示。

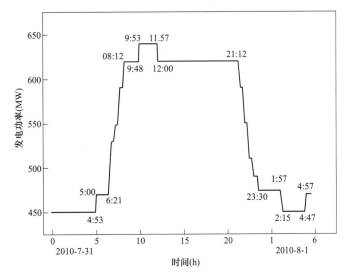

图 4-14 夏季非采暖期机组参与调峰出力-时间图

由图 4-14 可看出，参与调峰时，该燃气火电机组最低发电功率为 450.8MW（出力率为 60.12%，最大技术出力为 750MW），出现在午夜 23 点至次日 6 点左右；较高发电功率为 620MW（出力率为 82.67%），出现在早上 8 点到 10 点，以及中午 12 点到晚上 21 点；最高发电功率为 640MW（出力率为 85.33%），出现在早上 10 点到中午 12 点之间。

（2）供热条件下的调峰。冬季采暖供热条件下的出力-时间如图 4-15 所示。

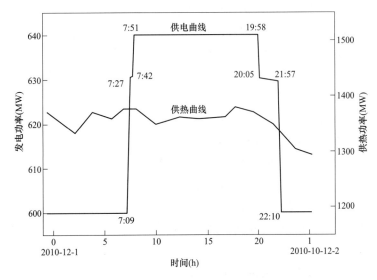

图 4-15 冬季采暖期机组供热同时参与调峰出力-时间图

由图 4-15 数据可分析出，最大供热出力和最小供热出力相差仅 6%左右，且在晚上 8 点前相差只有 3%左右，基本可以认为不变；而供电出力在 7 点 09 分时由 600MW 变为 7 点 51 分的 640MW，一直维持到 20 点随后降低，至 22 点又降为 600MW。

（3）机组供热条件下的最大出力变化幅度。调研时获得了北京某燃气-蒸汽联合循环机组供热量和最大、最小技术出力关系图，如图 4-16 所示。

由图 4-16 可知，北京该电厂方面提供的燃气-蒸汽联合循环机组供热时的最大出力变化幅度远小于第四章第二节所述理论计算值，不供热时（供热量为 0GJ），最小技术出力为 500MW，最小技术出力率仅为 64.1%。

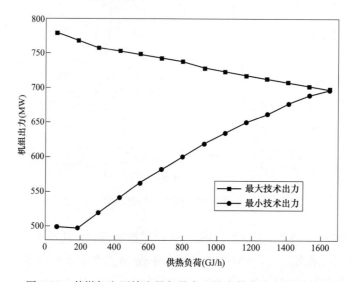

图 4-16　某燃气电厂抽汽量与最大、最小技术出力的关系图

2. 广东深圳某燃气电厂调研

深圳某燃气电厂配置 1 台 M701F 型燃气轮机（额定出力 270MW），1 台杭州锅炉集团股份有限公司生产的 NG-M701F-R 型三压、再热、无补燃、卧式、自然循环余热锅炉，配置 1 台日本三菱重工公司（即日本 Mitsubishi 公司）生产的 TC2F-30 型单轴、双缸双排汽、三压、一次中间再热凝汽式汽轮机（额定出力 129.4MW），配置 1 台东方电机有限公司生产的 QFR-400-2-20 型全氢冷、自并励发电机（额定出力 409.7MW），总装机容量 371.53MW。

正常调节负荷为 240MW～371.53MW，也即最小负荷为 64.6%。

三、政府文件中关于燃气火电机组最大出力变化幅度

2019 年 11 月 19 日，国家能源局华北监管局发布了《华北能源监管局关于印发京津唐电网火电机组最小运行方式（2019 版）的通知》（华北监能市场〔2019〕286 号）。该文件附件 1 为"京津唐电网火电机组最小运行方式（2019 版）核定说明"，主要内容见本书前文第三章第四节。

该文件中列举了京津唐电网内部分北京市、天津市直调燃气火电机组最小运行方式，见表 4-5、表 4-6。

表 4-5　部分北京市直调燃气火电机组最小运行方式

序号	电厂名称	机组	装机容量 (MW)	供热首期 (MW)	2019年 供热中期 (MW)	2020年春节 (MW)	供热末期 (MW)	备注
1	大唐国际发电股份有限公司 北京高井热电厂	1~3 (2拖1)	921	2套: 1~3号机 500;	2套: 1~3号机 500;	2套: 1~3号; 机一拖一350;	2套: 1~3号机 500;	2套燃气-蒸汽联合循环机组，带3S离合器
		4~5 (1拖1)	459	4~5号机 300	4~5号机 300	4~5号机300	4~5号机 300	
		全厂	1380					
2	北京京西燃气热电有限公司	1~3 (2拖1)	873	2套: 1~3号机 490;	2套: 1~3号机 490;	2套: 1~3号; 机一拖一350;	2套: 1~3号机 490;	2套燃气-蒸汽联合循环机组，带3S离合器
		4~5 (1拖1)	434	4~5号机 290	4~5号机 290	4~5号机290	4~5号机 290	
		全厂	1307					
3	华能北京热电有限责任公司	6~8 (2拖1)	924	2套: 6~8号机 460;	2套: 6~8号机 460;	2套: 6~8号机; 一拖370; 9~11号机一拖370	2套: 6~8号机 460;	2套燃气-蒸汽联合循环机组，共有6台供热热水炉
		9~11 (2拖1)	998	9~11号机 500	9~11号机 500		9~11号机 500	
		全厂	1922					
4	北京太阳宫燃气热电有限公司	1~3 (2拖1)	780	450	460	1套: 二拖一460	450	1套燃气-蒸汽联合循环机组，不带3S离合器
		全厂	780					
5	华电(北京)热电有限公司	1~2 (1拖1)	254	2套: 2×160	2套: 2×160	2套: 2×160	2套: 2×160	2套燃气-蒸汽联合循环机组，不带3S离合器，备有3台供热热水炉
		3~4 (1拖1)	254					
		全厂	508					
6	北京上庄燃气热电有限公司	1~2 (1拖1)	266	133	133	停机	133	1套燃气-蒸汽联合循环机组，带3S离合器
		全厂	266					
7	神华国华北京燃气热电有限公司	1~3 (2拖1)	951	350	490	一拖-350	350	两厂分别安装1套燃气-蒸汽联合循环
		全厂	951					
8	北京京能高安屯燃气热电有限公司	1~3 (2拖1)	845	310	450	一拖-328	310	
		全厂	845					
9	北京丰台燃气发电有限责任公司	1	410	350	350	350	350	1套燃气-蒸汽联合循环机组，带3S离合器，独立热网
		全厂	410					
10	北京京桥热电有限责任公司	1~3 (2拖1)	838	310	450	1套: 一拖-328	310	1套燃气-蒸汽联合循环机组，带3S离合器，备4台供热热水炉
		全厂	838					
11	北京京能未来燃气热电有限公司	1~2 (1拖1)	255	128	128	停机	128	1套燃气-蒸汽联合循环机组，带3S离合器
		全厂	255					

表4-6　部分天津市直调燃气火电机组最小运行方式

序号	电厂名称	机组	装机容量（MW）	2019						备注
				11.1~11.15	供热首期（MW）	供热中期（MW）	2020年春节（MW）	供热末期（MW）	3.16~3.31	
1	天津陈塘热电有限公司	1~3（2拖1）	923	1套：416	1套：416	2套：共800	1套：二拖一623	1套：416	1套：416	2套燃气-蒸汽联合循环机组，带3S离合器
		4~6（2拖1）	923							
		全厂	1846							
2	华能临港（天津）燃气热电有限公司	1~2（1拖1）	466	180	180	180	180	180	180	1套燃气-蒸汽联合循环机组，带3S离合器，首中末期和春节：背压180MW抽凝230MW
		全厂	466							
3	天津华电福源热电有限公司	1~2（1拖1）	201	1套：1×120	2套：2×105	2套：一套105，一套110	2套：一套105，一套110	2套：2×105	1套：1×120	2套燃气-蒸汽联合循环机组，无3S离合器、高背压
		3~4（1拖1）	201							
		全厂	402							
4	天津华电南疆热电有限公司	1~3（2拖1）	930	250	250（一拖一抽凝400，一拖一背压250）	260（一拖一背压260，二拖一抽凝465）	一拖一260（一拖一背压260，二拖一抽凝465）	250（一拖一抽凝400，一拖一背压250，二拖一抽凝465）	250	1套燃气-蒸汽联合循环机组，带3S离合器、高背压
		全厂	930							

第四节 增大燃气火电机组最大出力变化幅度的方案

在运行层面增加燃气-蒸汽联合循环机组最大出力变化幅度的思路可以参考燃煤火电机组。

关于减少加热器的蒸汽流量或直接关停部分加热器。因为燃气-蒸汽联合循环机组的配套汽轮机没有多级加热器，故不能通过停运高压加热器提高机组最大发电出力变化幅度。

关于利用热网（供热建筑物）热惯性。与燃煤火电机组类似，燃气-蒸汽联合循环机组也可以利用热网（供热建筑物）热惯性来保证供热质量的同时提高机组最大出力变化幅度。在参与调峰前、后，燃煤火电机组增大燃料量提高锅炉出力时，只需要通过调节抽汽量保持汽轮机发电出力不变即可。燃气-蒸汽联合循环机组增大燃料量时，燃气轮机出力增加，需通过调节抽汽量保持燃气轮机和汽轮机发电出力之和不变，对热力、电力的控制过程更复杂一些。

关于利用既有设施实现热电解耦。燃气火电厂中也可能配置有燃气供热锅炉，因此可以配合燃气-蒸汽联合循环机组和燃气供热锅炉使用，实现热电解耦，在保证供热的条件下增加燃气-蒸汽联合循环机组的出力变化幅度。

关于变更燃料和精细化运行。天然气的热值普遍较高，具有易燃性，所以燃气轮机不用担心类似燃煤火电机组因为煤质问题造成熄火的困扰，一般的天然气热值都能保证机组在低负荷时的稳定燃烧[44]，因此通过精细化运行保证低负荷条件下的稳定燃烧需求也不强烈。但天然气热值越高，在燃气轮机低负荷和燃烧模式切换时燃烧脉动更强烈，导致燃气轮机低负荷时振动相对偏高和产生噪声问题。燃烧脉动还容易造成对燃气轮机的火焰筒、联焰管及过渡段的烧毁问题，轻则易造成涂层的剥离，严重影响热通道的安全。

此外，为了降低燃烧火焰温度，抑制热 NO_x 生产，常采用喷水或水蒸气（常称为"蒸汽回注"）的方法，它能起到提高机组出力的作用，从而提高机组最大出力变化幅度。喷水量大约是燃料量的 $50\%\sim70\%$，能使机组出力增加 3%，NO_x 排放量减少，但是喷水必须预先处理，严防钠盐、钾盐的混入，否则会导致燃气透平的腐蚀。因此，必须增加水处理投资，另外这种方法也会使机组热效率下降 $1.8\%\sim2.0\%$。目前，很多机组都采用干低 NO_x 燃烧器（dry low NO_x，DLN），不需要相关注水设备。

第五节 燃气火电机组的最大出力变化速率

一、燃气火电机组最大出力变化速率的限制因素

与燃煤火电机组类似，燃气火电机组数量较多、类型多样，大量实地调研其发电出力变化速率成本较高，政府文件也未公开发布燃气火电机组的最大发电出力变化速率数据，因此本书主要进行最大发电出力变化速率的限制因素分析，结合文献提出最大发电

出力变化速率数据,并将这些分析数据与实地调研获得的少量数据进行对比,验证分析结论的正确性。

与燃煤火电机组类似,燃气火电机组的最大发电出力变化速率的直接限制来源于电厂的操作规程和控制系统,操作规程和控制系统背后是对燃气火电机组安全、寿命的考量。燃气火电机组是由多种设备有机地构成系统,它们都存在安全、寿命、经济性的问题,因而都有自己的最大发电出力变化速率,根据短板效应,最大发电出力变化速率最小的那个"瓶颈"设备将决定整个燃气火电机组的最大发电出力变化速率。

燃气火电机组包括单循环机组和燃气-蒸汽联合循环机组,涉及燃气轮机、余热锅炉、汽轮机、电动机等四大主机。其中,燃气轮机、余热锅炉、汽轮机是热机,受热惯性、热应力等因素的约束,而发电机仅受到机械力、电磁力的作用,与燃气轮机、余热锅炉、汽轮机的时间尺度不一致。一般而言,燃气轮机、余热锅炉、汽轮机的变化要比发电机的变化要缓慢,它们是燃气火电机组出力变化速率不能过大的主要限制因素。本书主要关注燃气轮机、余热锅炉、汽轮机对燃气火电机组出力变化速率的影响。

二、燃气火电机组的最大出力变化速率

燃气火电机组可以是单循环机组或燃气-蒸汽联合循环机组,燃气-蒸汽联合循环机组包括"一拖一""多拖一"等多种形式,区分供热或不供热机组。

1. 单循环机组

单循环机组即燃气轮机仅配置发电机、不配置余热锅炉和汽轮机的机组,或燃气-蒸汽联合循环机组切除余热锅炉和汽轮机运行时的机组,其出力变化速率取决于燃气轮机的出力变化速率。

与汽轮机类似,燃气轮机在发电出力变化时会因工质温度变化导致设备金属温度变化,从而产生热应力,设备金属热应力不能超过其限制值,从而限制了燃气轮机出力变化速率的最大值。但燃气轮机体积小、重量轻、结构紧凑,透平级数少,工质是不发生相变的空气和燃气,因而其出力变化时带来的热应力问题小,因出力变动而引起的胀差问题也不严重,因而出力变化可以比较迅速。

典型燃气轮机单循环机组的最大出力变化速率见表 4-7。

表 4-7　　典型燃气轮机单循环机组的最大发电出力变化速率[45]

燃气轮机型号	额定功率 (MW)	最大出力 变化速率 (MW/min)	最大出力 变化速率 (/min)	经济运行 负荷率区间	额定效率
SGT5-8000H	375	35	9.3%	50%~100%	40%
9F.04	280	23	8.2%	35%~100%	38.6%
9HA.01	397	60	15.1%	40%~100%	41.5%
9HA.02	510	70	13.7%	40%~100%	41.8%
LMS100	103	50	48.5%	50%~100%	43.8%
M701J	470	58	12.3%	50%~100%	41%
GT13E2 2012	202	30	14.9%	50%~100%	38%

此外，文献［46］指出美国通用电气公司（即美国 GE 公司）的 PG9171E 负荷变化的速率限制为 10MW/min，即最大出力变化速率为 8.3%。

由表 4-7 可知，除 LMS100 这类航改式轻型燃气轮机具有超高的出力变化速率（48.5%/min）外，一般用于发电的重型燃气轮机机组单循环运行时最大发电出力变化速率为 8%/min～15%/min。

2. 燃气-蒸汽联合循环机组

为提高能源利用效率，实际工程中，一般燃气轮机和余热锅炉、汽轮机等构成燃气-蒸汽联合循环机组运行。在燃气-蒸汽联合循环机组运行模式下，最大出力变化速率较大的燃气轮机将被最大出力变化速率较小的余热锅炉和汽轮机所"拖累"，整体最大发电出力变化速率相比单循环机组大幅下降。

（1）有关燃气轮机的最大出力变化速率限制因素。燃气轮机虽然不是燃气-蒸汽联合循环机组最大发电出力变化速率的短板，但当燃气火电机组达到 90% 出力时，由于燃气轮机叶片通道温度和排气温度已经接近设计上限，负荷调节过程中为避免燃料投入量超调引起燃气轮机燃烧器出口超温，燃气轮机控制模式由"负荷控制模式"转为"温度控制模式"，出力变化速率自动降低，可能影响燃气-蒸汽联合循环机组整体的最大发电出力变化速率。

（2）有关余热锅炉的最大出力变化速率限制因素。类似燃煤火电机组锅炉的情况，余热锅炉也有汽包等厚壁金属件，汽包的体积较大，内径和壁厚的比值大，因此汽包内介质压力引起的切向应力较大；汽包壁较厚，且下层是水，上层是蒸汽，水和蒸汽的换热系数差别较大，因而出力变化导致汽包温度发生变化时会产生更大的热应力。热应力不能超过限制值限制了出力变化速率的最大值。

此外，汽包水位限制、水循环安全性、过热蒸汽超温限制等因素也限制了余热锅炉的最大出力变化速率。

余热锅炉同样存在"虚假水位"的问题。如本书第二章第二节图 2-14 所示，燃气-蒸汽联合循环机组在经济运行出力率区间（一般为 50%～100%）一般采用滑压运行方式。当燃气轮机出力降低时，燃气轮机的排气量和排气温度也会跟随着下降，蒸汽量也会减小，汽包压力突降，汽泡增加导致汽水混合物的体积膨胀，从而引起汽包水位呈现快速上升趋势，产生"虚假水位"现象。机组出力降低越快，汽包水位的上涨也就会越明显，产生调节延迟，并可能带来汽轮机内严重的水冲击（或水冷壁管超温过热）等安全问题。

相对于电厂燃煤锅炉，余热锅炉在设计时采取多项措施提高其可承受的出力变化速率，包括：①使余热锅炉有较低的热惯性；②将锅筒壁面尽可能做薄以减少热膨胀和热应力的影响，燃气-蒸汽联合循环机组汽轮机出力较小，蒸汽压力一般较低，有条件将锅筒做得较薄；③保证余热锅炉具有一定的在无水情况下"干烧"的能力。无补燃的余热锅炉中最高温度是燃气进口温度，随着换热的进行，燃气温度还会不断下降，余热锅炉管道烧蚀的风险降低。低负荷定压运行时压力保持不变，温度继续降低对锅炉运行影响也不大，因此低负荷运行时余热锅炉的最大出力变化率将不小于滑压运行阶段。

（3）有关汽轮机的最大出力变化速率限制因素。与燃煤火电机组汽轮机一样，滑压运行时，进入燃气-蒸汽联合循环机组汽轮机高压缸和中压缸的蒸汽压力随着负荷变化而变化，转子轴向推力、叶片弯曲应力、承压部件（调速汽门、喷嘴室、汽缸）受力等也发生变化，出力调节速率越大，造成的疲劳损伤越大。

燃气-蒸汽联合循环机组汽轮机没有抽汽回热装置，除氧器也可能设置于余热锅炉中，需要抽汽时可以从余热锅炉中直接抽取而不必在汽轮机上开抽汽口，这些条件有利于燃气-蒸汽联合循环机组汽轮机采取特殊设计，以满足快速变化出力的需求，主要包括：①尽可能强化汽缸的对称性，良好的对称性能够避免局部热应力过大，在设计汽封抽汽口及其系统时也尽可能考虑此要求；②采用轴向汽封等方法，减少径向动静间隙，加大轴向动静间隙，减少漏气，防止发电机组发电出力快速变化时胀差而带来的摩擦、振动及叶片断裂等事故；③不设调节级，各级均采用全周式进汽结构，主汽阀、调节阀、导汽管、外接管道及快速旁路一般对称布置，能保证进汽部分上下温度比较均匀，从而减少热应力；④流通部分采用锥形结构，采用没有中心孔的整体锻造的转子结构。这些特别的设计使得燃气-蒸汽联合循环机组汽轮机可以较快速地变化出力。

（4）燃气-蒸汽联合循环机组的最大出力变化速率。文献［45］中提及的燃气-蒸汽联合循环机组的最大出力变化速率比较高，见表4-8。

表4-8　　　　　　　　典型燃气-蒸汽燃气火电机组的最大出力变化速率

联合循环型号和构成	额定功率（MW）	最大发电出力变化速率（MW/min）	最大发电出力变化速率（%/min）	经济运行负荷率区间（%）	额定效率（%）
9HA.01（一拖一）	592	60	10.1	47～100	61.6
9HA.01（二拖一）	1181	120	10.2	24～100	61.6
SGT5～8000H（一拖一）	600	50	8.3	20～100	＞60
KA26（一拖一）	500	50	10.0	20～100	61
M701J（一拖一）	680	58	8.5	50～100	61.7

多数其他文献提及的燃气火电机组和作者实地调研的燃气火电机组都达不到如此高的最大出力变化速率。文献［47］给出了北京电网典型燃气火电机组最大出力变化速率，见表4-9。

表4-9　　　　　　　　北京电网典型燃气火电机组的最大发电出力变化速率

联合循环型号和构成	额定功率（MW）	最大发电出力变化速率（MW/min）	最大发电出力变化速率/额定功率（min⁻¹）	备注
京桥电厂	838	27	3.2%	F级，二拖一，多轴
华能燃气电厂	930	40	4.3%	F级，二拖一，多轴

联合循环型号和构成	额定功率（MW）	最大发电出力变化速率（MW/min）	最大发电出力变化速率/额定功率（min⁻¹）	备注
京阳电厂	780	30	3.8%	F级，二拖一，多轴
京丰燃气电厂	410	18	4.4%	E级，一拖一，单轴
郑常庄电厂	508	22	4.3%	E级，两套一拖一，单轴

此外，文献［48］指出，400MW 燃气-蒸汽联合循环机组的最大出力变化速率可达 13MW/min（即 3.25%/min）。文献［48］指出，日本三菱重工公司（即日本 Mitsubishi 公司）的 M701F 型燃气-蒸汽联合循环机组，从 50% 负荷到 90% 负荷，其出力变化速率最大可达 4.5%/min。文献［49］指出，燃气-蒸汽联合循环机组的最大出力变化速率可达 3%/min～5%/min；文献［50］指出，180MW 的"一拖一"燃气-蒸汽联合循环机组，当燃气轮机负荷调节范围在 70～120MW（对应燃气-蒸汽联合循环机组出力在 100～180MW）时，汽轮机汽缸温度的变化不是很大，燃气-蒸汽联合循环机组的负荷调节速度可达 8MW/min，事故紧急情况下可按 10%/min 的速度进行调节。

作者调研了两家深圳燃气电厂，其中一家燃气电厂有 1 套"一拖一"燃气-蒸汽联合循环机组，燃气轮机为 1 台 M701F 型燃气轮机（额定出力 270MW），总装机容量 371.53MW，按照其运行规程，其在 50%～90% 负荷间升负荷率为 18MW/min（约 4.8%/min）。另一家燃气电厂有 3 台"一拖一"燃气-蒸汽联合循环机组，燃气轮机为 1 台 PG9171E 型燃气轮机（额定出力 123.4MW），总装机容量 3×180MW，按照其运行规程，每套"一拖一"燃气-蒸汽联合循环机组的正常运行期间机组的出力调整速率为 8.3MW/min（约 4.6%/min）。

综上所述，燃气-蒸汽联合循环机组的最大出力变化速率一般在 3%/min～5%/min 之间，先进机组的最大技术出力可以达到 8%/min～10%/min。

第六节　燃气火电机组的启停时间

与燃煤火电机组类似，燃气火电机组启动和停机过程涉及大量设备、零部件的操作和控制，各设备、零部件除了由于机械作用产生的应力、变形外，还将产生由于温差引起的各种热应力、热变形、热膨胀等，温度、压力等参数和受力状态发生剧烈变化。全面分析燃气火电机组启动和停机的设备操作、热力学和力学性能，涉及篇幅很大，技术很复杂，也无必要，本节围绕调峰相关的启停时间进行深入论述，着力分析与启停时间相关的因素，给出大量启停时间数据和相关数据，并介绍缩短燃气火电机组启停时间的方法。

一、燃气火电机组启动时间

与燃煤火电机组的情况类似，为了消除并网前等待电网侧指令等因素对机组启动时间的影响，一般定义燃气火电机组启动时间为：起始时刻以燃气火电机组发启动指令为准，机组定速后、并网前等待电网侧指令的时间不计入启动时间；机组升负荷过程中非机组原因（如因电网调度要求等原因）造成的在某负荷点的停留时间不计入启动时间；启动过程终止时刻以燃气-蒸汽联合循环机组负荷达到额定值或调度给定值为准。

（一）单循环机组的启动时间

根据启动时间的长短，单循环机组启动方式分为三种：正常启动、快速启动、紧急启动。一般采取正常启动，正常启动是按设定程序进行的一种启动，启动过程中需要暖机，并严格控制机组的加速率和负荷加载率，保证启动过程中燃气轮机热应力在安全范围内。因此，这种启动方式所需时间较长；在某些情况下（如紧急调峰）要求机组尽快投入运行，甚至牺牲一些热通道的寿命，即实施快速启动。快速启动提高了机组的加速率和负荷加载率，减少了暖机时间，但仍然按设定程序进行启动，本质上也考虑了热通道应力和寿命的限制因素；极端的情况会采取紧急启动，紧急启动是一种强制性启动，即在很短时间内超越正常程序强行将机组从静止状态运行至设定负荷。此时，燃气轮机热通道部件温度变化剧烈，会产生较大的热应力，导致材料热疲劳而缩短使用寿命，对重型燃气轮机影响尤为严重。由于这种启动对机组的损害太大，除非万不得已，很少在实际中使用。本书主要关注正常启动，基本不涉及快速启动和紧急启动。

单循环机组正常启动流程如图 4-17 所示。

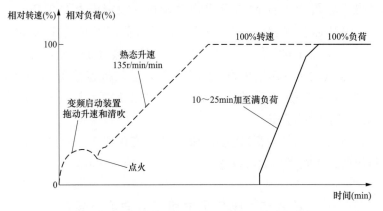

图 4-17　单循环机组正常启动流程

由图 4-17 可知，单循环机组的启动过程主要包括拖动升速和清吹、点火、热态升速、全速空载后的检查和暖机、并网和升负荷。各流程的分析如下。

1. 变频启动装置拖动升速和清吹

燃气轮机启动时刻并非为点火时刻，在燃气轮机点火前，一般还有变频启动装置拖动升速和清吹过程。变频启动装置拖动燃气轮机升速时，燃气轮机的压气机能产生压缩空气，可对燃气轮机进行一定时间的清吹（又称"冷吹"），吹掉可能漏入或残留燃气轮机的燃料气或因积油产生的油雾，防止燃气轮机点火瞬间发生燃气爆燃，保护发电设备和运行检修人员的人身安全。

变频启动装置指静止变频启动装置（static frequency converter，SFC）或负载换相式电流源型变频器（load commutated inverter，LCI），它们通过使用可控硅进行整流和逆变，能把大电网固定频率的交流电变为各种所需频率，给发电机倒送电，能把发电机当作电动机使用从而拖动燃气轮机升速。

变频启动装置拖动燃气轮机达到一定转速后，需要维持转速一段时间进行清吹，清吹结束后转速会迅速下降至点火转速，然后燃气轮机开始点火。

各种类型燃气轮机该阶段经历的时间、转速等参数见表 4-10。

表 4-10　　　　　各种类型燃气轮机拖动升速和清吹阶段的耗时和转速

燃气轮机机型	从启动到清吹转速时间（min）	清吹转速（r/min）	清吹持续时间（min）	改进后清吹持续时间（min）	点火转速（r/min）
某 PG9351FA 型机组[51]	3	700	15		
某 M701F 型机组[52]		700	9.17（550s）	6.67（400s）	
某 PG9171E 型机组[53]			15	10	
另一 PG9171E 型机组[53]		750	8.1		350
某 M701F 型机组[54]		700	11.7（700s）		585
PG9171E 型机组[55]	1	750	5		480
120MW 燃气轮机（9E 型）[56]	2	700	11		
某 M701F 型机组[6]		750	11（660s）		550
AE94.3 A 型机组[57]			10		210

2. 从点火到并网（点火、热态升速及全速空载后检查）

燃气轮机点火后，需要进行短时间（约 60s[55]）的暖机；然后，在天然气燃烧做功和变频启动装置共同拖动下，燃气轮机快速升速至额定转速 3000r/min（即全速空载 FSNL），燃气轮机升速率一般为 135r/min/min[6]，为远离失速/喘振边界线，在 1600～1900r/min 区间将升速率由 135r/min/min 调整为 90r/min/min[58]，一般在 2000～2100r/min（该转速也称为自持转速）退出变频启动装置[59]。

部分厂家重型燃气轮机从启动、清吹、点火、升速至全速空载的所需总时间见表 4-11。

表 4-11　　　　　部分厂家重型燃气轮机启动至全速空载所需时间[60]

厂家	启动到全速空载时间	
美国通用电气公司（即美国 GE 公司）	约 30min	
德国西门子股份公司（即德国 Siemens 公司）	约 7min（无吹扫）	约 18min（吹扫）
日本三菱重工公司（即日本 Mitsubishi 公司）	约 30min	

注　德国西门子股份公司（即德国 Siemens 公司）燃气轮机启动时可选择吹扫或不吹扫，如上一次燃气轮机正常停机，且停机时间不长，可以选择不吹扫。

达到全速空载状态后，需全面检查所有系统正常，做好并网带初负荷的准备，若无异常，则按照启动程序继续进行发电机起励、升压、并网。从达到全速空载到并网一般耗时在 5min 以内，例如，M701F4 型燃气轮机达到全速空载至发电机并网需要 2.5min（优化后可以缩短到 2min[52]）。

3. 从并网带初负荷到带满负荷

并网后，燃气轮机一般立即带初负荷，例如，德国西门子股份公司（即德国 Siemens 公司）V94.2 型燃气轮机并网后带初负荷 8MW[59]。燃气轮机从带初负荷升负荷至带满负荷，最大出力变化速率可达 5～25MW/min，一般 10～25min 升至满负荷。在电网事故状态下，燃气轮机快速启动的最大出力变化速率甚至可以达到 10%/min，即 10min 即升至满负荷[61]。

本节前文所述的燃气轮机都为已在我国燃气火电厂大量服役、比较主流的 E 级、F 级重型燃气轮机，轻型燃气轮机、更先进的重型 H 级燃气轮机、新型燃气轮机的启动时间更短，这些燃气轮机的启动时间见表 4-12。

表 4-12　　　　　典型轻型、重型 H 级、新型燃气轮机的启动时间

燃气轮机型号	额定功率（MW）	额定效率（%）	启动时间（min）
SGT-500	19.1	33.7	3
SGT5-8000H	375	40	15
LMS100	103	44	5
9F.04	280	38.6	15
9HA.01	397	41.5	11
9HA.02	510	41.8	12
M701J	470	41	15
GT13E2 2012	202	38	15

注　数据来源于美国通用电气公司（即美国 GE 公司）、德国西门子股份公司（即德国 Siemens 公司）、法国阿尔斯通公司（即法国 Alstom 公司）、日本三菱重工公司（即日本 Mitsubishi 公司）官方网站。

(二)"一拖一"燃气-蒸汽联合循环机组的启动时间

1. 燃气火电机组启动时间的分解

由本书第二章第二节可知，燃气-蒸汽联合循环机组的启动类型可分为冷态启动、温态启动、热态启动，一般均为滑参数启动。

典型的"一拖一"燃气-蒸汽联合循环机组冷态、温态、热态启动时转速和负荷随时间变化曲线（即启动曲线）如图 4-18～图 4-20 所示。

由图 4-18～图 4-20 可知，燃气火电机组的启动过程比较复杂。可以将启动过程分解为多个环节，分析各环节的时间，综合得出总时间。

燃气-蒸汽联合循环机组启动的简化流程见表 4-13。

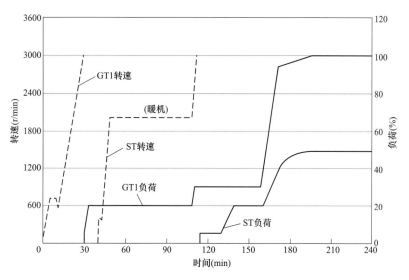

图 4-18　"一拖一"机组冷态启动曲线（停机 72h 后启动）[6]

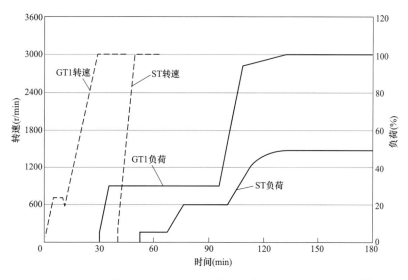

图 4-19　"一拖一"机组温态启动曲线（停机 10～72h 后启动）[6]

表 4-13　　　　　　　　　　　燃气-蒸汽联合循环机组的启动简化流程

主机设备	燃气轮机启动至并网阶段			蒸汽预热阶段	汽轮机冲转阶段	汽轮机升至满负荷阶段
燃气轮机	起动盘车	转速控制	最低负荷	温度控制	负荷保持	升负荷
余热锅炉	清吹	暖机		蒸汽加热		转子热应力控制
汽轮机	预热				转速控制	

205

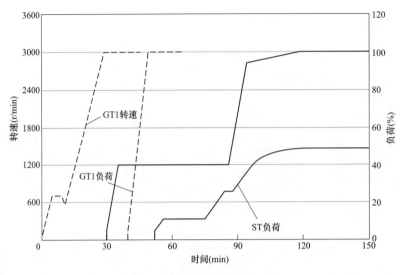

图 4-20　"一拖一"机组热态启动曲线（停机 10h 内启动）[6]

为方便分析，本节将启动过程分解为以下环节：燃气轮机启动至并网、蒸汽预热、汽轮机冲转、汽轮机升至满负荷，各环节时间上几乎是串联关系。为完善启动过程分析，本书还论述了燃气-蒸汽联合循环机组启动前的准备阶段。

2. 燃气-蒸汽联合循环机组启动前的准备阶段

以冷态启动为例，典型的启动前准备工作包括：

（1）启机前先将公用系统设备投入备用，循环水系统、开闭式水系统、空压机系统等运行正常后，联锁投入。

（2）燃气轮机的定子冷却水、氢气、润滑油、密封油、控制油系统运行正常后，联锁投入；燃气轮机离线水洗完成，所有疏水阀门关闭。

（3）锅炉的高、中压给水泵运行正常后，联锁投入；汽包上水至启动水位，高、中、低压汽包液位处于合理位置。

（4）汽轮机凝结水系统的凝结水前置泵、凝结水泵运行正常后，联锁投入；轴封系统轴加风机、真空泵运行正常，水、氢、油等辅助系统运行正常后，联锁投入，旁路无报警，可正常投入。

（5）电气系统、静态变频启动装置（static frequency converter，SFC）具备启动条件，励磁系统正常投入，影响机组启动的报警全部复位，且保护压板投入。

（6）检查确定无影响机组启动的检修工作及缺陷等。具有辅助蒸汽系统的机组，一般还需要预先对辅助蒸汽母管暖管，并投入辅汽蒸汽加热余热锅炉和汽轮机，辅助蒸汽可用于供给汽轮机的轴封蒸汽、除氧用蒸汽、炉底加热用蒸汽等，在给轴封供汽、机组建立真空等。

3. 燃气轮机启动至并网

燃气-蒸汽联合循环机组燃气轮机从启动到并网阶段与单循环机组基本相同，区别仅在于，在燃气-蒸汽联合循环机组燃气轮机启动至并网的过程中，余热锅炉同步进行清吹和暖机，汽轮机进行预热，这些同步流程并非是决定燃气-蒸汽联合循环机组启动时间的主要因素。

与单循环机组不同，燃气-蒸汽联合循环机组燃气轮机启动后，需通过调整燃气轮机进口可转导叶（inlet guide vanes，IGV）控制其排气温度以控制对余热锅炉和汽轮机的加热。

4. 蒸汽预热（燃气轮机升至暖机负荷和汽轮机温度匹配）

（1）燃气轮机升至暖机负荷。与单循环机组在并网带初负荷后立即升负荷至满负荷（或设定的目标负荷）不同，燃气-蒸汽联合循环机组的燃气轮机在并网带初负荷后会增加负荷达到暖机负荷。暖机负荷一般为20%～40%额定负荷，维持燃气轮机暖机负荷一段时间，产生小流量高温蒸汽加热汽轮机缸体，避免燃气轮机迅速增加负荷产生大量温度过高的蒸汽直接进入温度相对较低的汽轮机缸内，从而因温差和流量过大而对汽轮机内部部件产生过大的热冲击。不同燃气-蒸汽联合循环机组的暖机负荷一般不同，同一燃气-蒸汽联合循环机组在不同启动状态下的暖机负荷也不一样。以M701F型燃气轮机构成燃气-蒸汽联合循环机组为例，冷态、温态、热态条件下的暖机负荷分别约为52、78MW和120MW[54]。

燃气轮机由初负荷升至暖机负荷的时间一般较短，例如，热态启动时，M701F4型燃气轮机由初负荷升至125MW耗时5min（优化后为3min）[52]。也存在消耗较长时间升负荷至暖机负荷的技术方案，例如，德国西门子股份公司（即德国Siemens公司）燃气轮机的初负荷为20MW，暖机负荷为50MW，但并网后并未迅速将燃气轮机负荷快速提升至50MW，而使燃气轮机负荷由20MW升至50MW的时间等于暖阀门时间，一般为30min左右[7]，这样既节省了燃料，又可避免设备的疲劳应力，有利于延长机组寿命。

燃气轮机升至暖机负荷，将排气流量和温度提高至较高水平，余热锅炉将产生更高温度和压力、更大流量的蒸汽，为汽轮机温度匹配和后续的冲转创造了条件。

（2）汽轮机温度匹配。燃气轮机达到暖机负荷后，在一段时间内一般维持不变，通过IGV调节排气温度（IGV开度越大，排汽温度越低），控制余热锅炉产生蒸汽，并使蒸汽升温升压，结合旁路系统和盘车装置对汽轮机进行预热。完成汽轮机温度匹配、满足冲转条件后，启动汽轮机冲转。

在此阶段，要密切监视余热锅炉汽包升温率、升压率、上下壁温差等参数，例如，按规程，深圳某电厂PG9171E型燃气-蒸汽联合循环机组在此阶段需满足汽包升温率小于5℃/min、升压率小于0.3MPa/min、上下壁温差小于或等于40℃，过热器集箱升温率小于25℃/min，其余部分最大升温率小于30℃/min。此阶段汽轮机进汽量很小，余热锅炉的蒸汽大部分未做功就直接从旁路排走，造成能源损失。

冲转参数的选择对汽轮机温度匹配时间有重要的影响。启动状态（即冷态/温态/热态，本质上是汽轮机金属温度）是冲转参数选择的重要影响因素，典型燃气-蒸汽联合循环机组汽轮机的冲转参数见表4-14。

表 4-14   **典型燃气-蒸汽联合循环机组汽轮机的冲转参数**

典型联合循环	启动状态	高压内缸内壁温度	冲转主蒸汽压力/温度/过热度
M701F4 型燃气轮机，一拖一，江苏国信淮安第二燃气发电有限责任公司[62]	冷态	≤150℃	3.8MPa/320℃/>56℃
	温态	150℃～300℃	5.8MPa/420℃/>56℃
	热态	>300℃	7.8MPa/470℃/>56℃
SGT5-4000F（＋）型燃气轮机，1台二拖一和1台一拖一，北京京西燃气热电有限公司[7]	冷态	150～240℃	5MPa/340℃/>56℃（主蒸汽温度不能超410℃）
PG9171E 型，华能南京燃机发电有限公司[53]	冷态	180	2.0～2.5MPa/300～350℃/>50℃
V94.2 型燃气轮机，一拖一，中海海南发电有限公司[59]	热态	≤150℃	≤3.0MPa/蒸汽温度比缸温高 50～100℃
PG9171E 型燃气轮机，一拖一，深圳某热电厂	冷态	<200℃	2.0～2.5MPa/300～350℃/>50℃
	热态	>380℃	4～5MPa/高于高压内缸内壁温度 50～100℃/>50℃

汽轮机温度匹配时间为 15～35min[63]。

5. 汽轮机冲转至并网

从汽轮机开始冲转到并网，时间主要消耗在升速和暖机两个方面，汽轮机升速是必须的，暖机则根据需要进行。

汽轮机升速速率（升速时间）与启动状态和机型有关。中海油珠海天然气发电有限公司的 M701F4 型燃气轮机配置了东方汽轮机厂生产的 LCC-145-10.9/2.3/1.3/566/566 型汽轮机，优化前汽轮机从开始冲转至全速空载（full speed no load，FSNL）需要 20min（平均升速率 150r/min/min），优化后需要 12min（平均升速率 250r/min/min）[52]。深圳某电厂 PG9171E 型燃气轮机配置的 N60-5.6/0.56/527/255 型汽轮机，冷态启动时 0～600r/min 区间升速率 120r/min/min（耗时 5min），600～3000r/min 区间升速率 240r/min/min（耗时 10min），升速过程中还需要暖机；热态启动时可达升速率 500～650r/min/min（总耗时 4.6～6min），不需要暖机。文献［56］指出，一般冷态启动汽轮机升至额定转速需约 20min，而热态启动升至额定转速只需约 5min。

热态启动一般不需要暖机或者仅需要很短时间暖机，冷态启动、温态启动则可能在升速过程中需要暖机，某些机组升速过程中的暖机时间比较长。额定转速前的暖机过程称为冲转暖机，一般分为低速暖机、中速暖机、高速暖机、额定转速暖机等。部分典型机组汽轮机升速期间的暖机时间见表 4-15。

与燃气轮机并网类似，汽轮机在达到额定转速后，也需要进行一段时间的检查，大约消耗时间 2.5min[52]。

汽轮机升速至并网期间，高压、中压、低压旁路不断关小，一般维持燃气轮机出力不变。

表 4-15　　　　　　　部分典型机组汽轮机升速期间的暖机时间

典型机组	启动状态	暖机地点	改造前暖机时间（min）	改造后暖机时间（min）
2×350MW 联合循环机组，浙江镇海发电有限责任公司[64]	冷态启动	低速暖机	18	6
		中速暖机	38	20
		高速暖机	13	16
	温态启动	低速暖机	3	0
		中速暖机	13	0
		高速暖机	18	5
PG9171E 型燃气轮机＋N60-5.6/0.56/527/255 型汽轮机，深圳某燃气电厂	冷态启动	低速暖机（600r/min 处）	5	
		中速暖机（1200r/min 处）	30	
		高速暖机（2200r/min 处）	10	
		额定转速暖机	10	
M701F4 型燃气轮机＋150MW 汽轮机，江苏国信淮安第二燃气发电有限责任公司[62]	冷态启动	中速暖机（1500r/min 处）	20	
		额定转速暖机	20	
	温态启动	额定转速暖机	20	
V94.2 型燃气轮机，中海海南发电有限公司洋浦电厂[59]	冷态启动	低速暖机（600r/min 处）	15	
		中速暖机（1000r/min 处）	15	
	热态启动	低速暖机（600r/min 处）	5	
		中速暖机（1000r/min 处）	5	

6. 从汽轮机并网至燃气-蒸汽联合循环机组满负荷（或某设定负荷）

从汽轮机并网至燃气-蒸汽联合循环机组满负荷（或某设定负荷）消耗的时间也分为两部分，一部分时间用于汽轮机升负荷，另一部分用于汽轮机暖机。

燃气-蒸汽联合循环机组升负荷可以分为两个阶段：第一阶段，燃气轮机出力仍然保持不变，主要通过开大主蒸汽调节阀门、关小蒸汽旁路等提高汽轮机出力，旁路完全关闭后即进入第二阶段；第二阶段，通过燃气轮机升负荷提高排气温度，进而提高主蒸汽、再热蒸汽的温度和压力，从而提高汽轮机负荷，汽轮机和燃气轮机经常同步升至满负荷（或某设定负荷）。虽然汽轮机升负荷主要由燃气轮机升负荷主导，燃气轮机升负荷速率限制较小，此阶段消耗的时间主要由汽轮机升负荷率限制决定，需关注汽轮机的胀差、轴向位移和振动等。

典型燃气-蒸汽联合循环机组各种启动状态的升负荷速率见表 4-16。

表 4-16　　　　典型燃气-蒸汽联合循环机组各种启动状态的升负荷速率

电厂和机组	冷态升负荷速率	温态升负荷速率	热态升负荷速率
M701F 型燃气轮机构成联合循环，深圳能源集团股份有限公司东部电厂[65]	1.5MW/min（1.3%/min）	2.5MW/min（2.1%/min）	4MW/min（3.3%/min）
PG9171E 型燃气轮机构成联合循环，深圳某电厂	0.48MW/min（0.8%/min）	1.71MW/min（2.86%/min）	3MW/min（5%/min）

从表 4-16 可知,热态启动阶段最大发电出力变化速率与启动后正常运行变负荷时最大发电出力变化速率相当。

燃气-蒸汽联合循环机组升负荷过程中,根据汽轮机热应力的情况,可能需要对汽轮机进行暖机,典型燃气-蒸汽联合循环机组低负荷暖机的时间见表 4-17。

表 4-17　　　　典型燃气-蒸汽联合循环机组低负荷暖机的时间[52]

装机情况	启动状态	优化前	优化后
M701F4 型燃气轮机 ＋ LCC-145-10.9/2.3/1.3/566/	冷态启动	0	8(在 15MW 处暖机)＋18(在 25MW 处暖机)
566 型汽轮机,中海油珠海天然气发电有限公司	温态启动	20(在 30MW 处暖机)	12(在 18MW 处暖机)＋18(在 25MW 处暖机)

7. "一拖一"燃气-蒸汽联合循环机组启动的总时间

典型"一拖一"燃气-蒸汽联合循环机组在各种启动状态下的启动时间见表 4-18。

表 4-18　　　典型"一拖一"燃气-蒸汽联合循环机组在各种启动状态下的启动时间

装机情况	启动状态	改造前启动时间(min)	改造后启动时间(min)	备注
PG9171E 型燃气轮机,上海奉贤燃机发电有限公司[53]	冷态	240	190	装机容量 180MW,启动过程定义为从启动到 150MW
PG9171E 型燃气轮机,华能南京燃机发电有限公司[66]	冷态	145(从启动到汽轮机带满负荷 205min)	96	启动过程定义为从燃气轮机启动到燃气轮机切换至预混模式
M701F4 型燃气轮机单轴机组,浙江浙能金华燃机发电有限责任公司[67]	冷态(t≤230℃)	250		启动过程定义为从启动准备至满负荷。热态启动原方案配外界汽源,优化后不需外界汽源。t 为高压缸进口温度
	温态(230℃<t<400℃)	230		
	热态(t≥400℃)	190	140	
M701F4 型燃气轮机单轴机组,深圳市广前电力有限公司[54]	冷态(t≤220℃)	210		启动过程定义为从发启动令到机组带 200MW 负荷。t 为高压缸进口温度
	温态(220℃<t<395℃)	110		
	热态(t≥395℃)	70		
S109FA-SS 型燃气轮机＋三压余热锅炉＋双缸汽轮机,单轴,张家港华兴电力有限公司[63]	冷态(t<204℃)	190(并网至基本负荷 175)	(并网至基本负荷 135)	装机 395MW,启动过程定义为从启动至 380MW。t 为高压缸进口温度
	温态(204℃<t<371℃)	140(并网至基本负荷 120)	(并网至基本负荷 83)	
	热态(t≥371℃)	70		

装机情况	启动状态	改造前启动时间（min）	改造后启动时间（min）	备注
M701F3 型燃气轮机机组，1×275MW+1×135MW，北京京丰燃气电厂[47]	冷态（t≤150℃）	180		不含启动锅炉的启动时间和汽轮机盘车时间。t 为汽轮机进口金属温度
	温态（150℃<t<400℃）	120		
	热态（t≥400℃）	80		
SGT5-2000E（V94.2）型燃气轮机机组，2×173MW+2×81MW，郑常庄燃气电厂[47]	冷态（t≤150℃）	240		不含启动锅炉的启动时间和汽轮机的盘车时间。如需考虑计入启动气源启动时间，按170min 计算。t 为汽轮机进口金属温度
	温态（150<t<400℃）	140		
	热态（t≥400℃）	80		
M701F 型单轴联合循环，4×350MW，中海福建燃气发电有限公司[68]	冷态（t≤230℃）	210		启动过程定义为从发启动指令到带 200MW 负荷。t 为高压缸进口金属温度
	温态（230℃<t<400℃）	140	120	
	热态（t≥400℃）	80		
M701F4 型双轴燃气—蒸汽联合循环，中海油珠海天然气发电有限公司[52]	热态	115	75	单台装机 390MW，启动过程定义为燃气轮机发启动指令至 270MW
PG9351FA 型燃气-蒸汽联合循环机组，福建晋江天然气发电有限公司[69]	（t≥480℃）	69（实际 59.24~66 min）		单台装机容量为 350MW，启动过程定义为燃气轮机发启动指令至 280MW。t 为高压缸进口金属温度
	（420℃≤t<480℃）	77		
	（370℃≤t<420℃）	106		
	（300℃≤t<370℃）	138		
	（t<300℃）	188		
SGT-8000 H 燃气火电机组，上海申能临港燃气轮机发电有限公司[70]	热态	约 30		采用德国西门子股份公司（即德国 Siemens 公司）FACY™技术，可实现快速启动
V94.2 型燃气轮机机组，中海海南发电有限公司[59]	冷态（t<150℃）	150		t 为高压内缸上缸内壁金属温度
	热态（300℃≤t<400℃）	90		
PG9351FA 型单轴燃气火电机组，杭州华电半山发电有限公司[71]	冷态启动	190（生产商推荐的冷态启动时间）		启动过程定义为燃气轮机发启动指令至基本负荷

续表

装机情况	启动状态	改造前启动时间（min）	改造后启动时间（min）	备注
M701F 型单轴燃气火电机组，深圳市广前电力有限公司[72]	冷态	190		
	冷温态	120		
	热温态	90		
	热态	70		
S109FA 型燃气轮机，广州珠江天然气发电有限公司[73]	冷态（停机时间大于 72h）	190		
	温态（停机时间 10～72h）	140		
	热态（停机时间 1～10h）	80		
	极热态（停机时间小于 1h）	60		
S109FA 型燃气轮机，华兴公司[74]	热态	规范 65（实际 87）		

注 1. 启动状态后括号内的"壁温"，为高压内缸内壁温度的简称。

2. 在机组实际启动过程中，由于汽轮机缸温和余热锅炉汽包温度不同，导致汽轮机暖管、暖机的时间各不相同，从而使得每次实际启动时间略有不同。

由表 4-18 可知，"一拖一"燃气-蒸汽联合循环机组冷态启动一般需 3～4h，热态启动一般需 1～3h，温态启动介于两者之间。

（三）"二拖一"燃气-蒸汽联合循环机组的启动时间

典型的"二拖一"燃气-蒸汽联合循环机组冷态、温态、热态启动曲线如图 4-21～图 4-23 所示。

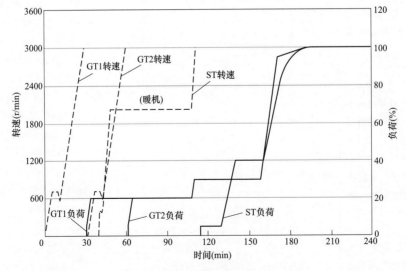

图 4-21 "二拖一"机组冷态启动曲线（停机 72h 后启动）[6]

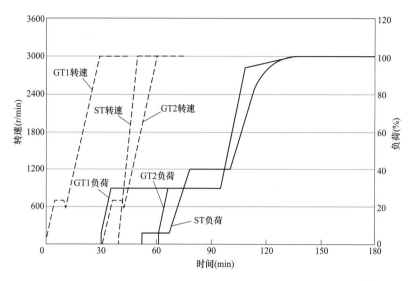

图 4-22 "二拖一"机组温态启动曲线（停机 10～72h 后启动）[6]

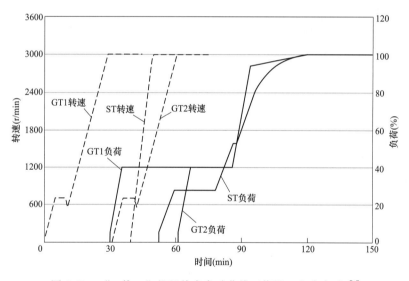

图 4-23 "二拖一"机组热态启动曲线（停机 10h 内启动）[6]

"二拖一"机组启动时（图 4-21～图 4-23 的 0 时刻），一般先启动第 1 台燃气轮机，第 1 台燃气轮机升速至额定转速后，该台燃气轮机带初负荷（30min 处）并迅速升至暖机负荷，同时（30min 处）第 2 台燃气轮机开始拖动升速，按程序升至额定转速，汽轮机在约 40min 处冲转。冷态启动时，2 台燃气轮机都带负荷后，汽轮机才带负荷；温态和热态启动时，在第 1 台燃气轮机带负荷后就很容易满足冲转参数，故汽轮机先带负荷，然后第 2 台燃气轮机才带负荷。机组升转速和升负荷期间，汽轮机根据需要进行一段时间的暖机，无法通过调节燃气轮机进口可转导叶（inlet guide vanes，IGV）满足汽轮机的蒸汽温度和流量需求时，需提高燃气轮机暖机负荷，旁路烟道完全关闭后，燃气轮机和汽轮机一起升负荷至满负荷。

典型"二拖一"燃气-蒸汽联合循环机组的启动时间见表 4-19。

表 4-19   **典型"二拖一"燃气-蒸汽联合循环机组的启动时间[47]**

装机情况	启动状态	启动时间（min）	备注
北京京桥电厂	冷态	450	不含启动锅炉和盘车时间
	温态	320	
	热态	260	
北京华能燃气电厂	冷态	250	不含启动锅炉和盘车时间
	温态	210	
	热态	180	
北京京阳电厂	冷态	540	不含启动锅炉和盘车时间
	温态	300	
	热态	180	

注 启动状态均采用汽轮机高压内缸的内壁温度划分，400℃以上为热态，150～400℃为温态，150℃以下为冷态。

二、燃气火电机组停机时间

停机过程实质上是燃气火电机组各金属部件的冷却过程，起主导作用的是停止向燃气轮机燃烧室供给燃料的过程。

与燃煤火电机组类似，燃气-蒸汽联合循环机组的停机也包括正常停机、故障停机、紧急停机。本书主要关注正常停机，正常停机还包括滑参数停机和额定参数停机。

1. 单循环机组

单循环机组运行时，无所谓滑参数停机和额定参数停机。

单循环机组停机时一般包括 3 个阶段：

（1）降负荷至初负荷。单循环机组一般在 10～15min 内可以由满负荷降至初负荷（一般为额定负荷的 5％），燃气轮机解列。

（2）燃气轮机的冷却吹扫。停机时吹扫与启动时吹扫的目的是一致的，即吹尽或置换燃气轮机中的残余燃气，避免下一次启动点火时发生爆炸，吹扫时间在 0～5min。

（3）燃气轮机惰走。吹扫结束后，燃气轮机开始惰走减速至 0，时间为 15～30min。惰走期间，燃气轮机转速降至熄火转速时熄火。

2. "一拖一"燃气-蒸汽联合循环机组

燃气-蒸汽联合循环机组正常停机包括滑参数停机（又称维修停机）、额定参数停机（又称调峰停机），汽轮机主汽阀门前的蒸汽参数保持不变为额定参数停机，降低负荷至停机期间调整主蒸汽温度和压力为滑参数停机，滑参数停机和额定参数停机的定义与燃煤火电机组类似。此外，燃气-蒸汽联合循环机组停运时，可以选择保持向汽轮机供轴封蒸汽，维持凝汽器真空，利于短期内快速启动；或选择停止向汽轮机供轴封蒸汽，破坏凝汽器真空。

"一拖一"燃气-蒸汽联合循环机组停机过程可以认为是启动过程的逆过程。循环机组停机过程开始时降低燃气轮机出力，同时通过压气机进口导叶（inlet guide vane，

IGV）控制排烟温度，进而控制汽轮机蒸汽参数，汽轮机出力跟随一起降低。燃气轮机出力降低到一定负荷后保持不变（例如，某机组排烟温度为 524℃时停止减负荷[75]），迅速关小汽轮机主蒸汽控制阀门，启动蒸汽旁路，汽轮机负荷减少至停机，燃气轮机再进一步减少负荷至 0，然后进入机组惰走和盘车阶段。循环机组停机过程需要保证汽轮机振动、胀差、轴向位移等在规定的范围之内，以及余热锅炉高、中、低压汽包的压力和温度变化不超限。

典型循环机组的停机曲线如图 4-24 所示。

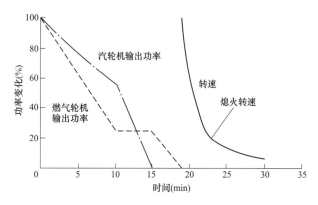

图 4-24　S109FA 燃气火电机组停机曲线

根据作者调研可知，深圳某电厂正常停机时间约 60min，检修停机时间约 210min。

3．"二拖一"燃气-蒸汽联合循环机组

"二拖一"燃气-蒸汽联合循环机组停机过程与"一拖一"燃气-蒸汽联合循环机组的停机过程类似，一般 2 台燃气轮机负荷同步下降，带动汽轮机负荷下降，先停 1 台燃气轮机，然后停汽轮机，最后停另 1 台燃气轮机。

M701F4 型联合循环机组的自动减负荷的典型停机曲线如图 4-25 所示。

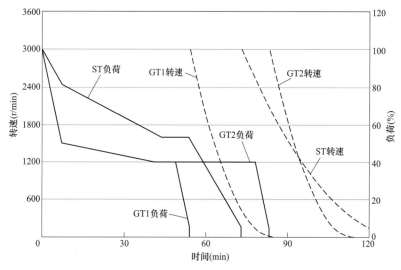

图 4-25　M701F4 型燃气-蒸汽联合循环机组典型停机曲线[6]

由图 4-25 可知，一般"二拖一"停机时间比"一拖一"停机时间更长。

三、缩短燃气火电机组启停时间的措施

1. 与燃煤火电机组相同或类似的缩短启停时间措施

燃气火电机组与燃煤火电机组有很多相同或相似的地方，比如，燃气-蒸汽联合循环机组同样配置了锅炉和汽轮机，启动和停机过程分别是加热和冷却机组的过程，热应力、各级间隙等不能过大均是限制机组启停时间的根本原因，因此很多缩短燃煤火电机组启停时间的措施都可以用于燃气火电机组。

（1）采取热态启动和额定参数停机的方式启停。

（2）基于热应力和寿命分析计算优化启动曲线和停机曲线（采用精确的热应力在线监控和寿命管理技术，根据热应力限定值制定启停方案，启停过程中热应力不超过允许应力的 90%）。

（3）增大蒸汽旁路系统容量。

（4）采取中压缸启动模式。

（5）其他缩短启停时间的方法。包括汽轮机冲转前利用轴封蒸汽等对汽轮机预热、采用降低汽包热应力影响的技术、借用其他蒸汽源供汽、采用结构上更适宜启停的汽轮机、更有效的自动控制系统等。

详尽内容见本书第三章第七节，这里不再赘述。

2. 燃气火电机组特有的缩短启停时间措施

（1）燃气轮机和汽轮机解耦实现快速启停。燃气-蒸汽联合循环机组中，燃气轮机和汽轮机一般处于耦合状态，主要体现在燃气轮机的排气是汽轮机能量的来源，以及单轴燃气-蒸汽联合循环机组中燃气轮机与汽轮机共轴。相比汽轮机，燃气轮机的运行灵活性更高，因此，实现燃气轮机和汽轮机的解耦，就可以实现燃气-蒸汽联合循环机组的快速启停。

实现燃气轮机和汽轮机解耦的方式之一是设置蒸汽旁路或烟气旁路，该思路与燃煤火电机组锅炉和汽轮机解耦的思路类似。值得特别指出的是，与燃煤火电机组不同，燃气-蒸汽联合循环机组可以通过设置烟气旁路实现解耦，因为燃气轮机不仅像燃煤火电机组的锅炉炉膛那样产生烟气，同时它本身还对外输出功率。此外，采用同步自换挡（synchro-self shifting，3S）离合器（或燃气轮机和汽轮机不共轴）也是重要的解耦方式。

采用 3S 离合器的解耦方法比较常见，而设置蒸汽旁路或烟气旁路的模式，会造成电厂运行极为不经济，一般在极端情况下短时间应对紧急情况使用。

（2）缩短温度匹配时间。燃气-蒸汽联合循环机组启动时涉及温度匹配阶段，此阶段燃气轮机已经升负荷至暖机负荷，一般保持负荷基本不变等待余热锅炉蒸汽参数与汽轮机高压缸内缸的内壁温度匹配，然后汽轮机机才开始冲转。缩短温度匹配时间可以显著地缩短启动时间。

在温度匹配阶段，燃气轮机恰当地提前升负荷有助于缩短启动时间，例如，文献［76］指出，若能实现燃气轮机在汽轮机啮合之后就开始同步升负荷，则可缩短温度匹

配时间，从而有效缩短机组的启动时间。

　　按此原理显著缩短温度匹配时间的方案为德国西门子股份公司（即德国 Siemens 公司）的 FACY™技术[70]（FACY 即 FAst CYcling，快速循环。上标 TM 即 trade mark，表明 FACY 是商标），FACY™技术是德国西门子股份公司（即德国 Siemens 公司）为满足机组快速启动需求而开发的技术，其核心内容是通过对汽轮机应力控制、蒸汽旁路控制、凝结水精处理系统、高压蒸汽减温器、燃气轮机升负荷速率等方面进行优化，使得汽轮机升负荷时，燃气轮机可以同步升负荷。FACY™技术的显著特点是几乎不存在燃气轮机达到暖机负荷后保持不变而坐等温度匹配的情况，燃气-蒸汽联合循环机组自启动到满负荷只需大约 30min，可以大幅缩短启动时间。

第五章

火电灵活性改造简介

第一节　火电灵活性改造的定义、目标和技术方案

一、火电灵活性改造的定义、目标

火电灵活性改造即提高火电灵活性的改造。火电灵活性目前有两种定义：

第一种定义即比较主流的定义认为，火电灵活性主要包括两个方面：

（1）燃料的灵活性：火电机组对各种燃料的适应性，燃料类型包括煤（褐煤、烟煤、无烟煤等）、油、燃气等化石燃料，也包括生物质等可再生能源燃料；包括多种单一燃料，也包括混合燃料。燃料的灵活性仅与锅炉及其辅助系统有关。

（2）发电出力调整的灵活性：火电机组可实现深度调峰（锅炉及汽轮机在低负荷状态下运行）、快速启停、快速出力变化，热电机组可实现热电解耦运行。

第二种定义认为，火电灵活性包括燃料的灵活性和机组运行灵活性，燃料的灵活性的定义同主流定义；机组运行灵活性要求机组具有更快的出力变化速率、更高的出力调节精度及更好的一次调频性能。而深度调峰则独立于火电灵活性。

本书以第一种定义为准，且主要关注发电出力调整的灵活性，即关注通过技术改造提高发电出力变化幅度、提高发电出力变化速率、缩短启停时间，即提高本书所定义的调峰能力。

我国燃煤火电机组装机容量和发电量远远大于燃气火电机组，单台燃煤火电机组的调峰能力潜力也不逊于燃气火电机组，政府文件关注和实际推进工程建设的灵活性改造对象基本也是燃煤火电机组。燃气火电机组的燃气轮机属精密、昂贵的设备，且发电出力调整灵活性本来就不错，灵活性改造空间较小，余热锅炉、汽轮机的改造，以及实现热电解耦的改造均可以参照燃煤火电机组改造。故本书主要关注燃煤火电机组的灵活性改造。

燃煤火电机组灵活性改造目前是一种市场化条件下的行为，即政府文件规定参与辅助服务的报价/补偿标准，各火电厂根据自身和市场需求情况推进改造工作，因此，实际上并不存在灵活性改造目标的统一标准，但行业内比较普遍地认为，燃煤火电机组灵活性改造应达到以下目标：

（1）不投油条件下凝汽运行机组最小技术出力达到 20％～25％TRL（也有观点认为应为 20％～40％TRL 或 15％～25％TRL）。

（2）实现 2%～5%TRL/min 的机组负荷升降速率。

（3）实现热态 2～4h、冷态 4～8h 启动。

此外，应保证机组安全可靠运行，污染物排放满足环保要求，机组运行经济性下降在可接受范围内，并保障外部供热需求。

由本书第三章分析可知，燃煤火电机组可以通过优化运行实现较高的出力变化速率和较短的启停时间，基本可以满足燃煤火电的灵活性改造目标。实际工程中，燃煤火电机组灵活性改造主要关注实现更低的最小技术出力，即改善燃煤火电机组的出力变化幅度，本书下文也主要论述这方面的内容。

二、火电灵活性改造的技术方案

提高燃煤火电机组出力变化幅度的方法主要包括两大类：

1. 以适应低负荷运行为主要目标的内部改造

这类改造主要针对机组本体进行内部改造，主要保证机组在低负荷工况下安全稳定运行。

这类改造可分为锅炉侧改造、汽轮机侧改造、热工控制系统改造。

锅炉侧改造主要包括燃烧器改造、制粉系统改造、避免硫酸氢铵沉积堵塞空气预热器的改造、风机安全运行相关改造、脱硝系统改造、保持脱硫系统水平衡的改造等。

汽轮机侧改造主要包括静子和转子部件结构优化改造、阀门结构和配汽曲线（即蒸汽流通量与配汽机构调节量的关系曲线，例如调节级流量与调节阀阀杆升程关系曲线）优化改造、叶片改造、热力系统改造等。

热工控制系统改造主要包括增加测点布置、控制策略的优化和调整等。

2. 以实现热电解耦为目标的改造

热电机组具有热电耦合特征，供热出力和发电出力之间相互影响，一般是供热出力越大，发电最小技术出力越大，发电出力变化幅度越小，供热出力太大时甚至没有调峰能力。热电耦合条件下，往往供热和电力调峰不可兼得，热电解耦可以实现保证供热的同时火电机组还有较强的调峰能力。

实现燃煤火电机组热电解耦的技术方向主要有四大类。

（1）第一类是为燃煤火电机组配置储热装置，包括配置水储热或熔盐储热设施等。热电耦合的矛盾不突出时，燃煤火电机组抽汽为储热装置储热；当需要燃煤火电机组大幅提高或降低出力时，部分或全部的热量由储热装置供应。燃煤火电机组少了供热的羁绊，发电出力变化幅度变大，可更好地满足调峰需求。

（2）第二类是为燃煤火电机组配置电供热设施，包括配置（储热式）电锅炉和电热泵等。当调度部门需要燃煤火电厂降低出力时，电供热设施可消耗燃煤火电机组部分发电，以减少燃煤火电厂上网电力，从而燃煤火电机组发电机端出力可以不必降得过低，满足调峰需求的同时火电机组可运行在经济、安全状态。电供热设施同时还对外供热，保证了全部或部分供热需求，火电机组可以不受或少受供热羁绊，有条件尽量压低出力满足调峰需求。电供热设施还经常附带储热设施，即与第一类技术方向的方案综合使用。

（3）第三类是为火电机组配置储电设施，储电设施吸收火电机组电能，最终转换为电能输出，包括电化学储能、压缩空气储能和压缩空气深冷储能、飞轮储能、电制氢和燃料电池等。调度部门要求火电厂降低出力时，这类设施可以存储多余电能，避免火电机组出力过低以保障机组安全；调度部门要求增加火电厂出力时，除火电机组以最大技术出力运行外，储电设施还可以增加电力出力。

（4）第四类是对火电机组热力系统进行改造，主要包括双背压供热改造、主蒸汽和再热蒸汽供热、切除低压缸供热等。这些改造可进一步降低发电出力，提升供热量。

实际工程中，常综合利用各种灵活性改造方案，满足灵活性改造目标要求。

第二节　以适应低负荷运行为主要目标的内部改造

一、锅炉侧改造

1. 燃烧器改造

如本书第三章第一节所述，机组低负荷（约额定负荷的50%以下）运行时，锅炉可能发生燃烧不稳定甚至突然熄火等情况。为保证锅炉燃烧稳定，一般需要投油运行，投油运行能够保证机组燃烧稳定，但牺牲了运行的经济性。燃烧器改造目的在于协调好锅炉安全性和经济性这一矛盾，保证低负荷运行时经济性不大幅下降。

燃烧器改造主要方向如下：

（1）送风系统改造。主要包括：结合低氮燃烧器改造，将一次风喷口集中布置，提高燃烧器出口环涡内卷吸热；一次风管加装导流装置，采用延迟混合型一、二次风以及带侧二次风的周界风喷口设计，提高煤粉气流湍流度；更换二次风喷口，减少二次风喷嘴面积，提高二次风速，优化炉内掺混；对燃尽风的风口和风量分配重新设计，优化低负荷运行工况中主燃区二次风和燃尽风的分配。

（2）采取微油点火技术（俗称小油枪），即增加一层小油枪直接点燃浓煤粉气流，保证锅炉稳定燃烧。

（3）采用等离子体点火稳燃技术。等离子体点火及稳燃不需要投油，相对来说，安全、环保，运行费用较低，缺点是投资费用较高、电极寿命较短。等离子体点火技术还可以与富氧技术结合，为富氧等离子体点火技术。

（4）采用富氧微油点火稳燃，该技术为微油点火与富氧点火稳燃相结合，需要增加氧站及氧气输送管道，安全性方面不及等离子体点火技术。该技术根据小空间自稳燃烧原理，利用高纯氧气和燃油充分预混，燃烧产生高温火核，破碎并点燃小空间内的富氧煤粉流，在引燃挥发分的同时，还引燃煤质中的固定碳，然后分级点燃整个一次风粉流。

（5）富氧等离子体点火稳燃，等离子体技术与富氧点火相结合。富氧微油点火技术、富氧等离子体点火技术、等离子体点火技术的技术比较见表5-1。

表 5-1　　　　　　　　　　　三种典型点火技术性能比较

项目	富氧微油点火技术	富氧等离子体点火技术	等离子体点火技术
适用煤种	几乎所有煤种	干燥基灰分 $A_{ad} \leqslant 40\%$，干燥无灰基挥发分 $V_{daf} \geqslant 18\%$	干燥无灰基挥发分 $V_{daf} \geqslant 25\%$
优点	运行维护方便，燃尽率相对高，较环保	较安全、环保	安全、环保
缺点	安全性略差（用油）	电极寿命较短、系统较复杂、初期投资大	电极寿命较短
静态投资（万元）	约 400	约 800	约 500

资料来源：司顺勇，火电灵活性改造锅炉侧方案研究，2017 年大连燃煤电厂灵活性改造及深度调峰技术交流研讨会。

（6）天然气点火、稳燃及补燃改造技术。相比富氧微油点火稳燃，天然气稳燃改造可以利旧现有的大油枪系统，只需对油枪、火检系统进行更换，改动量小，投资成本低，运行成本仅为燃油的一半左右。天然气稳燃改造也比等离子体稳燃改造的投资和运行成本低，且低负荷下不存在冒黑烟、超温结焦、脱硫系统浆液失效等问题。

（7）煤气化稳燃技术。不具备天然气供应条件时，可以考虑煤气化稳燃技术，该技术前置煤气化设备，先将一部分煤粉气化，再将这部分煤气引入燃烧器，以煤气的燃烧放热来带动煤粉的燃烧，实现燃煤火电机组低负荷下的稳定燃烧。

（8）采取小燃烧器改造技术。小燃烧器改造技术即增加燃烧器数量，降低各燃烧器出力，从而实现煤粉气流的总表面积即吸热面积增大，利于低负荷工况下煤粉气流的着火和稳定燃烧。

（9）其他稳燃技术。其他稳燃技术包括采用船型燃烧器、钝体燃烧器、新型旋流燃烧器、燃烧器出口加装稳燃齿和燃烧器钝体煤粉浓缩技术的直流燃烧器等，也可考虑将燃烧器浓缩结构改为多级浓缩等。

2. 制粉系统改造

低负荷工况下对制粉系统的要求包括：乏气带粉率低；制粉系统稳定、安全运行，避免出现因磨煤机出力小而振动大等问题；产生合适的煤粉细度、均匀性及分配偏差；具有准确的风量测量、风粉监测，可为精细化运行调整及自动控制奠定基础。

为实现上述要求，制粉系统改造的主要方向包括：

（1）磨煤机分离器改造。磨煤机分离器用于分离粗细粉，为锅炉提供合格的煤粉，大致分为静态分离器和动静组合式分离器。传统上，燃煤火电机组磨煤机一般采用静态分离器，携带煤粉颗粒的气流通过静止的分离器挡板时，气流产生旋转，较粗、较大的煤粉颗粒受到离心力的作用从气流中甩出分离，通过磨煤机中的回粉通道再次返回磨煤机研磨。静态分离器存在无法达到合适的煤粉细度、分离效率低（细度合格的部分煤粉也随粗粉回磨煤机）、煤粉细度需要手动调节、煤粉均匀性差、煤粉偏粗等问题。

为改善低负荷工况下锅炉运行状态，可以进行静态分离器的性能改造，使其对稳燃、增效、降氮有利，或进一步将磨煤机静态分离器改造为动静组合式分离器，大幅提高煤粉分离器性能。

动静组合式分离器又称"动态分离器""旋转分离器"。动静组合式分离器调整性能更好，可提高煤粉细度，保障煤粉均匀性，降低分离器阻力，有利于降低锅炉未燃尽含碳量，增强磨煤机的煤种适应性，提高制粉系统出力。可以根据煤质变化及负荷情况灵活调整煤粉细度增强锅炉运行灵活性，对机组深度调峰起到辅助作用。

（2）磨煤机喷嘴环改造。优化磨煤机喷嘴环的风环型线后可以减小气道阻力，减少磨煤机阻力，提高一次风的空气动力效率，从而优化一次风携粉能力和煤粉内循环，优化磨煤机内部流场，改善煤粉均匀性。磨煤机喷嘴环可采用耐磨材质，以减轻其磨损，进一步优化密封部件，减少一次风漏风。磨煤机喷嘴环改造后煤粉均匀性指数高，煤粉细度得到改善，可提高磨煤机出力，降低风粉比，减轻吹损，降低制粉电耗。

（3）加装煤粉浓缩装置。在磨煤机出口或者燃烧器入口加装煤粉浓缩装置，实现煤粉的一次浓缩，也可以提高低负荷工况下煤粉的稳燃性能。包括采用小粉仓煤粉浓缩技术、旋风筒煤粉浓缩技术、弯管煤粉浓缩技术、导流叶片煤粉浓缩技术等。

此外，还可以考虑磨煤机变加载/变频改造、永磁改造、液压系统改造等其他制粉系统改造技术。

3. 避免硫酸氢铵沉积堵塞空气预热器的改造

如第三章第二节所述，机组低负荷运行时，烟气中生成的硫酸氢铵（ammonium bisulfate，ABS）容易沉积在空气预热器上甚至发生堵塞。

主要解决办法有三个：

（1）选择性催化还原（selective catalytic reduction，SCR）脱硝系统的喷氨优化调整，减少氨逃逸。作为防止空气预热器硫酸氢铵（ABS）堵塞的主动措施，该方法投资少、效果好。

（2）安装有效的吹灰器及优化吹灰器布置。目前应用较多的是可调频高声强声波吹灰器。吹灰优化布置操作包括调整吹灰器投运方式、吹灰次数和顺序、吹灰部位等。

（3）提高空气预热器的换热元件温度，使硫酸氢铵（ABS）沉积区下移，便于被吹灰器吹掉。主要有四种提高空气预热器换热元件温度的技术。

将空气预热器出口部分热一次风或热二次风引至空气预热器冷端逆流加热低温换热片，使硫酸氢铵（ABS）沉积区下移，使沉积的硫酸氢铵（ABS）能够通过吹灰系统吹掉，称为热一次风预加热技术、热二次风预加热技术。

另可利用低低温省煤器联合前置暖风器技术。该技术在锅炉空气预热器后设置低低温省煤器，在低低温省煤器中利用烟气余热加热凝结水；另设置暖风器，在暖风器中利用经低低温省煤器加热后的凝结水加热送风机的热风，可将进入空气预热器的冷风温提高至70℃，使硫酸氢铵（ABS）沉积区下移。

还可利用烟气余热暖风器技术，其类似于回转式空气预热器，相当于替换空气预热器冷端的第二级空气预热器,烟气余热暖风器为独立系统。采用烟气余热暖风器技术进行改造需要具备足够的安装空间。

四种提高空气预热器换热元件温度的技术比较见表5-2。

表 5-2　　　　　　　　　　　　　提高空气预热器换热元件温度的技术比较

方案	效果	缺点	投资估算	备注
热一次风预加热技术	系统相对简单、可调节,可以解决空气预热器堵塞问题	循环风量受煤质影响大,排烟温度会上升	400万元	需要一次风机有足够裕量
热二次风预加热技术	调节温度可调节,可以解决空气预热器堵塞问题	需增加循环增压风机,排烟温度会上升	850万元	
低低温省煤器联合前置暖风器技术	提高风温,并回收烟气余热,有利于尾部脱硫、除尘系统运行	增加阻力,暖风器容易出现堵塞或泄漏问题,低温省煤器容易出现低温腐蚀、磨损和堵塞	1800万元	适用于排烟温度偏高的机组
烟气余热暖风器技术	充分利用烟气余热提高风温,减轻空气预热器堵塞	增加系统阻力,总体漏风率略有增加	1500万元	需要有安装空间

资料来源:司顺勇,火电灵活性改造锅炉侧方案研究,2017年大连燃煤电厂灵活性改造及深度调峰技术交流研讨会。

4. 风机安全运行相关改造

低负荷运行条件下,风机容易出现喘振、失速。此外,部分风机由于设计裕量过大,低负荷下难以控制较低氧量运行,故需进行风机改造。

风机改造的方向有:①烟风管道优化改造,包括改造不合理的风机进、出口管道布置;②对风烟系统进行优化调整,以降低管网阻力及风机进口风量;③变频调节改造,即采用变频器、给水泵汽轮机驱动调节等技术;④降转速或双速改造,即保持风机本体不动,仅对风机配套电机进行降速改造或双速电机改造;⑤永磁改造,即用变频永磁电机替代三相异步电机;⑥叶轮局部改造,即根据现场情况在保持原风机主体设备不动的前提下,进行叶轮、叶片的局部改造。

5. 脱硝系统改造

如第三章第二节所述,低负荷运行时,炉膛出口更容易产生 NO_x,但烟气温度降低容易降低催化剂的活性,低烟温条件下硫酸氢铵(ABS)沉积在催化剂上会进一步降低催化剂的活性,甚至造成催化剂不可逆的活性降低失效。综合各因素,低负荷运行时氮氧化物排放很容易超标,因此,需改进 SCR 脱硝系统,使其在全(宽)负荷工况下(包括高负荷、低负荷工况下)实现氮氧化物的达标排放,同时提高脱硝催化剂的使用寿命。

要实现 SCR 脱硝系统全（宽）负荷工况运行，主要技术路线有两条：第一是通过技术改造使烟气温度适应脱硝系统，需要改造锅炉热力系统或烟气系统对烟气温度进行控制；第二是采用低温催化剂同时脱除烟气中的三氧化硫。本书主要介绍第一种路线，该技术路线的具体改造方案包括：

（1）设置旁路烟道，从而可调整经过和不经过低温受热面（包括省煤器）的烟气比例，控制 SCR 脱硝系统入口烟气温度（主要是提高低负荷工况下的烟气温度）。设置旁路烟道的优点是：系统简单，改造成本低；提升烟气温度幅度大，改造后烟气温度可调节；基本可以满足并网阶段 SCR 脱硝系统投运要求。设置旁路烟道的缺点是：对改造空间、位置有要求；效率差，影响经济性；旁路烟气挡板在高温下变形，导致锅炉效率降低；可靠性差，容易发生积灰、堵塞烟道、挡板卡涩打不开；高负荷下易泄漏。

（2）省煤器分级，即将部分省煤器管排移至 SCR 脱硝系统之后，减少了前部省煤器吸热量从而提高 SCR 入口烟气温度。省煤器分级的优点为：移到 SCR 脱硝系统后的省煤器受热面继续降低 SCR 脱硝系统排出的烟气温度，不抬高空气预热器的出口烟温，理想状态下不降低锅炉效率；调温幅度大。省煤器分级的缺点是：改造受限于 SCR 脱硝系统后烟道空间与载荷；施工周期长；改造成本高；改造后无法调节烟温，煤种适应性差；提升烟气温度幅度受限于满负荷下烟温；不适用于超低负荷要求，工况适应性差；有可能在高负荷下烟气温度高于催化剂适宜温度而低负荷下烟气温度低于催化剂适宜温度；点火阶段满足脱硝要求有一定难度。

（3）省煤器给水旁路改造，即设置省煤器给水旁路，减少省煤器吸热量，提高出口烟气温度。省煤器给水旁路改造的优点包括：改造后烟气温度可调节；改造费用较低；施工周期较短。省煤器给水旁路改造的缺点包括：提升烟气温度幅度有限；投运时锅炉效率微降，但在低负荷下投运对经济性影响很小。

（4）热水再循环改造（适用亚临界机组），即从汽包下降管引出热水，再循环至省煤器入口，提高进口水温度，降低省煤器吸热量，从而提高 SCR 脱硝系统入口烟气温度。热水再循环改造的优点包括：提升烟气温度幅度大；改造后烟气温度调节灵敏；系统运行调节简单、精确；改造周期短，现场安装工作量小；设备可靠性高，后期设备维护费用低。热水再循环改造的缺点包括：初投资较高（有循环泵）；系统投入时，锅炉效率略微下降。

（5）流量置换改造（适用于超临界、超超临界机组），即在省煤器水旁路基础上加装 1 套再循环系统，进一步降低省煤器吸热量，从而提高 SCR 脱硝系统入口烟气温度。流量置换改造的优点包括：提升烟气温度幅度大；改造后烟温调节灵敏；系统运行调节简单、精确；改造周期短，现场安装工作量小；设备可靠性高，后期设备维护费用低。流量置换改造的缺点包括：初投资较高（有循环泵）；系统投入时，锅炉效率略微下降。

（6）零号高压加热器方案（又称弹性回热技术），即在高压缸选取合适的抽汽点（如补气阀门位置）为零号高压加热器供应高压蒸汽，并在 1 号高压加热器之外增加抽汽可调式给水加热器作为零号高压加热器。在低负荷时开启、调节零号加热器维持给水温度，减少省煤器换热温差和对流换热量，从而提高省煤器入口烟气温度。零号高压加热器方案的优点包括：相当于低负荷下形成了回热，提高热力系统循环效率；提高机组调频能力。零号高压加热器方案的缺点包括：要有合适的抽汽点；改造量比较大。

各改造路线的技术经济比较见表 5-3。

表 5-3 各改造路线的技术经济比较

技术路线	烟气旁路	省煤器分级	省煤器给水旁路	热水再循环（亚临界）	省煤器再循环＋给水旁路（超临界、超超临界）	零号高压加热器
成本	500～800万	1800～2000万	600～800万	约1400万	约2300万	1500～4000万
工期	45天（停机30天）	85天（停机65天）	25天（停机7～21天）	30天（停机7～21天）	30天（停机7天）	65天（停机30天）
安全可靠性	低，挡板门关不严，易卡涩	高，安全可靠性与改造前基本一致	高	高	高	高，提高锅炉水动力安全和低负荷稳燃
调节性	0～40℃	无调节灵活性	0～10℃	0～60℃	0～60℃	0～50℃
设备复杂程度	一般	低	一般	较高	高	高
对锅炉影响	高低负荷都变差，低负荷排烟温度升高2～5℃，降低0.1%～0.4%	理想条件下基本不影响	低负荷排烟温度升高2～4℃，低负荷降低0.1%～0.3%左右	高负荷时几乎不影响，低负荷排烟温度提高0～13℃，降低0%～0.65%	低负荷降低0.1%～0.4%	低负荷降低0.1%～0.4%，降低汽轮机热耗
效果	烟温提升幅度可大于20～30℃	通常能满足35%～45%以上负荷烟气温度提升约30℃	烟温提升幅度小，10～15℃	可提高烟气温度0～40℃	可提高烟气温度0～40℃	烟温提升幅度小，5～8℃
所需场地	大	SCR与空气预热器之间，大	小	小	小	高压缸需有补汽阀门

资料来源：司顺勇，火电灵活性改造锅炉侧方案研究，2017年大连燃煤电厂灵活性改造及深度调峰技术交流研讨会。

此外，还可以考虑加热省煤器给水（或在水循环系统加泵，提升省煤器入口水温度）、省煤器分隔烟道、SCR入口设置换热器（或设置暖风机）、增加烟气再循环量、天然气加热烟气、优化吹灰等技术方案。

6. 保持脱硫系统水平衡的改造

由于低负荷下锅炉烟气量减少，脱硫吸收塔的水蒸发量大幅度减少，低负荷下的水平衡很难控制。

保持脱硫系统水平衡的改造主要的改造工作包括：辅机冷却水回收吸收塔改为回收工艺水箱；与吸收塔相连接的阀门内漏进行治理；制浆由原工业水改为稀浆制浆。

二、汽轮机侧改造

1. 静子和转子部件结构优化改造

静子和转子部件结构优化改造指采用有限元软件对高压内外缸、中压内外缸、低压内缸等静子部件，以及转子部件进行稳态、瞬态温度及应力分析；根据计算结果对静子部件、转子部件结构进行优化，尽量降低各部件在瞬态及稳态过程中的综合应力。

优化机组喷嘴室，以降低汽轮机进汽室部分的压力损失并使喷嘴室出口流场均匀，从而有效提高调节级效率。

2. 阀门结构和配汽曲线优化改造

在低负荷工况下，由于机组进汽量较小，阀门调节性能、流速、阀杆振动等因素会受影响，因此需要采用调节性能更好的阀门或优化配汽曲线。配汽曲线优化主要内容包括：重新测定阀门流量特性、优化重叠度、必要时改变阀门顺序、单阀门曲线与顺序阀门曲线有机结合、中压调节阀门参与负荷调节等。

3. 叶片改造

叶片改造指采用先进的、工况适应能力强的高效叶型，使其变工况性能更加优良。对于末级叶片，可采用倾斜的、弯曲的、轴向前掠的末级静叶片，另外可通过对末级叶片的进/出汽边的防水蚀处理。

4. 热力系统改造

（1）增加零号高压加热器。在本章本节前文中已经有所提及，即在 1 号高压加热器之前增设 1 个零号高压加热器，在低负荷工况下从汽轮机抽取高压蒸汽进一步加热给水，以提高低负荷下机组的给水温度，即可以提高机组在该工况下的循环效率，亦可以提高脱硝装置中催化剂的活性，从而实现机组回热系统在低负荷工况下保持高效。

（2）疏水系统改造。机组长期处于低负荷工况下运行时，若仍采用传统的设计逻辑，疏水阀门将长期处于打开工况，影响机组的经济性。可根据机组的运行特点对疏水阀门的开启逻辑进行优化。

（3）汽封系统改造。机组低负荷时会长期处于非自密封状态运行，需保证参数合适且稳定的辅助蒸汽长期供汽以满足机组汽封系统要求。

传统汽封加热器设计冷却水量不一定能保证汽封系统需求，必要的情况下需开启凝结水再循环泵，以保证汽封系统正常投入、建立真空；或者需要设计一套适应机组灵活运行的汽封加热器以满足机组各种工况运行。

（4）凝汽器改造。机组长期处于低负荷状态时，凝汽器可以采用半侧运行（凝汽器一般包括左右两侧独立的换热器，半侧运行即关闭一侧换热器，又称单侧运行）或小水量运行（即采用较小的冷却循环水量运行），此时需解决低流速下管侧结垢的问题，进行相应的改造。

三、热工自动控制系统改造

1. 增加测点布置

测量是控制的基础，增加测点是热工自动控制系统改造的重要基础措施。例如，为防范低负荷工况下锅炉水冷壁超温，可增加水冷壁壁温测点，从而更加有效监控水冷壁超温点，并据此进行燃烧调整。

2. 控制策略的优化和调整

低负荷工况下典型的控制策略优化包括：对热控逻辑进行优化，确保自动控制系统全负荷状态下投入；增加给水全程自动控制，实现高、低负荷转换过程中的给水全程自动控制和给水泵小流量线性控制；增加燃料全程控制，涵盖燃料供应、送风、引风、一次风及二次风挡板控制，针对不同负荷阶段的燃料需求实现快速的燃烧响应，实现风烟系统、制粉系统的逻辑优化；针对不同的控制对象在高、低负荷工况下的响应特性，采用变参数的控制策略；高、低负荷工况下，实现设备控制方式切换，如辅汽、轴封等调节汽源切换；按照汽轮机新的滑压曲线优化汽轮机阀门特性曲线。

此外，当机组处在低负荷工况时，机组被控过程的动态特性变化显著，特别是超临界或超超临界机组，当机组从干态接近湿态运行时，机组的动态特性具有突变特征，此时基于常规 PID 的控制策略往往难于有效控制，应采用更加先进的如智能控制、预测控制等先进技术来对其进行有效控制。

智能控制是具有智能信息处理、智能信息反馈和智能控制决策的控制方式，是控制理论发展的高级阶段，主要用来解决那些用传统方法难以解决的复杂系统的控制问题。智能控制可以利用大数据技术实现智能检测和控制，比如低负荷工况下的火焰稳定控制、凝结水变负荷和智能滑压优化控制。

锅炉的滞后和惯性时间达几百秒至上千秒，汽轮机的惯性时间仅几秒至几十秒，锅炉跟不上汽轮机（能量不平衡）是导致参数不稳定的主要原因。要让锅炉跟上汽轮机，可让锅炉提前动作，依靠"提前的时间"来弥补锅炉的"惯性"，此即预测控制。预测控制是提前调节的最佳选择，预测控制又以广义预测控制（generalized predictive control，GPC）的效果最佳。

第三节　以实现热电解耦为目标的改造

一、加装储热设施

储热设施包括显热储热和潜热储热两大类。显热储热技术包括液体储热和固体储热，液体储热主要是水储热，又区分为常压热水储热和承压热水储热；固体储热中最典型的是储热砖储热。潜热储热即相变储热，包括固液相变或液汽相变储热，工程中常见高温熔盐储热为固液相变储热。本书主要介绍工程中常用的热水储热、固体储热、熔盐储热。

1. 水储热装置

水储热装置在火电灵活性改造工程中得到广泛的应用,一般采用罐体形式,称为水储热罐。

按压力划分,水储热罐可分为变压式水储热罐和定压式水储热罐。变压式水储热罐包括直接储存蒸汽,或者储存热水和小部分蒸汽的水储热罐;定压式水储热罐,包括常压水储热罐和承压水储热罐。按安装形式划分,水储热罐可分为立式、卧式、露天和直埋等类型。

常压水储热罐结构简单,应用最广泛,其最高工作温度一般为95~98℃,储热罐内水的压力在大气压附近;承压热水储热罐最高工作温度一般为110~125℃,最高可为180℃,工作压力与工作温度相适应,承压热水储热罐的设计制造技术要求较高。

图 5-1 已实际工程应用的水储
热罐的外形

目前工程应用较多的水储热技术是斜温层储热技术,即将热介质存储在储热罐的上部,冷介质存储在储罐的下部,中间形成一段温度梯度层—斜温层。斜温层技术实现了一个容器同时盛装高温、低温两种介质,简化了储热系统配置,降低了储热成本。已实际工程应用的水储热罐的外形如图 5-1 所示。

水储热罐一般布置在火电厂内(从纯技术的角度,布置也可靠近用户,但灵活性改造项目一般都由火电厂建设,故一般都布置在火电厂内),热源来自机组的抽汽,与火电机组的热网加热器为并联关系。水储热罐可与热网直接连接,也可以间接连接,直接连接时,水储热罐需与原供热热网压力相匹配。

水储热罐与火电厂的连接方式如图 5-2 所示。

火电厂内建设水储热罐的优势包括:充分利用热电联产系统热量,能源综合利用效率高,实现了供热量的"移峰填谷";技术成熟,对机组原热力系统的改造小;供热经济性较好;储热温度较低;商业化程度高;造价相对低廉。火电厂内建设水储热罐局限性包括:机组调峰深度及热电解耦时间仍然受到发电出力的限制,不能实现完全的热电解耦且系统相对复杂;受场地限制、储热时间限制,极冷天可能要补充热源。

也可在凝结水系统设置储热装置,即用抽汽将凝结水加热,存储于水储热罐。储热时,热水进入,冷水流出,进入凝汽器;放热时,冷水进入,热水从上部流出,进入凝结水系统。在凝结水系统设置储热装置的特点是,应用时段窄,负荷周期性要求高。

除单独配置大型储热罐外,水储热罐也可与高压电极锅炉配合使用(电极锅炉容量较小,以储热罐为主)。由于高压电极锅炉自身不具备储热能力,因此通常可以配置水储热罐作为其储热装置,高压电极锅炉产生的热量既可以直接输出至热网,也能够以高温热水的形式存储在热水储热罐中,在热网有需要时对外释放热量。该技术方案的造价更高,热经济性更差,但热电解耦更彻底,能够适应极冷天的供热需求。

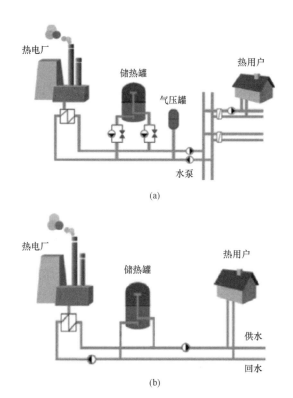

(a)

(b)

图 5-2　储热罐与火电厂的连接方式
(a) 储热罐与热网间接连接；(b) 储热罐与热网直接连接

2. 固体储热

水储热装置以水为储热介质，受饱和温度限制，储热装置的水温不能过高，满足一定储热需求时储热水箱的体积较大，占地面积和材料消耗过多，给安装和管理带来不便，同时增加了储热装置的投资。

固体储热装置可以一定程度上能解决上述问题。虽然一般固体材料的比热只有水的 1/3～1/4，但由于固体储热材料的密度为水的 25 倍左右，储热温度可达 800～1000℃以上，使得固体储热材料的储热能力比同体积水的储热能力大 5 倍左右[77]，同时蓄能器的体积大大减小，而且固体储热装置不承受压力，对其形状也没有特殊要求，装置的占地面积和设备投资有所降低。

固体电储热装置以镁橄榄石砖、镁铁砖等高热容材质做储热组件，外壳用隔热耐火材料绝热保温。一般通过电加热的方式实现固体电储热装置储热；放热时，通过送风系统，向储热装置内送入空气，经过温度调节向用户供给热风，或用将水加热供给热用户。

固体电储热装置的缺点也很显著，其一般以火电机组的电能作为输入能源，对外供给热能，本质相当于电阻式储热电锅炉，虽然在增加供热时降低了火电机组出力，但热经济性较差。我国仅有辽宁调兵山煤矸石发电有限责任公司 2×300MW 亚临界空冷改供热机组等少数电厂机组在灵活性改造时采用了此技术，辽宁调兵山煤矸石发电有限责任公司改造后机组最低负荷率可达6%左右。

3. 熔盐储热

熔盐为盐类熔化后形成的熔融体，是金属阳离子和非金属阴离子所组成的熔融体，种类多达2400种以上，一般在标准温度和大气压下呈固态，而温度升高至凝固点后变为液态。目前工程中实际应用的主要包括二元熔盐（60%硝酸钠＋40%硝酸钾，凝固点约为207℃）、三元熔盐（53%硝酸钾＋40%亚硝酸钠＋7%硝酸钠，凝固点约为142℃）等。

熔盐储热是一种固液相变储热，可利用火电机组高温蒸汽加热熔盐，熔盐储热既可用于满足热网供热的需求，也可用于满足机组调峰和快速启停需求。相比水储热方案，熔盐储热具有更好的灵活性，还可以进一步节约设备占地，但成本高，运行复杂，目前用于光热发电的情况较多，用于火电灵活性改造的工程案例不多。

二、加装电供热设施

1. 电锅炉

在火电厂安装电锅炉，增加了火电厂的对外供热能力，同时可消耗多余电力，电厂能够连续参与深度调峰，原火电机组的改造比较小。但其不仅初投资较大，而且将电这种高品位的能源转化为热，经济性比较差，会大幅增加供电煤耗（有可能增加一倍或以上），增加每单位千瓦时 CO_2 排放强度。

按加热原理分，电锅炉分为电极式锅炉、电阻式锅炉、电磁式锅炉等类别。

电极式锅炉利用中压电极直接加热电解质水。中压电极电压一般大于或等于6kV，常在10～25kV之间，电锅炉加热功率与电压的平方呈正比关系，电压越高，电锅炉容量越大。电解质水由电厂除盐水中加入一定量的电解质形成，具有一定的导电性和电阻，放入中压电极通电后，电解质水因电阻效应被加热产生热水和蒸汽。电极式锅炉可

以细分为浸没式电极锅炉和喷射式电极锅炉，浸没式电极锅炉的电极直接浸没在电解质水，炉水和锅炉外壁需采取绝缘隔离措施；喷射式电极锅炉将炉水喷射到电极上加热，锅炉金属外壁不需采取绝缘隔离措施。电极锅炉加热功率的调节主要通过改变电极间电解质水的电阻实现，可以实现0%～100%范围内的无级调节。

电极式锅炉系统简单、占地面积小，单台电极锅炉容量3～80MW，能量转化效率99%，变压器投资小，热态启动5min可达额度供热出力，启停灵活方便，可实现快速调节、全自动控制，且操作简单、维护保养费用低、控制精确。根据电极式锅炉的工作原理，一般电极式锅炉不与储热装置一体化

图 5-3 电极式锅炉示意图

配置，可能在其外部设置水储热等设施。电极式锅炉示意图如图5-3所示。

电阻式电锅炉是一种采用高阻抗管形电热元件加热的电热设备，类似于我们生活中

的"热得快"，工程中实际应用的电阻式锅炉为固体储热电阻式锅炉，即利用电阻加热固体储热砖等固体储热装置，而后使用风机通过热风加热水，实现对外供热。

固体储热电阻式锅炉系统较复杂、占地面积大（但比电极式锅炉＋水储热装置的占地面积小），因涉及风机鼓风气固换热带来一定能量损失，热效率相比电极式锅炉低。固体蓄热电阻式锅炉系统如图 5-4 所示。

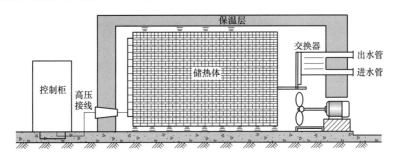

图 5-4　固体蓄热电阻式锅炉系统

电磁式锅炉采用电磁原理，即利用磁力线切割金属发生涡流所产生的热能作为热源，加热给水供热。电磁式锅炉利用电磁感应制热，实现了真正意义上的水、电分离，有利于运行人员安全。但电磁式锅炉的热效率一般仅为 60%～80%，且对技术人员的要求更高，在火电机组灵活性改造中很少得到应用。

2. 热泵

热泵是消耗少量高品位能源（电力、高温热力），使更多的热量从低温物体流向高温物体的机械装置。按热源分，热泵可分为空气源热泵、水源热泵、地源热泵；按驱动力和工作原理分，热泵可分为吸收式热泵和压缩式热泵；根据与环境换热介质的不同，热泵可分为水-水式、水-空气式、空气-水式和空气-空气式等四类。

在火电厂内建设电热泵，一般都希望利用冷却塔中循环水的低品位热能，因此为水源热泵。在火电厂内建设吸收式热泵时，驱动力一般是从汽轮机中抽出的高温蒸汽，优势在于能够在一定程度上提高机组的供热能力，热经济性较好；不足之处在于对供热机组热电解耦的影响较小，因此一般建设电驱动压缩式热泵，消耗火电机组的电力同时供应更多的热量，实现供热机组热电解耦。因为在火电厂建设热泵的目的是对外供热，一般从冷却塔中循环水取的热，又通过水换热的模式将热量送入热网，因此属水-水式空气源热泵。极寒天气供热需求不足时，可由电加热器或蒸汽加热器补充。火电机组安装电热泵的示意图如图 5-5 所示。

电驱动热泵供热能效系数（输出热量与输入电量之比）一般可以达到 4 以上，热经济性较好，且对火电机组系统改造小，运行成本较低，但造价较高、热源温度低，机组容量较小，国内目前尚没有大规模用于热电厂的案例。

三、加装储电系统

1. 电化学储能

电化学储能种类多，性能特点各不同。当前主流电化学储能类型包括铅碳电池（一

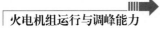

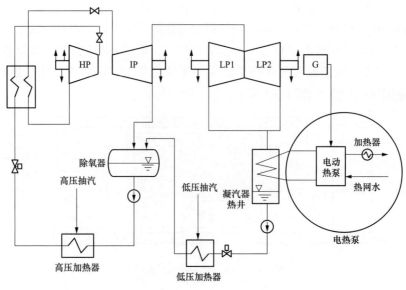

图 5-5 火电机组安装电热泵示意图

HP—高压缸，IP—中压缸，LP1、LP2—低压缸，G—发电机

种电容型铅酸电池，从传统的铅酸电池演进而来，在铅酸电池的负极中加入了活性炭）、锂离子电池、液流电池、钠硫电池、锂离子超级电容等，其性能特点和经济性各不相同，目前尚未有某一种技术能够完全满足循环寿命、可规模化、安全性、经济性和能效五项储能关键技术指标。各类储能电池性能指标情况见表 5-4。

表 5-4 各类储能电池性能指标

性能指标	铅碳电池	锂离子电池	全钒液流电池	锌溴液流电池	钠硫电池	锂离子超级电容
工作电压 (V)	2	3.3～3.7	1.5	1.82	1.8～2	3.8～4.2
能量密度 (Wh/kg)	30～60	130～200	15～50	75～85	100～250	20～50
循环寿命 (次)	2000～4000	2500～5000	5000～10000	2000～5000	2.500	100000～500000
系统成本 (元/kW)	1250～1800	2500～4000	4500～6000	2000～3500	2000～3000	120000～200000
度电成本 (元/kWh)	0.45～0.7	0.9～1.2	0.7～1.0	0.8～1.2	0.9～1.2	0.5～1.0
充放电效率 (%)	80～90	85～98	60～75	65～75	70～85	≥90
工作温度 (℃)	15～25	(低温性能差)	5～40	20～50	300～350	−30～70
安全性	铅污染	过热爆炸危险	比较安全	溴蒸汽泄漏风险	钠泄漏风险	比较安全

性能指标	铅碳电池	锂离子电池	全钒液流电池	锌溴液流电池	钠硫电池	锂离子超级电容
优点	循环性能好，度电成本低，可回收	比能量高、电平高、循环性能好、大倍率充放电，环保	一致性好，可靠性高，循环寿命长，规模大	低成本、寿命长、大功率、深度放电，瞬间充电	比能量大，高功率放电	循环寿命长，功率密度大，充放电快
缺点	比能量小，对场地要求高	成本高，不耐过充过放，安全性需提高	维护成本高，能量密度低	对电池材料有腐蚀，自放电严重，维护成本高	工作温度高，过度充放电时很危险	能量密度低，投资大

数据来源：国泰君安证券研究，《储能产业研究白皮书 2016》。

注　比能量是指电池单位质量或单位体积所能输出的电能，单位分别是 Wh/kg 或 Wh/L。度电成本，也称平准化成本（levelized cost of electricity, LCOE），是对储能电站全生命周期内的成本和发电量进行平准化后计算得到的储能成本，即储能电站总投资/储能电站总处理电量。

总体而言，电化学储能出力变化快，充放电反应时间可达到百毫秒级。近年来，电化学储能单位千瓦造价已经迅速下降，但仍然较高，相应经济效益较低，限制了电化学储能的广泛应用。

2. 压缩空气储能和深冷液化空气储能

电网用电低谷时段或电厂需要深度调峰时，压缩空气储能系统利用火电机组发电驱动压缩机压缩空气，用专用储罐、经处理过的山洞等储存压缩空气；电网用电高峰时段放出压缩空气，通过空气透平做功发电。

电网用电低谷时段或电厂需要深度调峰时，深冷液化空气储能将空气压缩、冷却并液化，同时存储该过程中释放的热能，用于释能时加热空气；电网用电高峰时段，液态空气被加压、气化，推动透平发电，同时存储该过程的冷量，用于储能时冷却空气。深冷液化空气储能必须采用专用储罐。

压缩空气储能和深冷液化空气储能的发电和用电设备均为常规的旋转机械，因而电能质量好。但投资较高，电-电效率（输出电能/输入电能）不高（一般不超过50%），经济效益一般较差。相较而言，液态空气能量密度高，约是高压储气的 10 倍甚至更高，安全性好、储气罐成本低，彻底摆脱地理条件限制；但液态空气所回收的低温冷量品位高，故能量高效储能利用的要求高，设备造价更高。

3. 飞轮储能

飞轮储能是指利用电动机带动飞轮高速旋转，在需要的时候再用飞轮带动发电机发电的储能方式。飞轮储能的技术特点是功率密度高、寿命长。

飞轮本体（即转子）是飞轮储能系统中的核心部件，为努力提高转子的极限角速度，减轻转子重量，最大限度地增加飞轮储能系统的储能量，目前多采用碳素纤维材料制作；利用磁悬浮和真空技术，可使飞轮转子的摩擦损耗和风损耗都降到了最低限度。此外，电力电子技术的新进展，如电动/发电机及电力转换技术的突破，为飞轮储存的动能与电能之间的交换提供了先进的手段。

飞轮储能目前主要应用在车辆和航天工程，因造价较高、技术不够成熟等因素，飞轮储能在火电厂灵活性改造几乎没有工程应用。

4. 电解水制氢和氢燃料电池

电解水制氢吸收电能产生氢气，氢燃料电池消耗氢气输出电能，整体可以作为储电设施，实现火电厂的热电解耦。

电解水制氢指在充满电解液的电解槽中通入直流电，水分子在电极上发生电化学反应，分解成氢气和氧气。燃料电池是一种通过电化学反应把燃料的化学能中的吉布斯自由能（在化学热力学中为判断过程进行的方向而引入的热力学函数，又称自由焓、吉布斯自由能或自由能）部分转换成电能的化学装置，又称电化学发电器。因不受卡诺循环（只有两个热源，即一个高温热源温度和一个低温热源温度的简单循环）效应的限制，燃料电池效率高，理论发电效率可达到 $85\%\sim90\%$，目前实际燃料电池的能量转化效率为 $40\%\sim60\%$。以氢为燃料的燃料电池称为氢燃料电池。

因造价较高、技术不够成熟等因素，电解水制氢和氢燃料电池在火电厂灵活性改造几乎没有工程应用。

四、热力系统改造

1. 双背压供热改造

大型燃煤火电机组汽轮机经常为"三缸四排汽"，即 1 台高中压合缸，2 台低压缸，每个低压缸左右各对称布置 1 个排汽口，共 4 个排汽口，一般情况下，2 个低压缸的排汽背压数值是一致的。

在原汽轮机设备不做改动的情况下，将汽轮机 2 台低压缸联通管进行物理隔离，其中一个低压缸维持正常运行背压，另一个低压缸提高背压（因而存在 2 个背压，故称"双背压改造"）；配置换热器（或称"高背压供热凝汽器"）回收部分高背压低压缸排汽热量，加热后的凝结水接至回水母管。一般利用高背压供热凝汽器对热网循环水进行一次加热，再通过较高温抽汽对热网循环水进行二次加热，实现热能转换的梯级利用。双背压供热改造后系统运行方式示意图如图 5-6 所示。

2 个低压缸双背压工控运行时，进入 2 个低压缸的蒸汽流量不同，将造成 2 个排汽装置水位出现偏差，系统中需增设水位平衡系统，确保两侧排汽装置水位平衡。

双背压供热改造属于较新技术，2016 年 12 月，辽宁朝阳燕山湖发电有限公司 $2\times600\text{MW}$ 超临界空冷机组 2 号机组进行了双背压供热改造，供热低压缸背压由 4.9kPa 增加为 54kPa，项目改造后经济效益显著。

2. 主蒸汽和再热蒸汽供热改造

抽凝式汽轮机供热时，抽取的供热蒸汽量越大，供热蒸汽量与低压缸最小冷却蒸汽量之和就越大，最小技术出力就越大。机组发电出力之所以无法进一步下降，除了最小冷却蒸汽量流经汽轮机全部动、静叶发电外，还因供热蒸汽量必须流过抽汽口前动、静

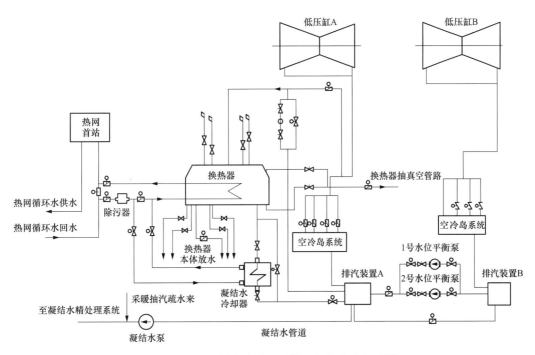

图 5-6　双背压供热改造后系统运行方式示意图[78]

叶做功发电。

直接采用主蒸汽或再热蒸汽供热，使其不再流经抽汽口前各级动、静叶做功，可以进一步降低汽轮机的最小技术出力（极端情况下的最小技术出力为仅最小冷却蒸汽量流经汽轮机各级动、静叶做功对应出力），从而在该供热条件下大幅降低火电机组的技术出力。这种模式技术方案相对简单，投资小，供热能力有保障，虽高品质蒸汽损失较大，相比一般抽汽工况的经济性差，但相比本章本节前文提到的汽轮机先发电、再用部分发电来驱动电锅炉供热的技术方案经济性好。

实际工程中，主要采取 4 种方式：①直接引出主蒸汽，经减温减压后供汽或配汽，系统简单，投资低，能量损失大。流量较小时可用；②直接引出主蒸汽，流经增加的 1 台小背压机，小背压机排汽用于供热，该方法可回收部分能量，但投资大，流量较小时应用；③直接从再热冷段管道（高压缸之后、进入再热器之前的蒸汽管道）、再热热段管道（中压缸之前、经再热器之后的蒸汽管道）上打孔抽汽，因为高中缸合缸，该种方案抽汽量不能太大，否则会改变原有的轴向推力平衡，因此需对最大抽汽量下的叶片强度及轴向推力进行安全校核，根据工程经验，300MW 级汽轮机可直接从再热冷段管道和再热热段管道可各抽汽 50t/h；④从再热冷段管道、再热热段管道上打孔抽汽，同时在主蒸汽管道与再热冷段管道之间增加旁路，将部分主蒸汽减温减压至与高压缸排汽匹配，可解决当再热热段管道抽汽供热量较大时引起的由于高中压缸进汽量相差大导致的机组推力不平衡问题。根据工程经验，300MW 级汽轮机可抽汽 300t/h。

主蒸汽和再热蒸汽抽汽供热的性能指标对比见表 5-5。

表 5-5   主蒸汽和再热蒸汽抽汽供热的性能指标对比

性能指标	主蒸汽抽汽供热	再热蒸汽抽汽供热
热源品质	高	较高
额外供热能力	中等	高
降负荷效果	明显	一般
运行成本	高	较低
潜在风险	再热器超温	汽轮机轴推力安全校核

3. 切除低压缸供热改造

切除火电机组低压缸，一方面机组发电出力大幅下降，另一方面原本进入低压缸的蒸汽可直接用于供热，供热能力大幅上升，如能迅速切除和恢复低压缸运行，机组的出力变化幅度将大幅提升。

切除低压缸供热改造主要有以下三种思路。

（1）切除低压缸蒸汽供应，且低压缸可停止运转。这种思路即凝抽背（ning chou bei，NCB）机组的思路，一般又有两种方案：①由单轴系汽轮机改为双轴系汽轮机，高中压缸一个轴系，带一台发电机，低压缸一个轴系，带另一台发电机；②仍然采用单轴系，但在高中压缸和低压缸轴之间安装 3S 离合器。完成改造后，需要提高供热和降低电力出力时，可通过高中压缸后的旁路（即高中压缸、低压缸之间的抽汽口）增大供热量，同时减少低压缸供汽量，最后可直接停掉低压缸-发电机轴系的运转，或通过 3S 离合器断开高中压缸轴与低压缸轴之间的连接，然后停止低压缸轴的运转。这种思路的改造费用极高，甚至从技术上难以改造。

（2）低压缸光轴改造。改造后，低压缸采用双转子互换形式，即非供热期低压缸仍采用带叶片的原机组转子，低压缸以纯凝形式运行；供热期低压缸采用无叶片光轴转子，只起连接作用，并不做功发电，充分利用汽轮机排汽供热，减少冷源损失，增大供热量，同时还可以实现机组深度调峰。低压缸光轴改造成本也较高，但工程实践中已有应用，每年都需要在春秋两季进行光轴更换工作，检修工作量大，同时更换光轴后限制了机组带负荷能力。

（3）切除低压缸的大部分蒸汽供应，仅保留少量冷却蒸汽冷却旋转的低压缸转子。这种思路基本工作是更换中低压连通管[79]，增加蝶阀及低压冷却蒸汽旁路，需具备随时切除低压缸运行和随时恢复低压缸运行的功能。这种思路与在中低压连通管上打孔抽汽改造本质上相同，但打孔抽汽改造后的机组在一定抽汽量范围内正常运行，而这种思路相当于打孔抽汽改造后在最大抽汽量工况运行，因此，除基本改造工作外，还需要进行更多的改造工作，主要包括：升级低压内缸，例如升级为铸铁内缸；流通优化，更换经过验证的安全末级叶片，配置叶片振动在线监测和报警系统，叶片出汽边做喷涂处理，保证高真空、极低流量条件下低压转子的运行安全性；优化低压缸喷水系统，加强雾化效果，降低排汽温度，末两级叶片设置温度测点和报警系统；增加低压缸末两级蒸汽温度测点，增加中压缸的质量过流量超限、前后差压和末级叶片焓降超限、相对容积流量过大或过小、排汽温度高超限等方面的报警系统，优化控制系统。

切除低压缸后，凝汽器、低压加热器、汽封冷却器等辅机设备运行需要相应进行调整，本书不再赘述。

4. 四抽蒸汽改造

对一次中间再热凝汽式燃煤火电机组进行供热改造时，在汽轮机汽缸上另设抽汽口存在很大的安全风险。因此，可安全、方便用于供热蒸汽的抽汽点有：高压缸的排汽管或冷再热蒸汽管、低温再热器的出口、中压缸进汽管或热再热蒸汽管、中压缸排汽管以及汽轮机预留的较大抽汽口，此即成为四抽蒸汽，四抽蒸汽改造一般指在四个抽汽点打孔抽汽等改造。由四抽蒸汽改造的定义可知，本章本节前述再热蒸汽供热改造也属于四抽蒸汽改造的一种类型。

四抽蒸汽改造优点是投资小，对系统影响小；缺点是可供抽取的蒸汽量有限，调峰能力提升有限。

参 考 文 献

[1] 殷庆栋，魏颖莉，刘斌杰. 大型机组启动过程分析及优化措施 [J]. 河北电力技术，2014，33（02）：42-4.

[2] 朱超，胡海云，张红欣，等. 660MW 火电机组冷态启动暖机因素对机组的影响分析 [J]. 锅炉制造，2019，（05）：57-61.

[3] 周敏. 机组启动时间的不确定性对系统后续恢复影响的研究 [D]；北京：华北电力大学，2011.

[4] 焦树建. 燃气-蒸汽联合循环 [M]. 北京：机械工业出版社，2000.

[5] BOYCE M P. Handbook for Cogeneration and Combined Cycle Power Plants [M]. second ed.：ASME Press，The American Society of Mechanical Engineers，2010.

[6] 姚洪洋. 燃气—蒸汽联合循环机组的运行与优化 [D]；天津：天津大学，2016.

[7] 张合明，李永刚. 燃气—蒸汽联合循环机组冷态启动优化 [J]. 内蒙古电力技术，2015，33（S2）：18-22.

[8] 赵常兴. 汽轮机机组技术手册 [M]. 北京：中国电力出版社出版，2007.

[9] 刘树华，李树人. 关于华中电网火电机组调峰方式的探讨 [J]. 汽轮机技术，2000，（03）：170-6.

[10] 黄新元. 电厂锅炉运行与燃烧调整 [M]. 北京：中国电力出版社，2002.

[11] 秦冰，付林，江亿. 利用系统热惯性的热电联产电力调峰 [J]. 煤气与热力，2005，（10）：6-8.

[12] 张广才，周科，鲁芬，等. 燃煤机组深度调峰技术探讨 [J]. 热力发电，2017，46（09）：17-23.

[13] 陈占军，金晶，钟海卿，等. 超细化煤粉气流着火特性的试验研究 [J]. 热力发电，2004，（04）：45-7＋2.

[14] 成沩坤，张广才，陈国辉，等. HT-NR3 旋流燃烧器冷态试验 [J]. 热力发电，2014，43（11）：58-63.

[15] 刘凯. 超临界汽轮机组的发展及关键技术（二）[J]. 江苏电机工程，2005，（02）：21-5.

[16] 黄来，韩彦广，焦庆丰. 600MW 超临界汽轮机启停过程热力耦合分析 [J]. 汽轮机技术，2011，53（01）：66-70.

[17] 王行. 大型调峰机组热态启动最佳温升率的确定研究 [D]；吉林：东北电力大学，2015.

[18] 冯岩. 200MW 机组采用启停方式调峰的可行性分析 [J]. 佳木斯大学学报（自然科学版），2005，（04）：582-4.

[19] 项岱军. 600MW 汽轮机启停特点分析 [J]. 华东电力，2000，（06）：41-4.

[20] 张兆基，危师让，敬勇. 汽轮机组启动运行方式与安全性经济性的关系 [J]. 热力发电，1987，（02）：31-41.

[21] 熊支建. 浅谈汽轮机启停过程中的问题 [J]. 广东科技，2009，（06）：142-3.

[22] 王坤，黄树红，叶渝怀，等. 125MW 汽轮机转子的启停调峰试验研究 [J]. 华中理工大学学报，2000，（04）：100-2＋5.

[23] 张阔. 电站锅炉启停优化 [D]；北京：华北电力大学（北京），2005.

[24] 隗婷. 直流锅炉启动相关系统及问题的研究 [D]；上海：上海交通大学，2014.

[25] 袁利军. 300MW 机组中压缸启动热应力计算与启动优化 [D]；河北：华北电力大学（河北），2006.

[26] 李今朝. 国产 300MW 火电机组调峰方式的研究 [D]；河北：华北电力大学（河北），2005.

[27] 陈鹏．大型汽轮机启停过程优化和寿命管理研究 [D]；北京：华北电力大学（北京），2009.

[28] 陈世英，万中平，邵丰建，等．大机组调峰对锅炉运行的影响及运行优化研究 [J]．湖北电力，2005，（01）：34-6.

[29] 王晓波．调峰工况汽轮机转子热应力分析 [D]；吉林：东北电力大学，2015.

[30] 杨义波，孙丽君，吴珂．200MW 汽轮机调峰启动优化初探 [J]．汽轮机技术，2004，（04）：295-7.

[31] 王永庆．大型汽轮机暖机方式的分析与探讨 [J]．陕西电力，2013，41（12）：99-102.

[32] 马树银．600MW 汽轮机暖机方式的分析 [J]．科技创新导报，2017，14（35）：13-6.

[33] 臧军荣，王宝民．200MW 汽轮机启停及工况变化时胀差控制；proceedings of the 全国火电 100-200MW 级机组技术协作会 2008 年年会，中国河北秦皇岛，F，2008 [C].

[34] 臧军荣，王宝民．200MW 机组极热态启动控制；proceedings of the 全国火电 200MW 级机组技术协作会第 25 届年会，中国北京，F，2007 [C].

[35] 杨高强．抽水蓄能机组与火电机组启停调峰过程的比较分析 [D]；湖南：长沙理工大学，2013.

[36] 陈伟．东方 300MW 汽轮机启停调峰运行的问题及对策 [J]．电力安全技术，2007，（08）：17＋40.

[37] 王如栋，刘华堂．200MW 火电机组两班制启停调峰转子寿命分析及预测 [J]．汽轮机技术，2000，（04）：229-31.

[38] 陈英，杨丽君．国产 200MW 机组热态启动存在的问题及对策 [J]．中国电力，1999，（03）：3-5.

[39] 李琼．大型火电机组启停过程的安全与节能 [J]．科技与企业，2012，（21）：269.

[40] 郑露霞．重型燃气轮机透平冷却建模与热力性能分析 [D]．北京：中国科学院大学（中国科学院工程热物理研究所），2019.

[41] 邱季飞．9F 燃气轮机机群的热通道备件数量配置 [J]．燃气轮机技术，2008，（02）：52-7.

[42] 毛华军．S109FA 联合循环机组调峰运行方式的分析 [J]．华电技术，2008，（08）：13-5.

[43] 高雪纹．天然气发电企业维护模式及成本研究 [D]．浙江：浙江大学，2018.

[44] 吴寅琛．天然气热值对燃气轮机运行的影响 [J]．山东工业技术，2016，（24）：65.

[45] 季鹏飞．燃气轮机在风光电站中调峰特性研究 [D]．北京：华北电力大学（北京），2016.

[46] 严鸿平．300MW 燃气-蒸汽联合循环机组 AGC 功能及调试 [J]．燃气轮机技术，1999，（04）：42-51.

[47] 赵杨，沙立成，雷一鸣，等．北京电网燃气-蒸汽联合循环机组调峰运行特性 [J]．华北电力技术，2015，（02）：60-5.

[48] 柴炜，陈为赢，蔡旭，等．风-燃互补联合发电系统的控制策略及应用研究 [J]．太阳能学报，2017，38（08）：2097-105.

[49] 苏烨，张鹏，张永军，等．特高压受端电网燃气轮机发电机组的深度调峰研究 [J]．中国电力，2016，49（06）：30-4.

[50] 杨秀瑜，张宗毅．深圳地方电厂的运行特性分析 [J]．广东电力，2008，（08）：21-3.

[51] 朱宪然，张清峰，赵振宁．700MW 级多轴燃气-蒸汽联合循环机组调峰和启动特性 [J]．中国电力，2009，42（06）：1-5.

[52] 牛火平．关于提高 M701F4 燃气-蒸汽联合循环机组热态启动速度的研究 [M]．2017.

[53] 赵涵．9E 联合循环发电机组快速启动优化分析 [J]．华电技术，2012，34（S1）：33-5＋92.

[54] 周晓峰．M701F 型燃气蒸汽联合循环机组启停过程经济性分析 [J]．发电设备，2011，25（05）：317-20.

[55] 郭新明．PG9171E 型燃气轮发电机组的运行特性 [J]．浙江电力，2005，（03）：38-41.

[56] 许建．联合循环机组余热锅炉仿真建模及启动过程优化 [D]；江苏：东南大学，2017.

[57] 张钊武，李北峰，邱秀丽．燃气—蒸汽联合循环机组缩短热态启动时间方法与策略 [J]．青海电力，2019，38（04）：36-8.

[58] 蒋福东．M701F4 燃气轮机旋转失速应对措施 [J]．科技与创新，2017，（01）：24-5.

[59] 陈文瑞．洋浦电厂 220MW 燃气-蒸汽联合循环机组启动优化和安全运行因素分析 [J]．燃气轮机技术，2016，29（02）：58-62＋57.

[60] 苏烨，张鹏，戴航丹，等．电网特高压接入形势下燃气轮机发电机组深度调峰研究；proceedings of the 2016 年中国发电自动化技术论坛，中国宁夏银川，F，2016 [C].

[61] 黄志坚．燃气—蒸汽联合循环发电机组参与电网调峰运行 [J]．上海电力，2006，（01）：39-42.

[62] 朱乐平．F 级燃气蒸汽联合循环机组（分轴）启动过程节能分析 [J]．电力设备管理，2020，（05）：104-6.

[63] 马方磊．S109FA-SS 燃气-蒸汽联合循环启动方式优化的经济分析 [J]．发电设备，2009，23（02）：107-11.

[64] 丁阳俊，盛德仁，陈坚红，等．某电厂联合循环汽轮机启动过程优化 [J]．中国电机工程学报，2013，33（02）：9-15＋5.

[65] 张蕴峰，林炎城，陈正建，等．M701F 燃气轮机组启动过程优化 [J]．吉林电力，2012，40（03）：47-9.

[66] 黄庆，周建，章恂，等．9E 燃气-蒸汽联合循环机组冷态启动优化 [J]．燃气轮机技术，2019，32（01）：68-72.

[67] 王会勤，李森明，张卫，等．M701F4 燃气-蒸汽联合循环机组热态启动优化 [J]．价值工程，2020，39（13）：199-200.

[68] 宋飞翔．大型联合循环电厂温态启动模式优化探索 [J]．智能城市，2019，5（14）：213-4.

[69] 刘小华．简述 9FA 燃气-蒸汽联合循环机组启停过程操作监督 [J]．福建建材，2016，（01）：90-2.

[70] 戴云飞，刘可．西门子 SGT-8000H 燃气轮机技术特点及联合循环应用介绍 [J]．燃气轮机技术，2014，27（02）：14-7.

[71] 吴胜法，沈宏．影响 S109FA 机组启动速度和安全运行的因素分析 [J]．燃气轮机技术，2006，（03）：48-52.

[72] 周见广，陈子聪，陈丽梅．M701F 燃气—蒸汽联合循环机组启停经济性分析 [J]．山西电力，2016，（06）：48-52.

[73] 郑文涛．S109FA 联合循环机组在电网的调峰运行 [J]．企业技术开发，2012，31（05）：97-8.

[74] 肖维龙．提高 109FA 燃气-蒸汽联合循环热态启动速度的探讨 [J]．发电设备，2011，25（06）：427-9＋46.

[75] 裘寒，潘艳，俞立凡．S109FA 联合循环机组滑参数停机的实践 [J]．华电技术，2009，31（04）：20-2＋34.

[76] 王振宇．CCPP 机组热态启动燃机汽机同步升负荷技术开发与应用 [J]．动力工程学报，2018，38（03）：198-202＋36.

[77] 李晗，白胜喜，黄怡珉．电热固体蓄热装置的蓄热原理及传热分析 [J]．电站系统工程，2003，（03）：29-30.

[78] 刘立华，魏湘，杨铁峰，等．超临界 600MW 直接空冷机组双背压供热改造技术 [J]．热力发电，2018，47（12）：87-92.

[79] 胡远庆，李国元，段晓磊．火电机组灵活性改造技术方案研究 [J]．河南科技，2020，（08）：122-4.